**25**

中国社会科学院文学研究所文学理论研究室
中华美学学会外国美学学术委员会 编

# 外国美学
*International Aesthetics*

江苏凤凰教育出版社

图书在版编目(CIP)数据

外国美学. 第 25 辑 / 汝信 主编. —南京：江苏凤凰教育出版社，2016.9
ISBN 978-7-5499-6052-1

Ⅰ. ①外… Ⅱ. ①汝… Ⅲ. ①美学－国外－丛刊 Ⅳ. ①B83－55

中国版本图书馆 CIP 数据核字(2016)第 230050 号

| 书　　名 | 外国美学（第 25 辑） |
|---|---|
| 主　　编 | 汝信 |
| 责任编辑 | 吴文昊 |
| 装帧设计 | 张金风 |
| 出版发行 | 凤凰出版传媒股份有限公司 |
| | 江苏凤凰教育出版社（南京市湖南路 1 号 A 楼　邮编 210009） |
| 苏教网址 | http://www.1088.com.cn |
| 照　　排 | 南京前锦排版服务有限公司 |
| 印　　刷 | 镇江中山印务有限公司（电话 0511－86917816　86917818） |
| 厂　　址 | 丹阳市朝阳路 1－3 号 |
| 开　　本 | 787mm×1092mm　1/16 |
| 印　　张 | 16 |
| 版　　次 | 2016 年 9 月第 1 版 |
| | 2016 年 9 月第 1 次印刷 |
| 书　　号 | ISBN　978－7－5499－6052－1 |
| 定　　价 | 50.00 元 |
| 网店地址 | http://jsfhjycbs.tmall.com |
| 公 众 号 | 江苏凤凰教育出版社（微信号：jsfhjy） |
| 邮购电话 | 025－85406265，025－85400774，短信 02585420909 |
| 盗版举报 | 025－83658579 |

苏教版图书若有印装错误可向承印厂调换
提供盗版线索者给予重奖

主　　编　汝　信
国内编委　曹卫东　陈　炎　陈中梅　邓晓芒　丁国旗　高建平
　　　　　金惠敏　李心峰　刘方喜　刘悦笛　陆建德　陆　扬
　　　　　牛宏宝　彭　锋　钱中文　汝　信　史忠义　滕守尧
　　　　　王柯平　王一川　徐碧辉　徐恒醇　易　英　尤西林
　　　　　张　法　章启群　周启超　周　宪

国外编委　佐佐木健一　　日本东京大学教授，国际美学协会前主席
　　　　　阿列西·艾尔雅维奇　斯洛文尼亚科学与人文研究院研究
　　　　　　　　　　　　　员，国际美学协会前主席
　　　　　阿诺德·贝林特　美国长岛大学教授，国际美学协会前主席
　　　　　柯提斯·卡特　美国教授，国际美学协会前主席
　　　　　理查德·舒斯特曼　美国佛罗里达亚特兰大大学教授
　　　　　泰勒斯·米勒　美国圣·克鲁斯大学教授

执行主编　高建平
主编助理　刘　卓

# 目　录

**日本美学专题**　1　主持人语
　　　　　　　　　　梁艳萍

　　　　　　　　8　美的存在相
　　　　　　　　　　[日]竹内敏雄
　　　　　　　　　　崔　莉　梁艳萍　译

　　　　　　　　24　场所的记忆与废墟
　　　　　　　　　　[日]西村清和
　　　　　　　　　　梁　青　译　梁艳萍　校

　　　　　　　　39　比拟的诗学——模拟与转用的辩证法
　　　　　　　　　　[日]大石昌史
　　　　　　　　　　梁艳萍　黄凤琴　译

**克罗齐专题**　56　"什么是艺术？"
　　　　　　　　　　[意]克罗齐
　　　　　　　　　　田时纲　译

　　　　　　　　73　为何重译《美学纲要》
　　　　　　　　　　田时纲

**伊格尔顿专题**　81　主持人语
　　　　　　　　　　王　杰

　　　　　　　　82　响亮的未来——马克思主义与伊格尔顿的戏剧
　　　　　　　　　　[英]杜格尔·麦克尼尔
　　　　　　　　　　强东红　译

| | 115 | 如何解读历史:来自伊格尔顿对詹姆逊"永远历史化"策略的批判<br>肖　琼　杨晓鸿 |

| | 134 | 神义论、反讽与马克思主义:特里·伊格尔顿悲剧美学的哲学逻辑与美学意义<br>段吉方　肖　琼 |

| | 147 | 走向社会主义的共同文化——论伊格尔顿的共同文化观<br>李永新 |

**法国马克思主义专题**　159 反再现的文学民主——解读朗西埃《艾玛·包法利的处死》
叶　青

　　171 朗西埃与巴迪欧的"非美学"之争
顾晓路

　　182 "宣告"(Declaration)的政治性、可能性与真理姿态
李轶男

**经典选译**　194 关于荷马与赫西俄德的佛罗伦萨论文,他们的谱系与他们的竞赛
［德］尼　采
韩王韦　译

**阅读与评论**　215 读杜威《艺术即经验》(四)
高建平

229 艺术理论视野中的人文精神——
再评夏皮罗《艺术的理论与哲学》
**金影村**

236 回到尼采,再出发——读何兰芳
博士《古典的再生》一书
**高建平**

# Contents

**Special Issue on Japanese Aesthetics**

1 Introduction
Liang Yanping

8 The Dasein of Aesthetics
Takeuchi Toshio
translated by Cui Li & Liang Yanping

24 Memory of Loci and Ruins
Nishimura Kiyozaku
translated by Liang Qing & Liang Yanping

39 Poetics of Comparison—the Dialectics of Comparison and Transfer
Oishi Masashi
translated by Liang Yanping & Huang Fengqin

**Special Issue on Croce**

56 What is Art?
Croce
translated by Tian Shigang

73 Why retranslate Croce's *Breviario di estetica*?
Tian Shigang

**Studies on Terry Eagleton**

81 Introduction
Wang Jie

82  Sounding the Future—Marxism and the Plays of Terry Eagleton
Dougal McNeill
Translated by Qiang Donghong

115 How to Interpret History: Eagleton's critique of Jameson's tactics of "Always Historicize"
Xiao Qiong & Yang Xiaohong

134 Theodicy, Irony and Marxism: The Philosophical Logic and Aesthetic Meaning of Terry Eagleton's Tragedy Aesthetics
Duan Jifang & Xiao Qiong

147 Toward the Common Culture of Socialism—On Eagleton's View of Common Culture
Li Yongxin

**Studies on French Marxist Literary Theories**

159 The Anti-Representational Literary Democracy—On Ranciere's *Why Emma Bovery Had to Be Killed*
Ye Qing

171 Debate on "d'inesthétique" Between Ranciere and Badiou
Gu Xiaolu

182 The Politics, Possibility and Truthful Stance of "Declaration"
Li Yinan

**Translation of Classics** 194 The Florence Paper on Homer and Hesiod: their geneaology and their competition (I, II)
F. Nietzsche
translated by Han Wangwei

**Review** 215 On Dewey's *Art as Experience* (IV)
Gao Jianping

229 The Humanistic Spirit from the perspective of Art theory—Review on Schapiro's *Theory and Philosophy of Art*
Jin Yingcun

236 Back to Nietzsche and Set Out Again—On Dr. He Lanfang's *The Rejuvenation of Classics*
Gao Jianping

## 日本美学专辑

## 主持人语
## 关于日本美学存在的相

梁艳萍

近代以来，特别是明治维新之后，日本引入西方的哲学、美学、逻辑学、伦理学、心理学，并借助兴办教育（国立、公立、私立、寮塾）促进了美学、美术、美育的普及，取得了"改造国民性"的成功，从而彻底涤荡、扫除了历史积淀的封建理念、陋习，走向了现代化、民主化的发展进程。

东亚近代大学学科的建制是由西周在主讲并翻译《百学连环》中的西方大学建构与科目设置而完成的，大学最先设立的"哲学"、"审美学"、"心理学"、"伦理学"等学科，不仅仅承担了培育人才的重要任务，而且也承担了重要的社会职责——普及文明、文化、文艺，共同推进"改造国民性"进程。知识分子协助政府进行现代教育体制的建构，明治政府于1872年颁布了《帝国大学令》、《师范学校令》、《小学校令》、《中学校令》等一系列学校教育的法令，为学校教育，也为哲学、美学、文学的普及创造了条件。

明治时代，西周、中江兆民、斐诺罗萨①、冈仓天心、外山正一、大西祝、加藤弘之、矢代信雄、泽柳政太郎、森林太郎（鸥外）、高山樗牛、坪内逍遥、岛村抱月等先驱者，都为哲学、美学、心理学在东亚的译介、推广、教育与发展积极思考、反复研究、不断探索，发表了卓有新意的见解。《美妙学说》(1872)、《美术真说》(1882)、《维氏美学》②(1884)、《小说神髓》(1885)、《美术的个人主义》③(1891)、《悲哀的快感》④(1891)、

---

① フェノロサ(Ernest Francisco Fenollosa, 1853-1908)明治22年(1889)にが東京美術学校で美学・美術史の講義を始めている。
② 『維氏美学』，文部省編輯局，明治16，17年。
③ 増田藤之助『美術の個人主義』が発表されたのは明治24年(1891)5月28日。
④ 大西祝『悲哀の快感』，『国民之友』明治24年3月23日。

《审美论》①(1893—1894)、《论审美意识的性质》②(1894)、《论审美的批评的标准》③(1895)、《论审美的感官》④(1895)、《美学的性质及其研究方法》⑤(1895)、《近世美学》(1899)、《泰西美学史》(1900)……从以上不完全的梳理可见,明治时期的前三十年,美学的概念、范畴,美学的性质、方法,美学的历史、批评,审美的感官、心理,都有学者进行分析、研究、讲授、论述。日本美学不仅完成了大学教育课程体系的设置,而且培育了美学、艺术学的研究人才——井上圆了、深田康算、小山鞆绘、和辻哲郎、大西克礼、植田寿藏、本间久雄、九鬼周造、阿部次郎、鼓常良、柳宗悦、金原省吾、谷川彻三、井岛勉、小山内熏,等等,他们都是在明治前半页进入大学,接受了规范的大学教育,出国留学,而后回国任教的。他们的归来,不仅仅带回了西方当时的美学、艺术学研究理论,而且运用现象学、存在主义、语言学的研究方法,观照东亚美学艺术的历史流变,总结日本独有的美学理念、美学范畴与美学历史,如"粹"、"寂"、"幽玄"、"物哀"、"能"、"圆相",他们投身大学教育,独立为日本培育后起的美学、艺术学研究者,如中井正一、竹内敏雄、今道友信、山本正男、渡边护等美学学者。即使在严酷的战争年代,美学讲座也没有中断,一直延续至今。

借助"日本桥"的连接,王国维、梁启超将美学带入了中国,在《奏定经学科大学文学科大学章程书后》提出"定美之标准与文学之原理",倡导中国的大学设置美学课程,进行美学研究。因为明治时期,日本借用汉字翻译了美学的理论,西周精通汉学,特别是宋明理学,他以"美妙学"、"佳趣论"、"卓美"翻译"Aesthetic"。西周在翻译《奚般氏心理学》⑥(1871)第四部《论直觉力》的第三篇《论美妙的理解及其认识》中指出:"莱武尼多(莱布尼兹)学派是日耳曼的莱武尼多及其俄尔布(沃尔夫)的学派创立的美妙,是由俄尔布的门人慕谟岢尔天(鲍姆

---

① 森鷗外「審美論」,明治 25 年 10 月—11 月,26 年 1、2、6 月「しがらみ草紙」掲載。
② 島村抱月「審美的意識の性質を論ず」,「早稻田文学」1894 年 9 月-12 月に発表された。明治 31 年(1898)9 月より東京専門学校文科講師となり,1 年に美辞学,2 年に支那文学史,3 年に西洋美学史を講じた。
③ 大塚保治「審美的批評の標準」,「六合雜誌」明治 28 年 8 月。
④ 大西祝「審美的感官を論ず」,「六合雜誌」明治 28 年 6 月。
⑤ 大塚保治「美学の性質及其研究方法」,「哲学雜誌」明治 28 年 8 月。
⑥ 中文最早是由颜永京于 1873 年翻译的约瑟·海文的《心理学》。Mental Philosophy: Including the Intellect, Sensibilities, and Will(《心灵哲学:智、情、意》)。

嘉通)开始的、一种与别的科学不同的学问。"①在西周看来,鲍姆嘉通所创设的美学,其"作为科学之一部分的美妙论"是"aesthetic",也就是作为"感性认识之学"的"美妙论",其中既包含着哲学的理念,也蕴含着科学的元素。西周在其后续的阐释中,依从约瑟·海文的理念,将美妙之学直接与柏拉图的理念联通,在美妙中加入"善"的理念,并在"佳趣论"一节中指出:"在艺术上,在真的品性与目的方面,认为善与美妙同一,实属误认。"②西周在翻译西方美学的过程中,认识也在不断的变化与深化中,这对后继美学者产生了相当重要的影响。中江兆民将维龙(Véron Eugène, 1825 - 1889)的"L'esthétique"翻译为"美学",森鸥外用"审美"翻译德语的"Aesthetik",将"Aesthetik"与"审美"直接对译,并以"审美学"来命名最初开设的美学课程。王国维们其实是将日本的美学课程包括概念、范畴、术语直接"拿来",为我所用。二十世纪二十年代前期,中国报刊刊发的很多介绍西方美学、美学家的文章,就是对日本学者著作的翻译或摘编。如果说森鸥外、高山樗牛们编译西方美学家的美学著作作为讲义,而中国则是把他们的编译直接写成汉语,署上自己的名字。美学即使是后继学者可以直接从西方移译美学的理论、著作,但基本的概念、范畴、术语并未有整体性、根本性变革,还是沿用了日本学者的翻译语词。

对于二十世纪三十年代后半叶到八十年代以前的日本美学研究,我同意李心峰教授的见解:二十世纪三十年代以后,中日之间战争硝烟再起,两国成为敌对国家,两国之间包括美学在内的学术交流基本中断,两国学界基本处于隔绝状态。战争结束之后,两国的学术交流因为种种原因并未完全恢复,这种隔绝和疏离局面一直延续到八十年代以后。在长达半个多世纪的时间里,日本美学以何种样相存在?日本美学的发展态势如何?日本美学家如何进行美学的研究?取得哪些成就,存在哪种问题?我们可谓知之甚少。日本主要的美学家、美学著作、美学论文,都未能得到及时的译介,更遑论系统、深入、精细的研究。

就美学的教育来说,从明治维新开始,日本一直有延聘欧美学者

---

① 大久保利谦编『西周全集』第一卷,宗高书房,昭和56年10月。
② 参见佐佐木健一《日本的近代美学》(明治·大正期),平成12—15年度科学研究费补助金基盘研究(A)(1)研究成果报告第5页,课题号12301003。

在国立大学从事教学、研究的传统,从斐诺罗萨到凯倍尔,外国学者为日本培育了大批美学研究者。在延聘教师的同时,日本派出了大量的留学生前往欧美的大学学习,拜世界知名学者为师,如李凯尔特、柯亨、里普斯、柏格森、海德格尔等。即使是在战争期间,日本依然有外籍学者活跃于教学一线。1933年受纳粹迫害的德国哲学美学家卡尔·洛维特流亡意大利,在九鬼周造的邀请和斡旋之下,从意大利辗转来到日本,在东北大学担任教授长达5年①,为日本学界带来德国及西欧哲学美学研究的近况与最新成果。1941年,洛维特前往美国,任教于麻州哈特佛神学院(Theologisches Seminar in Hartford)。二战结束后,1951年洛维特应伽达默尔的邀请从美国返回德国海德堡大学哲学系,后担任德国哲学会的会长。这种与世界哲学、美学、艺术研究同步的教学与研究活动,极大地促进了日本的哲学、美学与艺术学的研究。

我以为:战后日本美学界主要从以下三个方面进行美学、艺术的研究、交流与探索:第一,在学术上与西方学者形成良性互动,与西方美学研究同步进行,及时引进西方美学的最新著作,译介西方美学、艺术学的重要理论,形成系列研究的态势。另外一批重要的学者长期活跃国际美学、艺术学界,在国外大学担任教职,如今道友信、鼓常良、渡边护等,保持了日本美学与西方美学的沟通与交流。

第二,创建美学会(竹内敏雄发起,1950年成立日本美学会),创办《美学》杂志(日语版和国际版),刊发日本以及世界各国美学研究者的论著。在教学方面实行研究室、美学会的例会②与年会结合的学术交流模式,专设"若手"(青年)研究论坛,为青年美学学人提供交流平台,鼓励青年学者(硕士、博士)投入美学研究,在各级美学学术会议、世界美学大会发表学术论文。

第三,关注东方美学发展历史,研究东方美学的发展进程以及明治维新以来日本近代美学的发展历史,如今道友信等撰写的《讲座美学》,不仅研究欧美的美学历史,也包括了中国、日本、韩国、印度的美

---

① カール·レーヴィット「ナチズムと私の生活——仙台からの告発」,法政大学出版局 1990 年 12 月。

② 日本美学会的例会已经成为惯例,每季度第四周周末分东部会和西部会以东京和京都为中心,在不同大学举办,听取经过筛选的美学学术论文(主要是青年学者)的公开发表,会场所在大学美学研究室的教授作为主持人和点评者。

学史研究。佐佐木健一、藤田一美、神林恒道、加藤哲弘、滨下昌宏、高阶秀尔、西村清和、小田部胤久等都从不同的角度关注明治时期的日本美学，完成了《日本的近代美学》（明治·大正期）、《作为主体的美学：日本近代美学史研究》、《美学事始：艺术学的近代日本》、《日本近代美术史论》等著作，发表了一批关于日本美学家个案研究的论文。

　　本辑"日本美学"专题选取了三篇论文，希望借此探究日本美学研究的态势。竹内敏雄的《美学的存在相》是其《美学总论》中的一章，主要论述美的所在与其应有的状态。竹内敏雄以"虹霓性"概括美的存在的本质特质，以"孤岛性"阐释美的主客体关系，以"深渊性"分析审美体验与艺术存在。广泛论及美的本质、美的存在、审美关系与审美体验，在德国观念论美学的体系之下，运用本体论、心理学、现象学、阐释学、美学的方法进行研究。作为二十世纪美学研究集大成的体系性著作，《美学总论》更多的还是立足于二元对立、主客体二分的视角进行研究。竹内敏雄认为："美并不存在于主客体中的某一方，而是存在于二者的相互关系中。"当审美对象以其固有的性状作用于审美主体，审美主体以自发活动反作用于审美对象，这便是美之所在。美的存在的本质犹如彩虹一般闪耀，"一瞬间突然发生，又在须臾之间移走"，彩虹闪耀的瞬间性、虚幻性，最可以凸显美本身那种刹那生灭的过程，"最能直观地表现出美的存在性质"。关于美的主体与客体的关系，竹内敏雄用"孤岛性"来表述。美在大海中犹如孤岛一样被隔离出来，同时美又超越了人类存在的时间性，独立、静寂完满自足地存在着。美的瞬间性与永恒性并存，既能够在时间的波峰浪谷间生灭，又可以抵达静谧的永恒世界。在分析美的存在的表征时，竹内敏雄用"深渊性"来概括其双重意义。他认为：审美体验的创造性发轫于审美主体人格的独特性，主体只有在高度集中注意力的审美活动中，在"潜入我们自身本质的深处，同时也是潜入客体的深处"在情感的深层维度与审美对象进行共感，与观照对象发生共鸣，在对审美对象进行深度发掘的同时，也是主体自身的审美体验的深化。主体与对象之间这种互为表里、相互观照正是美的存在论的深度。全部艺术创作与存在，包括黑格尔的象征的艺术、日本的幽玄与宋代的绘画，都具有某种幽暗性，审美的人若要探究其"深不见底的无"，就必须亲临深渊，向死而行。竹内敏雄对于美的三种特性的解读，带有从西周、森鸥外开始的日本美学中浓厚的浪漫、悲观主义的色彩，也可以从中读到大西克礼美学的精神内核。

西村清和的《场所的记忆与废墟》是其关于生态美学与环境美学研究的组成部分，论文中，西村对于与"空间"相对的"场所"做出了不同于西方学者，特别是海德格尔天地人神"四方域"的界定，认为：关于废墟的经验并非存在于集体的"历史＝物语"及其"纪念＝彰显"，而在于进入废墟的人通过记忆使自己的身体获得"场所"的长存与不变的经验。西村在进一步考察废墟中"场所"的"存续"时，特别强调环境中的自身感受性与自身感受中的环境的存续性，自我直觉与环境直觉的互动性，世界与人的身体之间的接触性，日常生活实践中场所与记忆的介入性，试图在场所、空间与记忆的存续与转换中，建构关于"废墟的诗学"。在西村的视野中，废墟是对日常生活的秩序、历史空间的秩序进行解体，使其归于无序，通过散乱堆积着的记忆碎片的缝隙，看到作为空间的基础、常常被遗忘的存续的场所本身显现的地面（site）。废墟的诗学是知觉经验着的个人在进入场所的瞬间，通过"身体性的移情"与所处环境产生共鸣，从而借助想象力虚构的"废墟的孤独"与"废墟的忧愁"。

大石昌史的《比拟的诗学——模拟与转用的辩证法》将作为日本文化艺术表现特征之一的"比拟"（将某物视为他物）作为"意象"（像）与"观念"（意义）的反转性关系探究，从心理学的意义上，对于内在表象作用的意象"模拟"与源于文化定义的外在符号的观念的"转用"，两个观点加以综合性的考察。文章首先分析比拟的语义规定，探讨比拟的定义中"模拟"与"比喻"所包含意思的重叠，厘清"比拟"与"比喻"的关系，进而以比拟与比喻的共通构成为契机，讨论基于意象之类似的直观意识活动"模拟"与基于观念之类似的理论符号操作的"转用"的两种作用。大石昌史认为：在比拟的诸相—意象的模拟中，艺术表现"模拟"的一般情形，可以作为基于"意象的关联"（联想），围绕着属于个别事物的、同时也凸显出依赖特定文化符号的日本的"比拟"，可以分为三类：即基于类似的"比况"、基于代入的"改写"、基于命名的"转位"。对于这三类比拟，大石昌史分别联系和歌·庭园·风景、引用歌·歌舞伎·比拟画、茶器铭文进行考察。认为："比拟（見立て）"从其词语的构成是"故意地有意识地去看"，这种日本式的比拟有意识地将意象（像）与观念（意义）的关系错位，其中包含了将眼前的对象看作似与不似的物件的游戏性·创作性的表现行为。大石进而指出："比拟"通过意象的模拟与观念的转用,是内在表象作用前景化的意象(像)和外在符号操作前景化的观念(意义)建构的交差·反转性(辩证性)关系而形成的层累性的能动表现行为。这样的比拟,其根底里有一种通过将对象比拟为他物而将对象具有的意义看作是可变(可转用)的反讽,在此意义上,比拟在关系性意义优于实体性存在性情况下,存在均匀地生成、变化,可以说是本应看作无化之物的"基于无的类比的存在的象征化"。

大石昌史教授因交通事故于 2015 年 12 月 22 日在东京板桥医院不幸逝世,本辑刊发的是他生前最后完成的论文。以此纪念远行的美学家大石昌史先生,敬祈冥福!

(作者单位:湖北大学文学院)

# 美的存在相

[日]竹内敏雄
崔 莉 梁艳萍 译

在我们周围的世界,既有美丽的花,也有美丽的风景;既有温柔恬静的美女,也有崇高威严的山岳。有些人死得悲壮,有些人言行滑稽。绘画、乐曲、诗歌与戏剧也都有着各种各样的美的特性。美(das Schöne)或者美的东西(das Ästhetische)是否就是指其中的自然美与艺术美的对象呢? 这种解释恐怕是一种过于素朴的实在论的解释。美,作为美学的研究对象,必须是能够从本质上完整地理解与把握美的价值的东西。这种严肃的美学意义上的美,只能是一种理念。这种理念究竟在何处、如何来实现? 因此,美学首先要解决的基本课题,就是弄清美的所在与其应有的状态。

尽管应该对美本身与美的事物、具有美的属性的事物加以区分,但不能否定,美是以上述事物的存在为前提,美依赖于这些事物。一般认为,外界对象以一定的性质和状态存在,如果其具有审美价值时,美就从属和内在于该事物。一个人拥有清秀的容貌、协调的肢体,其中又充满着搏动的生命力,流露出活泼的精神能力,如果他看上去是美的话,那么,也似乎可以说,人的美就存在于该实存对象之中。首先要有美的事物,似乎美就是存在于其中的东西。在既存的实在事物中,如果它具有使美得以成立的特性,美就成为存在(Dasein)。对于该事物而言,美(Schönheit)就是它属性。——从这一美的客观的阐释视角来看,关于美丑,现象界中或许已设定了一定的等级序列。以公众一致认为的极美的和极丑的东西为上下两极,既不美也不丑的东西为中轴,存在于现实中的诸多对象可以被分为很多个等级。这一美的等级(Kallikratie)必须以美的价值的正负和不同的数值的美的价值为前提。

相反,从另一个方面来看,美的存在与对象的状态无关,其存在归于将其作为美的事物加以把握与感受的主体的作用。这种看法认为，美并非存在于美的事物之中，而是依赖于主体的审美感受。实际上，某一事物作为美的对象能够成立，我们自身必须具备某种作为判断美的价值的能力——"趣味"。即使是在美的层次中居于最高地位的美，对于缺乏审美趣味的人而言，也是不美的。同样，即使是具有良好的审美趣味的人，如果他的意识态度没有趋向于审美意义的话，那么任何对象都无法使他感受到美的价值。即使是绝世美女，一旦成为恋爱和结婚的对象，就不再是纯粹的美的对象。古今名画，如果与画商之手联系起来，就成为商品。天下的绝景名胜，一旦成为地理学的研究对象，将失去作为风景的美。绚烂的花朵，如果将其视为植物的生殖器官进行观察，也将远离美丑的范围。相反，如果我们以纯粹静观的态度审视对象，对其进行观照时激发主体的创造活动，那么，即使一眼看去破旧丑陋的东西也会让人体验到其中所包含的美的价值。而且，不能否认，由于在趣味方面存在着个人、民族与时代的差异，对于同一对象，也会呈现千差万别的美的评价。在此，出现了欲将美的价值根据从客体转向主体的看法。按照这一美在主观的解释，所有的物体自身之于美丑都是中性（neutral）的，通过我们自身心的作用可以使其成为美的事物。美并不仅仅存在于被认为美的事物之中，而是遍布于所有的物体之中。这就是泛美主义的主张。

  上述两种说法都只抓住了一半真理。实际上，美并不存在于客体或者主体中的某一方，而是存在于两者的相互关系之中。审美对象以其固有的性状作用于我们，我们以自发的活动反作用于审美对象，这便是美的所在。在这种相互作用中，客体与主体密切相关，彼此不离不弃。真正意义上的美的对象并不存在于其自身（an sich seiend），只是仅仅对于我们而言是存在（für uns seiend）的，只有在主体的观照作用之下才能成为美的对象。原本，艺术家以创造美的价值为目的，将其精神客观化，创作出艺术作品。只要艺术作品被凝定于一定的物质的实在形象之中，它看上去就是自在地作为美的对象存在着。尽管如此，每次我们对其进行观照时，它都会在我们生生流动的精神中实在化、具体化，被重构为美的对象。况且，自然的产物只有在观照主体以审美态度对其进行接受，施之以主体精神的能动性时，才能被作为美的对象生产出来；另一方面，审美主体并不是一种独立的存在（für sich seiend），而是对于他者的存在（für anderes seiend），总是与其作用对象相关。一般来说,意识是"关于某物的意识"(布伦塔诺),也被称作"对他的存在"(萨特)。特别是审美意识是将全部自我投向一个对象的意识,是强调意义上的对象意识。这种意象作用本身不具备美的价值,而假定对象是具有美的价值的事物。例如,当我们说"这朵花很美"时,判断对象作为美的价值的保持者被人体验,但是对此进行观照和享受的自我意识,即使作为感觉(αἰσθησις)作用是美的(ästhetisch)的,也不能说它自身就是美的(schön)。主体意识有效地将对象实现为美的存在,以此为契机,它才作为具有构成美的价值的意义。

在上述主客双方的紧密关系中,自我在对沉睡于对象中的潜在的(latent)美进行开发的同时,对象也触发自我,将美的潜力(potentiality)显现出来。从这一意义来看,美在现实中仅存在于对象召唤我们,我们向对象应答之中。通过这一召唤(appeal)与应答(response),客体与主体互通气息,以精彩的共鸣(resonance)彼此呼应,美才得以产生。美的所在,只能是在自我与对象之间充满张力的互动之中。主客之间紧张关系中生成的美,存在于无与伦比的独特状态之中。我试图从以下几个主要方面来分析美存在的诸相。

## 一、美的虹霓性

索尔格(Karl W. F. Solger)曾经论述过"美的瞬间性(Hinfälligkeit)",贝克尔(Oscar Becker)[①]在此基础上,从解释现象学的观点出发,分析了美的存在本质特征。如果现在用上述客体—主体关系来解释美的"瞬间性"、"脆弱性"的话,只能在美的现象领域中对象与自我相遇时特有的紧张性中寻求。在那里,主客两者激烈交锋,双方步调一致、相互作用。拉紧的弦易断,同样,只要主客双方的任何一方的存在条件稍做变化,美的存在即刻出现龟裂般的破绽。比如,当我们将自然风景作为充满抒情诗情致的事物进行体验时,如果光线因云的走向发生变化,同一对象便会因照明效果的不同在色调上发生

---

① 奥斯卡·贝克尔(1889—1964),德国哲学家、逻辑学家和数学家。1919年在弗莱堡大学随胡塞尔和海德格尔学习,后又同海德格尔一道成为胡塞尔的助手,1927年任弗莱堡大学编外教授,1931年任波恩大学教授,直至1955年退休。

微妙变化,同时,也会带来情趣感受的变化,失去之前维持在与观照者的自我之间的律动的和谐,丧失原来的美。另一方面,从观照者一方来看,在从精神上统括自然的原有形象时,哪怕改变一点视角,意识的焦点发生一点变化,心中的风景作为一个整体,立刻会发生变形,威胁到其作为美的对象的存立。更不用说,艺术品本来就是作为美的观照对象被创造出来的,是一点一划都不容改变的,哪怕仅仅去掉或者替换其中的一小部分,全体都会支离破碎,至少会影响到整体的状态,失去原有的美的品质。相反,即使在客观上是同一作品,如果我们投向其意识的视眼发生变化,精神的注意力稍有松懈,它将立即变作与美无关的事物。依赖于主客体之间极度紧张达成的美,与所有激进的事物一样,任何一方的一点变动都会使它功亏一篑,哪怕一寸的间隙,也会轻易地使其从完成的顶点跌入破灭的地狱。

这种崩塌性(Hinfälligkeit)在垂直方面表现为美的瞬间性,水平方向表现为遁走性(Flüchtigkeit)。即使我们被缪斯的"疯癫"附体,意外地捕捉到美,它也会立即试图从我们的手中逃脱。美在一瞬间突然发生,又在须臾之间移走。——总的来说,像艺术品这样的美的形成体,并不像学问上的成果或者实际社会中的行为一样,只要不断努力、专心致志,便能逐步实现,它以灵感闪烁的瞬间,浮现在艺术家心中的构想为决定性契机,一举形成。观照者对其进行适当地把握,这一美的体验也是在被作品中丰富的内涵之光照射到的时候,飞跃性地实现的。诚然,艺术品的制作,除了即兴情况之外,无不经过技巧的反复锤炼才能完成,对作品的完全理解也只有经过进寸退尺地摸索才能获得。但是,不管艺术的创造和鉴赏需要经由怎样的心理过程,它们作为美的活动得以成立的核心,决定其可否的分水岭,不是转弯抹角的准备工作,而是突然发生在对象与自我直接呼应时的紧张关系中。这是一种美的奇迹,难以用语言进行解释。而且,即使主客两方的条件都很充分,就像所有的紧张都不可能持久一样,这一美的奇迹也绝不会持续很久。凡是突如其来地发生的事情,都会片刻消散。在紧张的极点凝结而成的美,突然出现,突然消失。

有人说(Cicero, De brevitate vitae, Ⅰ、1),"生命是短暂的,艺术是永恒的"("vita brevis, ars longa.")。但是,即使是在超越个人的生死留名后世的艺术品之中,我们所邂逅的美,每次都是在我们生的洪流中出现一时,继而消失。而在现实的生①(存在)之中,我们遇到的美更是如此,恐怕这也是我们之所以试图将它的影子固定在作品中的原因所在吧。比人自身的实存还要容易变化、迅速无常,这便是美的命运。但是,这并不是在说美术品难以避免发生物质的腐烂,或者,满开的花一朝便会凋落。我们在与对象的交锋中体验到的美,只有片刻的生命。即使美以无上的幸福试图填满我们的心胸,那种幸福,就像现世的幸福比从视野中划过的鸟的影子消失得还要快一样,不,甚至比那还要短暂、迅速地移行。歌德笔下的浮士德对最为幸福的瞬间说,"Verweile doch, du bist so schön!"——"真美啊,请停一停"(浮士德、11582 行),美正是难以挽留的瞬间的恩赐。

现代艺术尤其强调美的瞬间性。正如前几年米格利斯(Panayotis A. Michelis, 1903—1969)所说,古希腊的艺术理念是永恒的,而现在,它已被虚幻的(fugitif)、时时变化的事物所取代,作品是在偶然状态下瞬间被制作出来的非定形(non-fini)的东西。一眼看去,永恒不变的美消失了,让位于瞬间给人以强烈冲击的别样的美②。但是,正像这位论者也提到的那样,永恒性和瞬间性,离开彼此无法成立。艺术家的美是不被平庸的日常时间所拘束的,它超越过去—未来的时间洪流,它自身便是完结和充足的,其实存存活于"永远的现在"。从这一意义来看,现代的刹那的艺术,只要它还保持着作为艺术的美的存在性格,就必须具有与古典艺术同样的永恒性。但是,艺术家要活在永远的"现在",另一方面,只可能在幸运地与美相遇的那一瞬间才能实现。而且,作为历史的实存,艺术家也难以避免地被卷入人类共通的时间关系之中,注定只有短暂的人生。从这一点来看,也可以认为,随着现代艺术从美的圣堂中走出,接近现实的存在,逐渐变成了无常、易变之物。不仅如此,或许应该说,包括古典艺术在内的一般艺术自身在驻足于永远的静寂之中的同时,从美的领域中的主客体关系来看,也在本质上存在于"遁走的瞬间"之中。

那么,是否可以将美的存在特征仅仅归为崩塌性、遁走性这些消

---

① 竹内敏雄在其美学论述中,经常使用"生"(せい)来表达美的存在样态。在日文中,"生"既表示人的生命存在于世的时间段("生"相当于汉语的"存在"、"在世"之意),同时,又表达与"死"相对的概念。

② P. A. Michelis, *Du fugitive dans l'art*, in: Actes du Cinquième Congrès International d'Esthétique, p. 784ff.

极的说法呢？正如刚才我们讲过的那样，美瞬间闪电般经由贯彻心灵的闪光突然出现，又突然消失。另一方面，正因为如此，在它出现的那一刹那，好似散发着火花一般，华丽地闪耀着，发出光怪陆离的光彩。这样一来，在美的存在中，瞬间性直接与闪耀相关。不过，我当然不是说所有美的事物都会发光。从某种意义上可以说，发光的是在物与我、客体与主体相互放电的过程中产生和消失的美。某一对象，越是能够发出诉诸人的视觉直观的夺人眼球的光芒，便越会让人感到美。即使在古希腊，被称作καλός(美的)的东西，如果用荷马的诗歌来举例的话，是夜晚的金星、比雪还白的骏马、黄金盔甲、女人的金发、明眸、丰盈的面颊等尤为耀眼的东西。但是，我们在这里所说的美的闪耀，与对象的状况无关，它指美本身作为发出耀眼光彩的东西被人体验。正如柏拉图在《斐德若篇》(250b, d)中所说，视觉是最为敏锐的感觉，所以，人们通过它，捕捉到明朗如其本然的美。这里的闪耀，不是指眼睛看到的东西在发光，而是指在可视对象中观得的美的理念(εἶδος)在闪耀。但是，我们在这里所说的，也不是普洛提诺之后，中世纪神学中所设想的，在美的背后，神、德、睿智等理性的内涵反射在感性现象中，发扬出来的"光"。在现代美学中，如若试图从元美学(metaästhetisch)的角度进行阐释的话，还有这样的倾向：与其说美是一种自律的价值，不如说其闪烁着真的光辉。现在，我们暂且不论这一意义上的闪耀，专门讲美本身的存在相在现象中闪耀时发出的光芒。

但是，物体发出的光仅对于看物体的人而言才作为光来显现，同样，美本身也仅作用于美的直观的主体。德语中的"schön"(美的)在语源上与"schauen"(看)相同，也表明美的闪耀与感觉的，尤其是视觉直观在源头是相联的。一般可以从词语的本意中看到事物的本质。如果美仅仅只对我们看(视觉)的功能而闪耀着的话，那么，大可不必要求美的事物一定要在现实中存在，只要看上去像在那里一样即可。美并非在实在中，而是在"假象"中发出"光辉"。"Schein"原本意味着"Glanz"(光芒)、"Helle"(明亮)，现在摇身一变，成为与"真相"相对的"外观"。同样，"scheinen"虽然是"闪耀"的意思，但已转化成实际上并不是"有"而是"看上去"如此的意思。这是在论述美的存在相时值得我们注意的语言事实。美正是在这两种意义上具有"Schein—scheinen"的特性。而且，美在假象中闪耀，这也只有在将美的观照对象作为假象进行静观的(kontemplativ, beschaulich)观赏的人的"Schauen"中才有可能发生。应该说,美在假象中对静观者发光(Das Schöne scheint im Schein für den Beschauer)。

美作为 Schein,具有双重意义,它在闪耀的同时又具有假象性,再加上前述论及的美的瞬间性和易变性,美的这种存在相与自然现象中的彩虹极其相似。彩虹发出闪耀的光彩,它的美是无与伦比的。在心理上,彩虹是一种由于幻觉出现的意识事实;但是物理上,它其实并不存在于任何地方,仅仅是一种假象,在我们眼中映照出七彩色环。而且,彩虹突然出现在天空的一角,鲜艳夺目,又迅速褪色、消失。可以说,彩虹的瞬间性、虚幻性和闪耀将美本身刹那间显现、在虚像中映发,又突然消失的过程,在一个美的对象中表达出来。彩虹最能直观地表现出美的存在性质。我想将其称为美的虹霓性。

## 二、美的孤岛性

美在假象中闪耀,与此相关,它的存在远离现实的生之洪流,其自身是完满的。现代美学强调,艺术并非完全从历史实存的存在关联中游离出来,被隔离于缥缈的假象界,它一定被凝结于包括所有事物现象在内的超领域之中。但是,一般来说,美的存在根据自律性原理,与其他一切隔离,被封闭于其自身之中,这是不应该被否定的。美的这一特质可以从主客两方面得到验证。

墙上挂着的画被画框装裱着,与室内的现实空间隔开来。即使将它放在其他地方,它自己也不会发生变化,无论周围状况如何,画都保持着自己独立的存在。我们在朗诵诗歌或者聆听乐曲时,似乎它们的存在与我们的生(现实)一并流动、划过,但是很明显,它们被限定在首尾两端,在一定范围内游离于现实的时间过程。所有的艺术品都是一个小宇宙,是一个自我完成的统一体。在艺术世界中,各个作品不但与现实世界截然分离,而且与其他作品彼此分隔。同一作家笔下的多部作品作为"同胞"具有某种类似的风格,在精神基础方面有一定的关联,但作品自身彼此独立,相互隔离。尽管艺术精神的历史发展是有连续性的,但是每一个作品都是作为其他作品的外部作品散乱地存在着。这一疏离的存在(Auseinandersein)使艺术品成为个体意义上的佳作。与此相对，自然对象自身完全没有被限定，埋没于现象世界无边无际的时空延续之中。我们在对自然进行美的观照时，会通过主体的能动作用首先将其从现实存在的关联中拣选出来，并将其限定在一定范围内。只有这样给自然物以主观的隔离性，它才能作为美的对象而存在。尤其是自然景观，它由各种各样的物象关联构成，画家在画框中将其画成风景画，同样，观照自然景观时，需要内在地将其从周围世界中分隔开来，在一定视角下把它构成一个整体。只有这样，作为美的概念的风景的意义才能得以完成。

美的对象作为排他的、孤立的、自闭的、完满的事物存在着，关于这一点，也对观照者的状态具有同样的规定性。海德格尔们认为，我们的实存①，在历史的事实中，难以避免"被投"向世界。由于这一被投性（Geworfenheit），我们不断地焦虑着理应得到的东西、共同存在的对象的人们，尤其是自己自身，并为之劳心。但是，一旦进入审美体验，我们将专心致志地沉浸在对作为假象的对象的"无关心的"观照之中，一举从所有的忧惧（Sorge）之中解放出来，畅游于明朗的自由的境地。从与实际生活的目的关联的羁绊中超脱出来，跃身于游戏的自由性之中，是审美的人的特权。艺术被称为游戏，也是因为它不受任何外在目的的束缚，享有作为美的活动的自我目的性。艺术家之类的审美的人在实存之中，同时又超越实存，来到日常的自我之外。这一他在性（Außersichsein）将美的实存带入其特有的恍惚忘我之境。本来，所谓人类的实存，指被抛入 exsistere 即世界之中，并在世界中出现。但是，在美的主观中，它又是忘我的（ἔκστασις），从作为实际存在的自己的"我"之中逃逸。赫尔穆特·库恩主张艺术的"节日性（Festlichkeit）"，就艺术的"陶醉本质"进行论述：在艺术中，埋头于平常、现实的生的洪流中的我们从实践生活的诸多关联中超脱并存在着②，也就是说，在美的超越中，自我顾虑转变为自我忘却。基于此，艺术自身是一种有目的的、自觉的自我活动，同时，它只有在无意识的暗黑的支持下，才能进行创造的秘密仪式；尽管立足于觉醒的自我意识，

---

① 哲学、美学的"存在"在日本译为"实存"。"实存"一词是由海德格尔的弟子九鬼周造翻译的，本文在翻译中依据的是日本的原译。

② Vgl. H. Kuhn, *Wesen und Wirken des Kunstwerks*, S. 50, 65ff. Ders., Die Festlichkert des Kunstwerks, in: Akten des Ⅳ Internationalen Kongressrs fürÄsthetik, S. 480ff. 另外参照山本正南监修《比较艺术学研究》Ⅱ所收论文。

却又不管不顾它、将其虚无化。据此,美的主观得以从作为人类实存的"根本情态(Grundbefindlichkeit)"即束缚我们的"不安(Angstbeengen)"中解脱出来,升华为其自身完满的、具有纯粹的美的情调的律动的状态。

如此一来,人作为美的主体,远离人生的现实领域,生存于一种充足的、纯内在的状态之中。美的客体也是一种不连续的个体存在,两者恰好相互照应。不,正因为主客双方在其原本的形态上彼此呼应,才共同具有一种孤立性的自足性,从现实世界超越出来。从这一关系来看,美自身有一种孤高的存在特性。从某种意义上可以认为,美犹如分布在汪洋大海中的小岛,大海就是历史的实存,小岛超越汹涌的波涛,在大海中突起。一群列岛或许是由海底绵延的火山群喷发而成,但是属于其中的每一个岛屿在海中孤立分布着。美也一样,即使所有美的对象属于同一精神母体的一系列艺术品,它们都是作为一个个自我封闭的独立体独自存在着。与此相应,我们的美的体验也像孤岛一般与现实的生活经验关联相隔离,在精神上脱离自我,完满自足。因此,成立于主客体之间的美,呈现出远海的孤岛一般的存在相。如果将其直观表达出来的话,可以称之为美的孤岛性吧。

美犹如孤岛一般被隔离开来、封闭地存在着,不可避免地带有狭隘的性格。但是,美同时又超越了在根本上规定人类存在的时间性,由此看来,它保持着独自的静寂。的确,美的存在也并非与时间性没有交涉。时间艺术自不必说,如果离开内在于作品体验的时间构造,空间艺术也无法让人理解。但是,正如前面所提到的,美的瞬间性不可思议地与永恒性并立共存。一直以来,永恒的静寂支配着古典艺术,随着时代的前进,它已逐渐消失,到了现代,好似已经沉没于生之洪流的嘈杂之中。但是,艺术作为美的存在,具有一些特有的性质,它既在时间性的波浪之间生灭,又能抵达极为静谧的永恒世界。

在历史中实存的人类,并非仅背负着失去的现在,而且背负着业已存在(das Gewesene)的过去,不断地将自己的存在可能性投向朝自己到来(Zukommen)的未来(Zukunft),活向(hineinleben)暗黑的未来,根本不知道自己将会如何存在。在那里,存在的既存性和未来性相互关联、不可分割,在其结合中统一于拥有各个瞬间的现在。我们在时间上的实存,也就是在既在和未来不断错过的接点中实现自己的生。但是,美的主体与对象呼应共鸣,首尾一致,艺术家创造成功时,在这一幸运的瞬间,将会从时间持续的历史性中超脱出来。一方面,艺术家作为历史的实存难以避免其被投性,但是,作为美的实存,按照贝克尔的说法,"被投"入世界的同时,也是处于被自然"承担"或者"搬运"的状态(Gettagenheit),漂浮于地面世界之上,超越历史的时间性得以飞翔。美的实存的时间性,与过去和未来都不相干,在于仅以其自身存在的现在。美的陶醉的瞬间就是休止的现在,它不受时时刻刻攫取我们的时间的威胁,远离现实的生的洪流。可以说是"伫立的现在"。而且,尽管我们前面提到过美的遁走性(易变性),但它是在自身之中完成的,从这一点来看,又被永恒化。之所以说完成(Vollendung),是因为作为其自身已经完全终结(Ende),因此超越了所有的结束。美在刹那间被实现之时,就是"永恒的瞬间"。美的瞬间性与艺术的永恒性看似矛盾实则并不矛盾。威廉·佩尔佩特(W. Perpeet)①一方面强调艺术的时间性,一方面承认内涵在作品中的意义像闪电般穿过体验者,突然闪现,这一瞬间具有"艺术的无时间性"。这也是因为,正是在这个瞬间,被纠缠在时间之中的现存在被赋予了一种能够超越时间持续下去的永恒的东西②。通常,必须在时间上现存的人类,仅在永恒的现在之中才能做到无时间的现存。这就是艺术的恩宠。不仅是古典艺术,在所有真正的艺术之中,无限流走的时间停止,成为像小岛一样完结的事物。在这超历史的时间之中,我们不被任何其他事物烦扰,圆满地充满在自身之中,停驻在静安之境。美所固有的静寂在这里找到了其存在论的根据。当然,在美的体验中,我们不执念于一定对象的实存,只要断了实际生活目的的意念,这一静观性便能保证美的静寂。但是,从时间性的观点来看,它存在于一个悖论之中,即能够从瞬间突发的事物之中获得无时间的、永恒的东西。

---

① 埃德蒙·恩斯特·威廉汉姆·佩尔佩特(Edmund Ernst Wilhelm Perpeet,1915 - 2000),文化哲学家,波恩大学教授、哲学系主任。1936 年进入伯恩大学学习哲学,师从海因里希,1940 年获博士学位。主要论文著作有:《中世纪美学》、《文化哲学》、《文化理念》、《作为艺术与艺术哲学方法》等。

② W. Perpeet, *Von der Zeitlosigkeit der Kunst*, in: Jahrbuch für Ästhetik u. allg. Kunstwiss. ,I, S. 1ff. ,insb. S. 16ff.

## 三、美的深渊性

但是,一眼看去,美的静寂又伴随着另一与其矛盾的存在性格。美一方面表现出超越其历史现实的孤高的静止相,另一方面它本身又蕴藏着能从内心深处撼动人类灵魂的深度。关于美的深度,已经有利普斯、盖格、杜夫海纳等人从先验心理学及现象学美学的角度从各自的立场出发,做出了不同的论述和解释。我认为,作为美的存在表征,深度具有双重意义。

从上述论述中不难得知,美的体验对象不仅要求体验者以静观的态度对其接受,而且,只有经由审美主体发自自我内心的、高度集中注意力的创造性活动,它才能作为真正的美的对象被生产出来。这一美的体验的创造性发轫于主体独特的人格,因此,客体成为主体的一种象征。只要美的对象贯穿着主体对其把握、创造的美的作用,它就不但能表现出来内在于其自身的东西,而且同时象征着美的主体的创造性自我的深度。这种象征关系在自然美中也有所表现,尽管在通常情况下人们认为自然美与人格的创造性无关。观照者在进行内面的生产活动时,自然风景作为客体表现出一定的情趣,同时,它浸透着与其发生交感作用的主体的心的情调,据此律动,它作为一个整体呈现出来。因此,作为美的对象的风景像,即使在客观上与各观照者心象相结合的是同一风景,结果也会因人而异,呈现出不同的相貌,反照出主体各自不同的人格个性。在这里,原本无心无情的非人的对象被作为表露出某种感情内容的东西被观照,从这个意义来看,已经具备了一定的情绪象征(Stimmungssymbolik),而且,可以说,包括人类美在内。一般来说,美从根本上规定了所有的感情对象性,它是一种作为人格的感情体验的"情绪"象征,这种人格的感情体验来源于各自不同的主观精神。自然美体验的深度首先就在于这一高维度美学意义上的情绪象征性。更不用说艺术品在生成过程中发源于艺术家的人格性,象征地反映了其人格性。在作品的表现结构中,不论其中处理的对象如何,都会自然流露出对其进行内在规定的艺术的把握和形成的方法,刻上存在于"内面形式"的基础上的创造的人格性。与此相应,艺术品的观照者不但可以从直接被给予的感觉现象中领会各种对象的意义,而且可以超越它,或者说通过它,深入观察到隐藏在其背后的艺术家的人格。这时,通过作品的表现内容,我们会为作者作为人的纯粹、伟大和有力所感动,更会为作品的创作方法所表现出来的作为艺术家的旺盛的想象力、敏锐的直觉和丰富的感受性所折服。这样,作为美的对象的作品表现出一定的情绪象征的深度,这种情绪象征以作家的人格为根基,同时,对其进行观照时,我们的美的体验也随着观照活动对对象的深入,在感情的"深层的维度(Krueger)"中得以发展。艺术美的深度在此成立。

利普斯所谓的美的深度,也是指美的观照不再停留在对象表面,而是迫近其深处。但是,这并不仅指将艺术品中表现出来的人物感情当作其自身来看待,而且,这一深度还在于将其作为一种根植于人类的人格内在的活动来体验。通过移情,体验人物的人格,发现其中对人类有价值的东西,主动探究与人类"共同感觉",为美的价值深度找到依据①。我们在与表现对象的人物发生共感的同时,也会与表现主体艺术家发生共鸣,在观照时,返归其人格性,与其合二为一。或许更应该在上述这一点承认美的深度。从利普斯的观点来看,我们向对象移情时,就是潜入我们自身本质的深处,同时也是潜入客体的深处。不过,这里说的客体并非仅指表现在其中的单个人物,必须是整部作品。即便歌德的浮士德是歌德自身的分身,作品《浮士德》的整体结构是经由作家个性的创造性活动形成的,必须看到,它具有某种"样式",这一样式是在作家艺术的人格基础上形成的内在形式的外化。抓住这一样式中表现出来的歌德式的东西,与歌德的人格接触、同化,这正是我们将这部作品作为美的对象,对其进行深度挖掘的同时,也在深化我们自身的审美体验的原因所在。

藉此,与审美主体乃至艺术家创造性的人物性格相关的深度,在美的主观个性化方向上是可以成立的,但与此相对的另一方面,美的客观普遍化方向的深度或许还是一个问题吧。

诚然,从主客体任何一方来看,美都是唯一的、个性的。艺术品是独一无二、无可替代的,这是不言自明的。所有美的对象,既然都与美的体验相关,正因为美的体验每次都是在此刻、在此,不可重复,那么,与此相应,美的对象便是彼此不可置换的个体。每个拥有自己的性格

---

① Th. Lipps, *Ästhetik*, Ⅰ, S. 523ff., Ⅱ, S. 49ff.

的人物，在他们各自的典型环境中进行的行为，以及其他由个体特性所规定的每个个体事物及其关联，都被艺术家以其各自不同视角、感受方法和创作手法的个性的主体，直观与表现出来。在美的领域，个别的、特殊的东西自身直接被给予，同时，其背后承担着更为普遍的东西，通过其个体性可以暗示出某种全体性。在这里，"个"是"全"的象征。正如刚才我们谈到的那样，我们在被以艺术手法表现出来的人物中，可以体验到其人格性，这也一定是因为，表现于其中的个别的、一时的形态象征了贯穿其个人精神的生的本质，以及对个人而言普遍的东西。这种客观的普遍化进而结合每个人物个性的特殊相显现出一定的人的类型，最终达到对于整个人类的状态、人性的本质的启示。同样，在自然美方面，随着审美的观照的深入，其对象逐渐被理解为更具普遍意义的象征。柏拉图在《会饮篇》(210a-d)中论述美的等级时谈到，对于美的爱从一个个的人体美上升到人体一般的美，而且在比人体美高一级的心灵美中，也应该从个别相上升到普遍相。但是，普遍化的象征首先在艺术中最为显著。尤其是古希腊的雕刻、悲剧等理想主义的艺术，在个别的人物形象中体现了人类的理念、典型和规范，或者说直观地表现了人类精神的本性、人类的命运。因此，亚里士多德在《诗学》第九章(1451b5-7)中指出，历史学家讲述个别的事情，而诗人讲述普遍的东西，承认诗的"哲学"意义。其实，近代的更为写实风格的艺术也是如此，作品中越是充满着在人的意义上意味深远的东西，越是写出了"生之真"，同时也抓住了"本质之真"。之所以说文艺是"人生的批评"（阿诺德）①，艺术是"理解人生的器官"（狄尔泰），也是因为，艺术既能表现出每一个个体的存在，这些个体都以自己独具风格的个性进行决断与行动，同时又可以启示人生中普遍的、本质的、典型的东西，具有映照人生深层意义的功能。"大艺术品"的伟大依赖于通过艺术创作表现出来的作家的人的价值，又与基于其深层人格形成的、对象世界的对人的意义性。在此，从伦理价值开始，人生重要的诸种价值以作品的审美体验为温床被合成为浑一的整体。这一综合性的全人类的价值的高度归根到底就是审美价值的深度。

---

① 马修·阿诺德(Matthew Arnold,1822—1888)，英国诗人、评论家。曾任牛津大学诗学教授(1857—1867)。主张"诗歌是人生批评"，诗要反映时代的要求，需有追求道德和智力"解放"的精神。主要作品有《评论一集》、《评论二集》、《文学与教条》、《文化与无政府主义》，以及诗歌《郡莱布和罗斯托》等。

但是，诗和艺术等并不限于显现人类存在的根本状态。个体存在者的直观形态中还象征着一般存在的真实相，这种一般存在统合了我们的存在与自然存在之间的对立。在平凡的现实世界中，真的存在(ὄντως ὄν)被隐匿在杂乱的现象之中，人类在日常的意识中往往堕落为庸俗的、平均的"人"，无法轻易了解其中的奥秘。但是，纯粹的美的直观可以洞见到这一被隐匿的存在的真理，艺术的创造将其揭示于作品中。按照海德格尔之流的说法，所谓艺术品的"形成"，就是平时被遮蔽在黑暗之中的真理"显现"在光亮中。从这一点来看，艺术作为最高的认识真理（Wahrheiten）的一种样态，具有独自的形而上学、存在论的功能。正如前面所讲到的，这是美之所以被称作真理的光辉的原因所在。只要它对真的存在具有某种象征意义，这一个体存在的周围便担负着像光晕一样扩散着的普遍的、永恒的、真实的东西，即作为被光晕包裹着的内核，也能在存在的幽暗中放射出微茫的光。由此，美的光辉带上一种阴翳的色彩，其背后隐匿着深刻。我们承认，美的客体被主体个性的人格熏染，对其进行反映，在这一点上，美有作为"情绪象征"的深度，但是，美的深度还存在于超主观的具有普遍意义的"存在象征（Seinssymbolik）"。杜夫海纳否认美的深度的深远性与隐匿性，认为美的对象具有与此相应的主观性和"表现"功能，可以向我们显示表面物体所欠缺的内在性，由此可以寻求其深度的根据，但是，他进一步指出，它既通过形式的完成，同时通过向世界扩散和放射"意义"的微妙氛围（aura）加深①。由美的对象发散出来的意义，在我们看来，必须将存在论的、超美学意义上的最高概念的真理作为终极内涵。通过放射这一真理的极光（aurore），美成为光辉且深奥的。按照盖格②的分类，如果艺术仅能给人以娱乐和廉价的感动，它就只有"表面效果"，真正意义上的高级的艺术，具有"深度效果"——能够触动自我的深处，使自我从内心深处受到感动，它带来的并非个别的快乐，而是全人格的幸福。这一美的享受的深度，人们在其中体验到的是作为价

---

① M. Dufrenne, *Phénoménologie de l'expérience esthétique*, Ⅱ, p. 504ff.

② 莫里茨·盖格（Moritz Geiger, 1880 – 1937），德国哲学家、美学家。1908 年开始在慕尼黑大学任教，与埃德蒙的·胡塞尔一道进行现象学美学研究。1913 年开始与胡塞尔一道主持《哲学与现象研究年鉴》的工作，《审美享受的现象学》的发表奠定了他作为现象学美学创始人的地位。之后盖格与马克斯·舍勒（Max Scheler）、亚历山大·普凡德尔（Alexander Pfander）一起组成了一个新的现象学团体——慕尼黑学派。

值内容的美本身在存在论意义上的深度。

然而,在美的对象中,象征表现所带来的形而上学的内涵超越了普通意义上的内容,其背后摇曳着在此之上的某种东西。内含着这种象征意义的艺术品虽然在其自身有限的小宇宙中处于完结状态,但它同时暗示着大宇宙广阔无边的存在深处。因此,美的存在论的深度,尽管与真理之光的明亮相关,又伴随着由于象征内容的不可预测带来的黑暗。尤其是中国和日本的艺术,有着与黑格尔所谓的东方的"象征型艺术"不同意义上的不明性,甚至可以说是幽暗性。特别是宋朝的山水画派及其后裔东山时代的禅僧画、中世的和歌和属于该流派的芭蕉的俳句所具有"幽玄"之美便是如此。在这里,择取"边角之景",描绘"行云流水"的小作品也能象征包容和超越了人之生的普遍存在,这种美中充满着幽暗的深度。不过,现代欧洲艺术也时常在抽象的构图中酝酿一种"宇宙的"气氛,试图捕捉"纯粹的、真的实在",从这一点来看,它们与东方艺术有相通之处。当然,现代艺术中的"黑暗"是身处当今不安定、不可信的时代的世界观之心绪的投影,但是,呈现于其中的形象,作为表征着某种难以预测的深远意义的符号,带有"暗号"的特性。不,实际上,从实存哲学的角度来看,艺术应该被作为雅斯贝尔斯所说的之于"超越者的实相"的暗号来解读。即使不借用这一观点,作品作为超越所有存在的超人类的、全宇宙的象征,越是幽谧深玄,越是要求与之相应的解读的深度。如今,频频提到艺术的"解释"问题,也是因为人们难以轻易理解形成作品深层意义的超越性的存在。

而且,关于美的幽暗性,还应该注意到,存在预示着非存在,有与无互为表里。我们人类的现实存在已被限定于出生与死亡之间。我们作为在时间上有限的存在者出生,同时,也开始死亡,每一秒都在向死亡靠近。人类的现存在将自己抛向未来,不断地持续着"向死的前行(Vorlaufen)",往往是被拽向无之中,是"向死而生"。同样,所有有限的存在物的存在都在无休止地向非存在倾斜。万物流转归于无。无威慑着所有无常的存在,时刻将其吞下。因此,如果说艺术彰显存在者的真理,开启存在本身的根源(Urgrund)的话,它最终会显示出恐怖的虚无的深渊(Abgrund)。即使我们通过美的迷狂从现存在中解脱出来,通过艺术的永恒性超越时间性,对存在根源的洞察必须同时也是亲临虚无的深渊。恰如我们伫立在悬崖的岩石上,望着脚下滚动的潮水、深不知底的深渊,在美的最为深刻的体验中会触及作为存在的黑暗面的无。如果要直观地表达出包括上述否定性契机在内的美的幽暗的深度的话,恐怕只能使用美的深渊性这一说法了。如今,按照西方艺术革新运动的精神背景实存主义哲学思潮的观点,无的概念意味着吞没我们的现存在等所有存在的"深渊",发挥着重大作用。在古代东方艺术中被传统的"幽玄"之美所浸染的禅的佛教思想中,它是一个根本理念,作为一种超越生的否定,使人类走向解脱,归于空寂的大自然。如果探求美的深度的话,一定会追究到其底部的"深不见底的无"吧。

(作者单位:东京大学)
(译者单位:湖北第二师范学院、湖北大学)

# 场所的记忆与废墟

[日]西村清和

梁　青　译　梁艳萍　校

所谓废墟，无论是枯朽建筑物残骸留下的遗迹，还是作为"词语的遗物"仅存其名的名胜古迹与歌枕，它首先是一个沉淀着历史的浓密记忆的场所。因此要谈论废墟这一美的现象，必须先弄清楚场所是什么，进入这个场所是怎样的一种行为，以及与这个场所发生纠葛的亡灵——场所精神（genius loci）的记忆究竟是什么。本文参照米歇尔·德赛都（Michel de Certeau）的场所论与詹姆斯·吉布森（James Jerome Gibson）的知觉论，对与"空间"相对的"场所"及其"存续"进行新的考察，叩问场所的存续中引人注目的"废墟"以及记忆在其中的存在方式，得出了废墟的经验并非存在于集体的"历史＝物语"和它的"纪念＝彰显"，而是在于进入其中的人通过记忆使自己的身体感受到的，那个场所的长存与不变性的经验中这一结论。

## 一、场所与空间

我们尝试比对近年来关于"场所"这一概念的几个定义。现象学地理学者段义孚在 1977 年的《空间的经验》中，认为"'空间'比起'场所'更具有抽象性。最初尚不分明的空间，随着我们对其认识的加深，随着我们对其赋予价值，才演化为场所"。① 也就是说，具有广阔范围的空间依据其存在方式，成为了承载具体意义的场所。段义孚还认为，所谓个体的生发，就是从围于场所的孩子，发展成在空间中自由行动的大人的过程。因此可以说，场所具有安全性和安定性，空间具有

---

① 段義孚:『空間の経験』，山本浩訳，筑摩学芸文庫，1993 年，第 17 頁。

开放性、自由、威胁,人类的生活是往来于广阔自由的空间与安定的场所之间的"辩证性行动"。但段义孚又指出,人通过对场所的"命名",将这个场所作为固定记忆的"肉眼可见的时间",进而根据集体记忆通过纪念建筑物和历史书,用象征性的手法"将民族国家变为场所"①。这时,本应是被经验、被命名的场所,扩张成为国家、国境这样的抽象观念和掩藏表象的概念,它与空间概念之间的区别被模糊化了。

同为地理学者的爱德华·拉尔夫(Edward Relph)在《场所的现象学》(1975 年)中试图将地理学中暧昧的"场所"概念用现象学方法进行规定。他也认为"空间是场所的背景"②,在那里行动、生活时,"通过特别的相遇和体验,知觉空间分化为场所或者特殊的个人意义的中心",并且"场所的经验范围可以是房屋的一角,也可以是整个大陆",这里的场所如"大陆"一般,也已经远远超出了知觉领域,扩张为抽象的观念和表象。

这些被称为现象学地理学者的观点,显而易见是受到了海德格尔的场所论的影响。这种影响在被称为建筑的现象学者的克里斯蒂安·诺伯格—舒尔茨(Christian Norberg-Schulz)身上也可以看到。他在《场所精神——迈向建筑现象学》(1980 年)中明确指出,在论及天地人神这"四方域(das Geviert)"和收集它们的"物",以及开拓林地的建造(Bauen)、居住(Wohnen)这些世界的开拓问题时,后期"海德格尔哲学为本书的成立以及方法论的确定起到了触发作用"③。他认为:"建筑家的作用就是创造出有意义的场所,只有这样,建筑家才算是对人类的居住有所贡献。"他还指出,场所由岛、岬、湾、森林、广场、大道、中庭等名词,也就是"实词(substantive)"所指示,这是因为场所都是现实的"实在之物"。与之相对,"空间是诸种关系的体系",用上、下、的方向、从之类的前置词来指示。但是在他这里,那些名词所指示的作为具体存在物的场所,也被扩张到了国家、地方这样的抽象观念上。最后,同样是地理学者的奥古斯丁·伯克(Augustin Berque)在《风土

---

① 段義孚:『空間の経験』,山本浩訳,筑摩学芸文庫,1993 年,第 316 頁。
② エドワードレルフ(Edward Relph)『場所の現象学』(《场所的现象学》),高野岳彦·阿部隆·石山美也子訳,筑摩学芸文庫,1999 年,第 41 頁。
③ クリスチャン·ノルベルグ - シュルツ『ゲニウス·ロキ——建築の現象学をめざして』(《场所精神——迈向建筑现象学》),加藤邦男·田崎祐生訳,住まいの図書館出版局,1994 年,第 9 頁。

学序说》(2000年)中,受到和辻哲郎"风土"概念的启发,新提出了"风土的场所"①这一概念。他所说的"风土",也和人类存在以及天地人神"四方域"世界,这一海德格尔后期哲学思想有很大的关系。

以上这些论调都有一种倾向,相对于空虚宽广的、被认为是几何学的位置关系的抽象的"空间",充满着每个人的生活、性格、氛围、记忆的"场所"更加值得注意。在段义孚和拉尔夫看来,空间是"有记录某种意义的可能性的白纸"②一样的东西,或者说是每个场所成为人的场所出现时的背景和前提,从存在论的角度讲,是先于场所的存在。这样一来,场所就成为自身存在的空间在某时的个别表现形态。与他们相反,诺伯格—舒尔茨和伯克赞同海德格尔的主张,认为"某时的空间(die Räume)不是从《那个(dem)》'抽象的·几何学'的空间那里,而是从场所那里接受了它的本质=存在(Wesen)"③。例如在河流上架桥就是一个场所的出现,而对周围的农田和道路的修整,则是开拓出了田园地带这一空间。但这种场所开拓的空间,最终还是会回到"四方域"这种原初的、宇宙论的领域,回归到大写的"自然(Physis)"所指示的"自然=存在"。这样一来,好不容易主题化的"场所"概念中的人类要素,又被作为其前提的自然和它引申出的四方域这样的上位概念所吸收。无论哪一种观点,场所和空间在原理上都是一脉相承的,被区别开的场所和空间,一旦来到国境和国家、四方域和宇宙这种超越具体知觉和经验的观念和表象面前,都会被消解为一体。于是,我们再次被扔到了这个谜题的面前:场所究竟是什么。

历史学者德赛都对场所与空间的区别问题,从另一个角度进行了解读。他认为,场所和空间不是一个一脉相承的连续过程,而是与我们日常生活的世界有着截然不同的原理的两个契机。"一个场所(un lieu)就是有共存关系的诸要素随之配置的秩序。……这其中有不变性(stabilite)的标志。"与此相对,"空间(espace)则是人在方向上的向量、速度的快慢、时间的变数的考虑中存在的。所谓空间,就是被实践

---

① オギュスタン・ベルク(Augustin Berque)『風土学序説』,中山元訳,筑摩書房,2002年,第32頁。
② 段義孚『空間の経験』,山本浩訳,筑摩学芸文庫,1993年,第256頁。
③ Martin Heidegger, Bauen Whohnen Denken (1951), in: *Gesamtausgabe*, Bd. 7, Vorträge und Aufsätze, Vittorio Klostermann, 2000, S. p.156.

的场所(un lieu pratique)"①。对段义孚而言,"场所和物体被空间所限定,这赋予了空间以几何学的性格"②。但在德赛都这里,那些几何学的、远近法的性格即便在都市规划者和建筑家所操纵的"被实践的场所"那里使得空间被更有效率地组织起来,也并不成为场所本身的秩序。当带有不变性标志的诸要素之上存在有"历史的主体"的活动时,这个"活动往往成为产生一个空间的条件,这个空间也被连结在一个历史上"③。

## 二、场所的存续

上文中我们看到德赛都提出"场所"是与几何学的、远近法的"空间"所不同的概念。吉布森在《生态学的视觉论》中也有类似的主张。吉布森说,传统的视觉论认为,我们的眼睛之所以能有视觉,是因为有画像被投射到视网膜这块屏幕上,这一观点是基于世界是虚无缥缈的大气中的某种物体或者形态构成这一想法,吉布森称之为空间知觉的"大气说"(the air theory)。在这种理论中,空间的第三次元在二次元的视网膜中消失了,因此要想在大脑中恢复它,就必须要有某些线索。而几何学的远近法就是线索中的一种。但这种情况下"距离本身"并不能被直接看见。对此吉布森提出了空间知觉的"地面说(a ground theory)"。所谓环境,就是站立在地面上进行知觉行动的我们这些观察者周围的世界,对于这些在内部行动的观察者而言,这个世界首先是作为"场所"被感知。我们实际所看到的,并不是虚空中的距离,而是场所在地面上后退的程度。对于地面上的某个对象来说,现在看到的面是在某个其他对象的背后。这种"面的配置(layout)"不仅被我们被动地感知,也被我们能动地运用,把它当作环境中的刺激信息。观察者在环境内部移动,随着观察点的变化,面的肌理、配置以及重叠的情况也随之变化。因此观察者有必要根据这些变化着的刺激信息,在

---

① Michel de Certeau, *L'invention du quotidian*, I. *Arts de faire*, nouvelleédition, Gallimard, 1990, p. 172f.(『日常的実践のポイエティーク』《日常生活实践》,山田登世子訳,国文社,1987年)
② 段義孚『空間の経験』,山本浩訳,筑摩学芸文庫,1993年,第37—38页。
③ De Certeau, op. cit., p. 174.

特定的环境中抽取出稳定的结构作为不变项。首先并不是充满着对象的"空虚的空间",而是"环境中存续的面(the persisting surfaces)构成了真实"①。在世界上,"距离并不是在空气中,而沿着地面不断延伸的"②。

我们看到的并不是空虚空间中的距离,而是沿着地面向对面后退延伸的场所。并且与之同时,我们也着眼于构成我们世界的另一个重要的契机。当我们看到外部世界的时候,我们的背后被自己的头部遮挡,面前的视野也被自己的鼻子、身体、手脚遮蔽。自己移动的时候,看到地面上自己的脚的移动,在移动中左右张望时,可以看到自己头部的转动。就这样,我们通过"在世界中看到的自己"来控制自己的行动。这种"对自身的感受性"被吉布森称为"自我知觉"。这里重要的一点在于场所的知觉往往伴随着自我知觉这个事实。随着在环境内部的行动而产生的知觉变化,与自己身体的自我知觉相关。另一方面,在转动头部时从视野中消失的环境,其中一部分可以通过扭头的动作再次回到视野中,因此我们常常可以部分地"感知到自己背后的环境的存续",也可以"对这个场所同时发生的各种事象(events)进行感知"③。

"自我知觉伴随着环境的知觉",知觉同时经验着变化与不变这两方面。变化的方面与场所内部不断运动的自己的身体当时的知觉相关,不变的方面与身体周围的环境的存续的知觉相关。但这个不变项的知觉并不是被过去的经验,即被称为"记忆"的东西所支撑,它所需要的是"学习,也就是通过实践提高知觉能力并陶冶注意力"。吉布森认为知觉本身"不会在经历一定时间之后转化为记忆。事实上,知觉是没有终点的,它会一直运转下去"④。在这个意义上说,知觉与记忆无关,也并不在意现在和过去的区别,只关乎场所的存续和事象的共时性。那么记忆又是什么呢?吉布森认为,记忆是以某种方式感知已经不实际存在的事象的"意识",同样的,预期是感知还未实现的可能

---

① James J. Gibson, *The Ecological Approach to Visual Perception*, Lawrence Erlbaum Associates, Publishers, 1986, p. 100.(『生態学的視覚論』,古崎敬・古崎爱子・辻敬一郎・村瀬旻译,サイエンス社,1985年)
② Ibid., p. 117.
③ Ibid., p. 209.
④ Ibid., p. 253.

性和事象的"意识"。它们都不属于知觉,因此都是"非知觉意识(nonperceptual awareness)"。这些诸如记忆和预期的非知觉意识都是一种心理过程,它们受到由场所的存续和事象的共时性构成的世界的真实知觉的支撑。

看这一动作本身并不关乎过去和未来,我们只是知觉到那个时刻动作的变化和世界结构的不变这两个方面。然后在连接这个变化和不变的自我知觉的瞬间,当新的记忆和预期这种非知觉的意识介入时,变化着的自我知觉就转变为把〈现在·这里〉存在的自己作为自己来感知的"意识",转变为现在的意识。像这样将基于自我知觉的自我意识的〈现在·这里〉的现在作为起点,才能将过去和未来的范畴进行分段。但并没有什么预先设定过去、现在和未来的东西。根据吉布森的这一理论,我们必须预先设定空间和时间,一是传统的知觉论所谓的作为空虚延展的空间与时间,二是康德所说的构成世界的先验的形式的空间与时间,并有将其作为世界的真实构造的场所及其存续来认识的必要。

吉布森所说的场所的存续和事象的共时性知觉,与伯格森的纯粹持续及其直观是不同的。正如伯格森所说,相对于内在生命的持续,我们的"注意力是无法无限延长的",因此我们的知觉也无法持续地经验"永续的现在"①。不如说吉布森的立场与后期的梅洛·庞蒂的现象学相近。梅洛·庞蒂认为,我们生活中的每个风景,都是"世界之肉(la chair durable)的一片",在谈及"空间中的共时性、时间上的比喻意义上的共时性"②时,他所预想的恐怕是吉布森所说的"不断作用着的"知觉带来的场所的存续和事象的共时性经验吧。事实上在这里,正如"桌子上方是我额头上的暗块,其下是我两颊那模糊的轮廓线"③那样,世界被我们的身体所遮蔽着。要点在于,这个世界和我的身体之间存在的"不是界线,而是接触面(une surface de contact)"这一事实,这种认识是对"平面和远近法生发的思考的清算"④。

但是记忆和预期存在于共时性的场所和事象中,主体意识到〈现

---

① Henri Bergson, La pensée et le mouvant, in: *Oeuvres*, Presses universitaires de France, 1970, p. 1387. 对于柏格森而言,通过无限延长注意力以达到纯粹持续的直观或许是哲学的"方法",但是必须承认,按照我们通常的知觉经验,这是不可能做到的。

② Maurice Merleau-Ponty, *Le visible et l'invisible*, Gallimard, 1964, p. 157.

③ *Ibid.*, p. 21f.

④ *Ibid.*, p. 182.

在·这里〉的现在,并引入对过去的悔恨和对未来的希望时,场所被组织到行为的空间中,事象就可以作为配置于时间中的一连串事件构成的历史被言说。

## 三、场所的记忆

所谓历史,是由关于过去的记忆组成的正确的故事。但记忆并不能直接等同于历史。皮埃尔·诺拉(Pierre Nora)认为,记忆和历史非但不是同义词,而且在所有方面都是相反的。所谓记忆,是"当下现实的现象","被活着的集团所背负",而历史是"对已经不存在的东西的重构","它属于全体而不是个人,因此具有普遍化的使命"①。近代以来,我们基于所熟知的历史、文件资料等"历史化的记忆"重构重大事件,得到了"国民发展的历史"。但另一方面,被这些历史所无视的"活着的记忆"的残滓与痕迹藏身于诺拉称为"记忆的场(les lieux de mémoire)"的地方。他提倡基于记忆的场展开新的历史研究。

诺拉认为"记忆与场所之间的纠葛,如同历史与事件(événements)之间的纠葛一样"②,他把"博物馆、档案馆、墓地、收藏、祭祀、纪念日、条约、议事录、纪念碑、神殿、结社"等作为"记忆的场"的例子,因此"记忆的场"不仅包括墓地、废墟、遗迹之类的场所,还应当是一个更广阔的历史研究上的概念,是作为集团性观念、映像、表象、象征层叠堆积的"场",与共同体的物语和叙述神话的修辞学上的"场(τόπος)"相近的概念。此外,这里需要阐明的"真的记忆",是"经历时间转化为历史"之前的记忆,是"英雄和起源、神话等尚未分化的时候"的记忆。真的记忆是"把我们紧缚在永恒的现在的一条活着的绳索",而记忆的场就是这个"永恒性的幻影(des illusions d'éternité)"③。因此这个活着的真的记忆所要求的物语,即便不是近代国民国家的普遍

---

① Pierre Nora, Entre mémoire et histoire, in: *Les lieux de mémoire*, I, larépublique, sous la direction de Pierre Nora, Gallimard, 1984, p. xixf.（皮埃尔·诺拉编《记忆的场 I》,古川稔监译,岩波书店,2002年)

② *Ibid.*, p. XXXIX

③ *Ibid.*, p. XXIV

性历史，也至少是英雄们的神话物语，其结局正如乔·莫兰（Joe moran）所批判的那样，归着于"纪念＝彰显行为（commémoration）"带来的象征化，以及神话化的集体性记忆造成的对过去的"重生"和"回归永恒的现在"[①]。但是我们现在探讨的并不是"记忆的场"，而是被日常生活实践的"场所的记忆"。在那里每天重复着的计划和想法只不过是个人记忆的碎片，不会被集体性的"纪念＝彰显行为"纳入到神话和国民国家身份的历史中去。

我们将其称为"场所的记忆"。沉淀并堆积在场所中的记忆，实际上是那里生活着的人的记忆，或者是偶然进入到那里的人们听闻当地的历史、文学、传说、传承或者风闻，从而切身感受到的他者的记忆。即便如此，我们仍能把它称为场所具有的"场所的记忆"。自我知觉的真实统一了场所存续的真实，连接二者的〈现在·这里〉之中，记忆和预期介入进来，同时发生并被知觉到的事象在过去·现在·未来这个时间序列中被把握并成为事件。只有成为过去的记忆，我们才能把现在的记忆的存在——即奥古斯丁派所说的"过去的现在"与场所的存续相接合。这至少在存在论上可以说是场所的记忆。德赛都问道，"在一个已经形成独立整体的场所中移入（l'implantation）记忆是怎样的事情"，日常的实践给出的答案是"抓住机会（l'occasion），用记忆这个手段试图变换（transform）场所"[②]。他提出的这种记忆介入或者移入的"机会"，恐怕与我们在吉布森的生态学知觉论中所确认的，记忆介入场所存续的知觉中的瞬间是相互呼应的吧。这个瞬间是回归场所的存续的瞬间，而这里的场所的存续是进入实践的空间，在被忘却的日常生活中突然出现机会时，人们驻足观望，委身于自己立足之地中缠绕的过去的记忆的支撑。

## 四、废墟与物语

场所记忆的物语并不限于个人的东西。甚至可以说，彰显历史事

---

[①] Joe Moran, "History, Memory and the Everyday", in: *Rethinking History*, Vol. 8, No. 1, March 2004, P. 61.

[②] de Certeau, op. cit., p. 130.

件的纪念碑和庆典、作为文化遗产的历史建筑和历史保存地区的街道，都是将集体性记忆体系化的国家、观光产业、媒体们的物语所说的场所。不过，也有能够与这些大写的物语抗争的场所，这个拥有特权的场所就是废墟。德赛都说，废墟和"博物馆以及历史书不同，是为那些不能言说的历史进行证言"。废墟宛如"返回到根本的存在(existence)、野生的、法外的存在一样"的场所，那里潜藏着"场所的〈灵〉(les esprits du lieu)"，在沉默中"吸引着人们，让人去做去说——这就产生了物语"①。

在日新月异的现代，废墟并不限于那些几百年前的遗迹。蒂姆·爱德森(Tim Edensor)在举例说明现代的废墟时，提到了都市中废弃的工厂。在往往是面向未来的一元的时间里被遗弃，那些工厂和废屋的"亡灵般的呈现，诱使我们去埋葬那片空白"②。因此，漫步在废墟中的行为，可以解释为"一种产生讲述被记忆的东西的冲动"。与德赛都一样，对于爱德森来说，废墟的意义在于与都市支配的大物语的对抗，在于讲述不一样的过去的"一种政治"，从而具有一种"与直面和理解他者性相关的伦理"③。

诚然，废墟中他者的记忆碎片散乱堆积着，偶尔有人踏入其中，就会被要求讲述。作为我们，有时候也接受这个邀请，各人按照自己的方式讲上一段。但是更多的时候，我们想起的是叙事诗和文学作品，或者是反刍一下导游讲过的故事。虽然不至于被国家、产业资本以及媒体的大写的物语所回收，但对我们自身而言，它作为一种过去时，是与我们的现在完全无关的封闭的物语世界。我们只是在此意义上与其发生共鸣的读者、观众罢了。每个人都有关于自己人生的废墟的故事。在这里，作为言说者的现在的自己，无论如何也无法与过去的自己同一化，重新再经历一次。这里只有对未完成的想法的悔恨、对永逝的哀伤之类的对过去的绝望，或者是对过去自己的怀念与共鸣带来

---

① de Certeau, Les revenants de la ville, in: M. de Certeau, Luce Giard, Pierre Mayol, *L'invention du quotidien*, II. Habiter, cuisiner(1980), nouvelleèdition, Gallimard, 1994, p. 193.
② Tim Edensor, *Industrial Ruins. Space, Aesthetics and Materiality*, Berg: Oxford, 2005, p. 162. 近年来，我国(指日本——译者注)也流行起工厂废墟的写真集来。
③ *Ibid.*, p. 164.

的甜美追忆。① 不过悔恨和追忆的故事与乡愁一样,即使远离原本的场所甚至在异乡都是可能的。伫立在他者的或是自己的废墟的行为,与在他者物语的共鸣中的讲述,或在自己物语的悔恨和追忆中的讲述是不同的吧。

爱德森也认识到,在废墟中讲述过去"实际上是不可能的"②。剩下的碎片和痕迹不如说是"测定被消灭的记忆"的东西,让人有它原本存在于记忆中,但一经语言表述反而会失去的感觉。对于爱德森来说,废墟唤起的这种"废墟的快乐"的感觉,是从都市中明亮的,消除了杂音和臭味的"规范的美的秩序"中游离出来的感觉。进入工厂遗址时,那里漂着的油、霉菌、灰尘混杂的恶臭,剥落斑驳的墙壁以及油毡床传来的令手脚不适的触感,对于都市的秩序来说都是一种阻碍。这种阻碍传来的"肉体感觉的可供性(sensual affordance)",令我们自己"重演"那些以往的住民在那个场所每天习惯的动作和情感。这可以说是调动自身五感的记忆和想象力,模仿他者身体的记忆进行的"身体性感情移入(embodied empathy)③"。这样,记忆就存在于我的身体的"现在"。爱德森认为,废墟同时给我们带来"完全陌生的东西和极为熟悉的东西",这在弗洛伊德那里被称为"暗恐",也可以说是"与我们自身中潜藏的原生的他者性的相遇"。

作为工厂遗迹和废屋的美学来说,应当是一个令人兴味盎然的记述。但爱德森关于工厂的废墟实在是过于饶舌了。恐怕这应当与齐美尔原本提出的"无人的废墟"相区别,近似于尚有人居住,但已经逐渐衰颓的"街道的废墟"④。曾经是最先进的设备,现在被遗弃在风雨中逐渐腐蚀,这种惨状可以说是"悲伤的(traurig)",但还不能称为"悲剧的"。这里是"生机消退但仍然活着的场所"⑤,因此在那悲伤的样貌中还能看到不久前所梦见,而现在已经远去的关于财富、名声的渴望的讲述。这些工厂的废屋的美学就在这一点上,它在今天已经形成了一股潮流。但这与那些时间久远的"无人的废墟"给伫立在那里的我

---

① 关于悔恨、追忆参考拙著『フィクションの美学』(《虚构的美学》),勁草書房,1993年,第八章『悔恨の美学』(《悔恨的美学》)。

② Edensor, op. cit., p. 163.

③ Ibid., p. 158.

④ Georg Simmel, *Philosophische Kultur*, zweite Auflage, Leipzig, 1919, p. 127.

⑤ Ibid., p. 127.

们带来的废墟的美学与快乐是不同的。尤其体现在齐美尔在所有废墟中用以确认忧愁的身影的"一种宇宙性的悲剧性(eine kosmische Tragik)",以及把废墟看作圣域的"深远的和平"的实质上。

站在战争造成的遗迹上,对愚行感到悔恨,对失去的东西感到哀伤、惋惜和渴望,或者在悔恨中决心再度振兴的时候,这些回望过去和射向未来的目光都聚焦到现在,这个视界是实践场所的历史性空间的地平线。但是当我们踏入那些几乎被人遗忘,甚至人迹罕至的古战场废墟时,那种对过去的悔恨、对失去的东西的哀伤和惋惜、想要再建的愿望都不会出现。如果我们进入废墟的行为,不是怀着这种"伦理"和"政治"的企图,通过讲述另一个故事来批判都市的大写的物语,也不是通过他者和自己的故事沉湎于共鸣、悔恨和追忆的话,那么站在废墟中,在它内部逍遥的我们所经验的废墟的美学、废墟的快乐又是什么呢?

## 五、废墟的诗学

让我们再次回想关于场所、空间和记忆的说法中,所谓场所就是当时通过自我知觉感知到的存续的次元,空间是藉由记忆和时间介入存续的场所而拓展的"实践的场所",记忆并不能直接转化为历史。铜像和追悼战死者的纪念碑之类的东西,正如诺拉所说,"即便不能说随便放在哪里都行,但至少可以换到另一个地方陈列,而它的意义并不会随之发生改变"[①]。这是诺拉所说的作为表象的"记忆的场",实际上是为历史服务的。把纪念碑建在废墟上,并在那里进行纪念仪式也好,把从遗迹那里发掘出的残骸放到博物馆展示也好,这里重要的不是"场所的记忆",因此也不是进入场所这件事情本身,而是纪念碑上的铭文、仪式上的演说、历史书和博物馆里的谈话,也就是历史的物语。与此相对的废墟,则是把日常生活的秩序、历史空间的秩序解体,让它们归于无秩序,通过那里散乱堆积的记忆碎片的缝隙,看到作为空间的基础常常被遗忘的存续的场所本身露出的地面。

抛开通过展望过去和未来而拓宽的日常生活空间,进入到废墟

---

① Nora, op. cit., p. 125.

时，我们可以强烈地感知到场所的存续。我们伫立在废墟中，目光通过堆积在那里的遥远记忆的残骸，通过我们在具有〈现在·这里〉的自我知觉的同时感知到的这个场所，看到我们有生以来一直脚踏的，与自己共存并将存续下去的地面，作为那个自我知觉接合的与过去人们生存场所相延续的地面露出来。从散乱在那里的过去实践的残骸与记忆的碎片中，可以看到他们的历史已经完全终结，不可能再恢复。正因为如此，当我们的〈现在·这里〉与那些残骸、碎片相遇时，便让我们切实体验到那个场所本身的不动的存续。

正如没有完全空虚的空间一样，没有历史的场所是不存在的，因此场所的存续的显露必须伴随着物语。但废墟和那个场所中的记忆并不是服务于历史的物语的。正如距离作为地面的延展而被知觉那样，存续的延展可以通过记忆的间隔来测量。爱德森说废墟的场所的"持续与存在大体上是以其崩坏的程度相应的姿态呈现的"[1]，当他这么说的时候，脑子里想的恐怕是崩坏的程度相应的记忆深度会表露出场所存续的长度这一事态。废墟的话题延伸到这里时，齐美尔有了如下的思考：所谓精神与自然力两者"共通的根"[2]，在齐美尔所说的废墟的美的经验的记述中，我们是无法将其还原为超越经验的自然和纯粹持续的。齐美尔所说的进入到废墟的我们感受到的"宇宙性的悲剧性"和"形而上的平安"，作为经验而言是"曾经寄宿着饱含荣枯盛衰各种色彩的生"[3]的场所存续的美的享受。

的确，废墟要求进入其中的人讲述，但是看到那些进入废墟的人接受要求，零碎地讲述的身形，不由得感到，所谓废墟的诗学，当然不是存在于大写的物语，但也应当不是存在于小写的物语中吧。所谓废墟的物语，开口说的时候很勉强，但是一不小心就变成难以结束的"嘟哝"了。而废墟的记忆则是一个类似场所的名字的东西，它已经忘掉了意义，但仍"保持着意味着什么的能力"[4]。仅存其名的废墟，数量也是很可观的。但是固有名词的意义作用中起决定性作用的不是名称的由来和含义，而是作为存在指示语的功能。这里可以谈一谈克里普克(Saul Aaron Kripke)的命题。固有名为了能够指示特定个体的存

---

[1] Edensor, op. cit., p. 125
[2] Simmel, op, cit., p. 127.
[3] *Ibid.*, p. 132.
[4] de Certeau, *L'invention du quotidian*, I., p. 157.

在,最初需要通过一个命名仪式,赋予名字意义和指示。参加过这个仪式的人传达给没参加仪式的人,最终通过代际传递和历史,不断传承下去①。在经历世代传递的历史中,这些名字原本的价值可能会失去,但仍然保留着意味着什么的能力。正因为如此,那些自古流传下来的场所的名字,与进入其中的人们的〈现在·这里〉的场所存续相接合,成为了可以通过记忆变换那个场所的特权性"机会"。

很多情况下,使用歌枕时都不是真正进入到了那个场所,而是通过想象使自己进入到那个修辞的、集体性的场所。但是源于喜撰法师的和歌"吾庵城东南,地远心自闲。世人谓我忧,独居宇治山"(《古今集》905年)中的歌枕,在历经数百年后,踏入那里。在"宇治山古庵,都城东南面。昔日广闻名,如今迹难寻"(《玉叶和歌集》1313年)中,他可以经验到的只是物语最小碎片的那个只存其名的场所。对那个"迹难寻"的存续的遥远,他应当是有着充分的体察吧。废墟画是十八世纪欧洲集体性场所之一。对于休伯特·罗伯特(Hubert Robert)在1767年的沙龙上出品的废墟画,狄德罗说,当我们注视废墟画的时候,目光经过了画中的"凯旋门、廊柱、金字塔、寺院、宫殿的残骸,然后回到我们自身。于是我们预先体验了时间带来的荒废,我们的想象力让我们现在居住的建筑物变成瓦砾,散乱在大地上。那个瞬间,孤独与沉默支配着我们的四周,我们成为了已经消失的国度中仅存的一员。而这里正是废墟的诗学(la poétique des ruines)的第一行"。② 按照狄德罗在这里的说法,废墟的诗学并不在历史画的物语中,而在于支配进入那个场所的人的孤独与沉默中,以及深入那个场所的存续时带来的"甜美的忧愁"中。

因此废墟的诗学与纪念和彰显英雄们的伟大行为的物语——那些国家、历史、叙事诗的修辞学是完全不同的。废墟的诗学是被感叹为"迹难寻",被描写为"孤独与沉默支配着我们四周"的场所的存续方式。这不禁让人想起古典修辞学中关于文章类型的"讲述(叙述、narratio)"和"描写(descriptio)"之间的区别。相对于叙述一系列行为和历史的"讲述","描写"是记述众神、人物、场所、建筑物的特性的。

---

① ソール·A.クリプキ『名指しと必然性―様相の形而上学と心身問題』,八木沢敬·野家啓一訳,産業図書,1985年,第115頁。

② Diderot, *Salons*, vol. Ⅲ, 1767, texte établi et présenté par J. Seznec et J. Adhémar, Oxford at the Clarendon Press, 1963, p. 227.

德赛都在最初引用的关于场所和空间的对比的文章之后谈到:"〈场所〉和〈空间〉的对立,可以归结为物语(récits)中看到的两类规定。"德赛都在这里所说的"两类规定",恐怕就是对应了古典修辞学中的"讲述"和"描写"吧。一般的小说和历史物语,是叙述行动的"讲述"和记述对象特性的"描写"这两种类型的混合,德赛都把它看作是行动实践的"空间"和支撑它的"场所"之间的对立。"两种规定"中的一个是像墓地那样,被还原成尸体"在那里"存在的形式,这是"〈场所〉的规定"。另一个是历史性主体的行动确定的各种〈空间〉,是"把空间与一种历史结合"的产物。各种故事都在构成物语的这两极之间展开。例如主人公越界而死去的情节中,主人公因为侵犯场所规定的行为被认定是有罪的,但通过埋葬的行为,场所的规定又被修复了。相反,原本没有生命的物体觉醒的情节中,因为它脱离了不动性,便使它所在的场所成为它们固有的特异的空间。"这样,物语就不断地将场所转变为空间,把空间转变为场所"①。物语总是在对这个历史空间的行动进行叙述,和对行动发生的场所的描写之间往来交织。在《俄狄浦斯王》中,王过去的行为被尖锐地讲出,他因为越界行为被流放荒野,《俄狄浦斯在科罗诺斯》中,又有放浪的王来到科罗诺斯,因为阿波罗的预言,王的流离被终结,长眠在地下的描写。这可以说是修复场所规则的主题。

  所谓的场所,是物语中的行动进行实践、展开的地面,是配置了石块、尸体等无生命物体的地面,它首先是描写的对象。而支配着场所规则的不动性,是场所的存续和事象的共时性。这个场所中记忆和预期介入进来,通过历史性主体的行动展开历史空间的物语。但这种行为和事件终究会结束和被人遗忘,这个历史空间会再次空无一人,成为废墟。逸出日常生活的空间,偶尔进入废墟的时候,遗迹和名胜古迹相关的历史书与导游所说的官方的物语灌入耳中,受其引导,感受风雨给这个场所和遗物带来的侵蚀痕迹,看到那些超越人工物的繁茂的草木虫群,动员自身五感和想象力模仿曾经的那些往来人群当时的姿态、欲望和感情。这种行为不在历史空间的行动的物语中,而在于那个场所和往日那里生活的描写中。并且它不仅能引起读者、观众的共鸣,还将我的〈现在·这里〉的自我知觉和场所的知觉联系起来。对

---

① de Certeau, *L'invention du quotidien*, I., P. 174.

以往他人在这个场所的姿态和情感进行模仿,进行"身体性的感情移入"或者更恰当地说是"身体性共鸣"。当然,"废墟的诗学"和它带来的"废墟的快乐",被废墟中散乱的记忆碎片的缝隙,通过不在而露出的场所存续的不动性的经验所证实。因此,我们确信以前人们的姿态和思想与现在是相延续并切实存在的。也就是说世界的真实,首先要是场所的知觉的,这便是自我知觉的真实。

(作者单位:东京大学)

(译者单位:湖北大学)

# 比拟的诗学
## ——模拟与转用的辩证法①

[日] 大石昌史

梁艳萍 黄凤琴 译

## 一、比拟与比喻

**(一) 比拟的语义**

"比拟"一般定义为"将某物看做他物",从类似性对二者的关系定位。作为表现技法的比拟是将某物"比作"与其相似之物,其代表解说参见《国语辞典》的"見立て"词条。《广辞苑》(第五版、电子版)解释为"艺术表现的一种技法。将对象拟为(擬える)他物来表现"。《国语大辞典》(小学馆、电子版)中有几乎同样的解释,"用相似的他物来比喻此物。拟为(擬える)他物"。再来看"擬える"(準える、准える),《广辞苑》解释为"1.假设是那样。看做同类。模拟。比拟。2.模仿。仿效"。《国语大辞典》解释是:"1.以某物来比原物,或上位之物。一般将某物看做匹敌他物之物。2.习从。仿效。模仿。3.托故。以某事为借口"。这样,就看国语辞典的解释,所谓"比拟"可以理解为"模拟(comparison)"(看做同类,作为相似之物拟定关系)。

**(二) 模拟与比喻**

作为"模拟"的比拟,如辞典中解释的那样,与"比喻"(比喻,将某物用他物来表现)在意义方面有重叠之处。实际上在模拟这种表现行

---

① 本稿是在2014年11月18、19日在中国(武汉)湖北大学、中南民族大学演讲原稿的基础上增补、修改而成的。在此谨向邀请我的湖北大学梁艳萍教授、中南民族大学彭修银教授及帮助我完成演讲的各位表示由衷的感谢。

为上,"比拟"与"比喻"难以区别。在《古今和歌集〈假名序〉》中,纪贯之(868—945)将和歌分为六类,"讽歌"、"数歌"、"准歌"、"喻歌"、"徒言歌"、"祝歌"①。"准歌"所举例诗为"今朝晨霜一如君/虽吾思汝欲相逢/似霜易逝满怅惘"②;"喻歌"列举的是"吾恋虽计不能尽/一若荒矶海滨砂/滨真砂数数不尽"③。对此,小泽正夫关于"准歌·喻歌"作了如下注释:"从例歌的归纳来看,《假名序》的作者只是将准歌和喻歌视为运用比喻表现的和歌,并未特别加以区别"④。

在西方,"比喻(trope)"被认为是词语的"转用(transfer)"(转义性使用)。亚里士多德(Aristoteles)在《诗学》第21章中定义为:"所谓比喻(转用语),即用一个表示某物的词借喻(metaphorein)他物"⑤;第22章中,关于诗的语法,亚里士多德认为:"尤为重要的是比喻的才能。唯有它是无法向他人学到的,它是显示先天能力的标志。因为创造出绝妙的比喻就是看透事物间的类似"⑥。发现两个事物间常人无法察觉的"类似"之处是"创作比喻"(转用词语)的前提。发觉类似的能力也是作为模仿的比拟的前提。这样,在以类似性的发现为前提这一点上,比拟与比喻仍然具有相同的表现行为。

**(三)模拟与转用**

对于将比拟与比喻看做同样的表现行为的观点,立川健二在《作为比拟的符号论》中提出质疑,比拟与基于类似的隐喻、象征不是有本质的不同吗?所谓"比拟"是基于类似的同一性操作吗?如果是的话,那么"比拟"属于修辞上说的隐喻、象征之一种吗?但是拿枯山水的情

---

① 这些分类是纪淑望《真名序》中的记述(和歌有六义。一曰风,二曰赋,三曰比,四曰兴,五曰雅,六曰颂)来自《诗经》(大序)的记述,但二者间的对应并不特定,毋宁说和歌的六分类是将三种诗体(风、雅、颂)与三种表现法(赋、比、兴)等同看待的误解引发的。

② 原诗为:「君に今朝(けさ)あしたの霜のおきていなば、恋しきごとに消えやわたらん」。『古今和歌集』

③ 原诗为:「わが恋はよむとも尽きじ、荒磯海(ありそうみ)の浜の真砂はよみ尽とも」。『古今和歌集』

④ 小沢正夫,『日本古典文学全集7·古今和歌集』,第52页。

⑤ アリストテレス,『詩学』第21章(1457b),松本仁助·岡道男译,岩波文庫,第79页。参见姚一苇《〈诗学〉笺注》,台湾中华书局1966年版,第168页。

⑥ アリストテレス,『詩学』第22章(1459a),松本仁助·岡道男译,岩波文庫,第87页。参见姚一苇《〈诗学〉笺注》,台湾中华书局1966年版,第176页。

形来说,石头绝不是兔子,但是却被比拟为兔子。又或者人们将"倒置的扇子"比拟为富士山的时候,与其说是它类似于富士山还不如说是人们在知道它与富士山是完全不同的事物的情况下还将其比拟为富士山,这不恰好表现出"比拟"现象的本质吗?① "比如在枯山水中,石头被比拟成各种东西,蛤蟆或者兔子,这是石庭这一符号系统对神话的符号系统的'翻译'。即,在'比拟'的符号论中,问题的中心点不是类似·联想装置,而是某一系统转位到另一完全异质的系统这一越界的装置"②。

如此,比喻基于"类似·联想",比拟构成"翻译·转位",与这种强调两者相异性的立场相反③,辞典中的定义显示了其与"模拟"、"比喻"的连续性。关于比拟与比喻,之所以会产生上述两种不同的观点与理解,是由于二者概念广泛而暧昧,加之对构成这些现象的契机缺乏充分的反省造成的。如我们在此确认的那样,被定义为"模拟(comparison)"(作为相似事物的关联)的"比拟"因其与模拟、比喻的类义性而与比喻相关联,而"比喻"又被定义为"转用(transfer)"(转义的使用)。比拟与比喻都是基于意象(像)或观念(意义)相互类似的关联性,"模拟"是构成意象的关联性,它通过表示观念的语言(符号)的修辞性"转用",作为脱离通常意义作用的一种表现得以实现。因此,与其将模拟与转用看做分别规定比拟与比喻的契机,还不如将其视为二者共通的一对构成契机来考量。并非比喻基于类似·联想,比拟构成翻译·转位,而是构成契机的一方"模拟"暗示了意象间的类似·联想关系,"转用"则显现出翻译·转位的状态。

因此,以下对比拟与比喻既非含混地视为同一事物,也非将其作

---

① 『現代・見立て百景』所収,第68—69頁。
② 『現代・見立て百景』所収,第69頁。
③ 山口昌男在和高阶秀尔的对谈《"比拟"与日本文化》中对比拟与比喻的区别作出如下描述。"'比拟'中有偷换、转换。以相似为线索,但要用得不一样。引用是不变形完全原样拿到文脉中来,借助与周围词语的关系而使意味变化的装置,而'比拟'是虽留有相似之处,但形态完全变了,营造出一种距离感。"(《日本美学》第24号13页)高阶接着以铃木春信的美人画中的比拟绘《比拟惠比寿》、《比拟大黑》为例指出:"这里的有趣之处就在于这里的转换。与引用不同。已不在大黑天的文脉之中,完全变成了其他的东西,创造出了另一个世界。"(《日本美学》第24号14页)高阶接着还就俳谐性的事物的看法有如下描述:"'比拟'会改变对事物的看法。拿俳谐来说,就有'付合'(连句)、'比拟付'(比拟连句)改变对前句的看法的情况。'比拟'有如此活力。不单单是比喻的力量,是更活跃的力量。"

为各自不同的极端现象严格地加以区别,而是在意识到二者作为表现行为具有连续·重复性的同时,就"比拟"现象从"意象的模拟"和"观念的转用"两个构成契机进行具体探讨。列举实例,通过对其构造的分析,来厘清比拟与比喻在何处相同,又在何处相异。

## 二、模拟的诸相——意象的模拟

### (一) 意象的关联

休谟在《人性论》中,将"观念(idea)"划分为"单一"的与"复合"的。但休谟的"观念"就像其所谓"印象与观念的差异在于其打动内心进入思维和意识层面时伴随的力量与活力的程度"①,与"印象"没有明确差异,同时包含着广义的"观念"中的表象像"意象"及其意味的"观念"(概念)。"复合观念"的生成则是基于广义的"想象"作用的观念间的"联合"(联想)。"一切单一观念在因想象被分离的同时,也能以喜欢的形态再度结合",然而"如果缺少将单纯观念结合起来的纽带,即某个观念借此自然地引出其他观念的联合性质(associating quality),(一般情况下)相同的几个单纯观念是不可能有规则地形成复合观念的"②。这种"联合性质"可以分为"类似"(resemblance),时间与地点的"接近"(contiguity),"原因与结果"(cause and effect)三种类型③。

以这种兼有意象性质的观念之间的"类似"、"接近"的平行关系,来说明的西方式的联想方法。与此相对,日本式的联想方法作为与不在之物及相位相异之物之间的交差关联,呈现出更为复杂的模态。关于俳谐连歌"付句"的应有形态,贞门(松永贞德)流提倡"物付",即与

---

① 『人性论』(A Treatise of Human Nature) 1.1.1, p. 7。
② Ibid., p. 12
③ Ibid., 1.1.4, p. 13 休谟作为观念联合的原理列举了"类似"、"接近"、"因果"三种关系,基于反省性的意识作用的因果关系与自动的意识作用的前两者有着根本的不同。在休谟看来,因果关系基于两对象间的接近、继发、恒常的关联,其必然性来自与这些事象的习惯性接触产生的信念。认为某事物产生于另一事物,是因为我们习惯于看到某事物在时间上继发于另一事物,是我们在继发关系中建立起因果关系。这种因果关系被设定,是广义的接近关系以及与其类似的关系被认可的情况下,因果关系将被还原为更为根源性的接近与类似的关系。(《人性论》1.3.15"关于判定原因结果的规则"pp. 116-118)

前句的"词"建立联系,谈林(西山宗因)流提倡"心付",即承接前句整体的"意味",而松尾芭蕉主张"匂付",在前句的周围,形成超越语言的观念意义与具体的表象,自然而然飘溢出的氛围。向井去来在《去来抄》中继承了芭蕉的教诲,写道:"付句有三变也。昔日以附物为专。中比以心附为专。如今以映、响、匂、蒙附句为佳"①。

依据休谟的观念联合(联想)、芭蕉的付句三分类,以及上述立川健二关于基于"类似·联想"的比喻和构成"翻译·转位"的比拟的差异,将"比拟"中的意象关联(模拟)分为以下三种。1."类似"的意象与意象的"比况"(比较);2.观念化了的意象(符号)的"代入"引起的意象整体的"改编";3."命名"(语言)所引发的向存在的相位相异事物意象的"转位"。下文以比况(类似)·改编(翻案代入)·转位(命名)三种分类,对日本多种多样的"比拟"现象进行分析。

### (二) 比况(类似)——和歌·庭园·风景中的比拟

1. 和歌中的比拟(《古今和歌集》)

在《古今和歌集》中,正如《假名序》的和歌分类所示,很难说模拟与比喻、比拟与比喻之间有严格的区别。在此,将以下四首短歌作为意象类比(比况)的比拟的典型列出如下②。这些短歌,分别将"樱花"比拟为"白云","红叶"比拟为"锦缎"和"(献神用的)币帛","白雪"比拟为"月光"。

樱花娇妍应时开,山间樱花映成荫,片片似白云③。
龙田川,红叶艳丽似河川,渡川应折彩锦缎④。

---

① 《日本古典文学大系 66 连歌论集·俳论集》,第368页。
② それぞれの歌について「見立て」を意識して現代語に訳すならば、以下のようになる。「桜の花が咲いたらしいよ。山あいに花による白雲が見えている。」(古59)「龍田川は紅葉が乱れて流れているようだ。川を渡るならば、紅葉が織りなす錦の中ほどが切れてしまうだろう。」(古283)「道を知っているならば、そのあとを追って尋ねても行こう。紅葉(の葉)を道の神への幣(ぬさ)として手向けて、秋は旅立ってしまった。」(古313)「夜明け方、有明けの月の光かと思うほどに、吉野の山に白々と雪が降り積もっている。」(古332)
③ 桜花 咲きにけらしな あしひきの 山のかひより 見ゆる白雲(紀貫之、古59)。
④ 龍田川 もみぢ乱れて 流るめり 渡らばにしき 中や絶えなむ(作者未詳、古283)。

> 识路尾随寻迹去,红叶作帛献神明,不觉秋已深①。
> 拂晓黎明时,好似残月罩,吉野山上雪茫茫②。

以上例子是具体的、视觉的意象之间基于类似性建立起来的关联,这样的"模拟"不仅限于日本诗歌,是将某物视作他物的"比拟"的标准模式。可是,基于视觉性意象的类似性的"模拟"与"比喻"难以区别,从这类例子无法分辨比拟与比喻的不同。

2. 庭园的比拟(《作庭记》)

橘俊纲(1035—1094)在其著作《作庭记》开篇关于以"石的堆砌"为核心的作庭(造园)之要谛,做了如下记述③:

> 在与地形及池塘形态相协调的各种场景中,根据其风情找到相符的自然山水景色,一边由此场景而自然在脑海中联想到某一自然山水之景,一边进行园林的建造。(第2页)
>
> 以历史上的名家遗留的庭园遗迹为范本,在仔细斟酌房主的意愿以后,融入自己的风情考究,从而对石块进行排列与堆砌。(同页)
>
> 仔细回味各地名胜庭园,吸收采纳其意趣之所在,并将之变为自己的蓝本,运用其中的要点模拟大致的外观,将坚硬的石块构造出柔美的感觉为佳。(同页)

如上所述,作庭的要谛就是要依据原有"地形",在"各处""融入风情","找到相符的自然山水","以过去名家的庭园遗迹为范本",将"各地名园"的"意趣要旨""纳为己物","模拟其优长",化坚硬为"柔和"。也就是说,要依据地形所意识到自然的风景,以前人的作品为模范,在把握各地名胜意趣的基础上,"模仿"(效法、糅合)它们,必定可以造出

---

① 道知らば 尋ねも行かむ もみぢ葉を ぬさとたむけて 秋はいにけり(凡河内躬恒、古313)

② 朝ぼらけ 有明けの月 と見るまでに 吉野の里に 降れる白雪(坂上是則、古332)

③ 萩原義雄「日本庭園学の源流「作庭記」における日本語研究」,勉誠出版,2011年 橘俊綱《作庭記》。萩原义雄将其翻刻、翻译为现代日语,出版有《日本庭园学的源流〈作庭记〉的日本语研究》。

独具风情的庭园。庭园中的"模拟"即"比拟"也是基于具体的、视觉的意象类似性的相互关系,但不同于前述和歌中的借助于语言的意象关系,正是因为这是一种不借助于语言的直接意象关系,使其意象的观念化、符号化才得到认可。

3. 风景的比拟(潇湘八景)

作为将日本的风景比拟为外国风景的代表,可列举出将日本风景比拟为中国的"潇湘八景"的"近江八景"和"金泽八景"。"潇湘八景"是将中国湖南省,潇水与湘水在洞庭湖交汇处的八种景观(山市晴岚、远浦归帆、渔村夕照、烟寺晚钟、潇湘夜雨、平沙落雁、洞庭秋月、江天暮雪),作为定型化的诗意画题,以时间(季节、时刻)与场所、气象与事物等组合形式列举的风景,始于北宋时期的高级官僚宋迪,他在赴任此地时将此八景画作山水画保存下来。此后这类画题便流行开来,在镰仓到室町时代之间传到日本,将军足利义政(1436—1490)的收藏品(东山御物)中有牧溪(宋末元初)、玉涧(宋末元初)所作的潇湘八景图。

受其影响,日本狩野派等画派也开始创作"潇湘八景图",不久以后,就开始用日本风景来比拟潇湘八景了。比如,日本近江地带琵琶湖西南部的八景称作"近江八景"(粟津晴岚、矢桥归帆、濑田夕照、三井晚钟、唐崎夜雨、坚田落雁、石山秋月、比良暮雪),横滨市金泽区的八景称作"金泽八景"(洲崎晴岚、乙舻归帆、野岛夕照、称名晚钟、小泉夜雨、平潟落雁、濑户秋月、内川暮雪),被比拟为潇湘八景的类似物。这些景色,在江户时代后期经由歌川广重(1797—1858)等浮世绘大师的描绘,深受大众喜爱。作为画题的风景的比拟是基于诗画结合的观念化的意象的关系,在此,现实的风景舍弃了它的具体性、个别性,被作为理想化的诗意的风景而定型。

如上我们看到的那样,和歌·庭园·风景中的比拟各自在意象的具体性或观念性程度上各有差别,但都是以视觉的、具体的类似性为基础,在具有相同存在相位的事物之间进行模拟(比况),这种基于类似性的意象与意象间的比况是作为模拟的比拟的基本状态。

**(三) 改编(代入)——引典歌·歌舞伎·浮世绘中的比拟**

1. 本歌的比拟(引典歌)

使"比拟"成为可能的将某物"拟"作他物的态度,在《新古今和歌集》的特征性技法之一"引典歌"中也可发现。通过将著名古歌的一部分"代入"到新歌中,将古歌当作新歌的"本歌(典)",就是将古歌"比拟"为本歌(典)。本歌的比拟反过来看就是将古歌"改编"为新歌。关于"引典歌",藤原定家在《近代秀歌》中有如下说明[①]:"言辞慕古,意境求新,怀高远之心,习宽平以往之歌,则自可得良作。希冀古风,勿改古歌之言辞,吟咏之即为本歌也。"[②]

单单只是借用词语的"引典歌",在严格意义上还不能称得上"比拟",但通过引用包含古语的本歌使新歌语言表达的意象层累化,使之具有与比拟——将某物拟作他物——同样的结构。从以"古词"表"新意"(意味、情趣)的改编(代入)技法中,可以看出,在和歌文化成熟的背景之下,将对象视为可变的事物,玩味意象与观念、意向与意义的重叠关系之游戏态度。在这种意义上,可以说镰仓初期编撰的《新古今和歌集》在创作意识上已经为以后室町到江户时代日本独特形式的"比拟"的隆盛做好了准备。

2. "世界"与"趣向"(歌舞伎)

歌舞伎中故事的"翻案",是将当代的故事"比拟"为过去的故事。歌舞伎中的比拟,是将当代的故事所具有的现实性抽象化,将由于定型化而半观念化的意象"代入"别的文脉(世界),将其通过种种创意(趣向)还原为具有普遍性故事的过程。"成为戏曲背景的特定年代","人物形象类型"是歌舞伎、净琉璃的"世界",往往《义经记》、《太平记》等"民众熟悉的历史事件"被选定为世界。另外,与类型化的世界相对,"赋予戏曲新变化的技法"被称为"趣向"。"二世并木正三在其著作《戏财录》中说'世界是经线,趣向是纬线',列举了'太阁记的世界与石川五右卫门的趣向相搭配'的例子。"[③]

在此类歌舞伎中,通过将登场人物的性格与行为代入、改编到过去的历史与故事关系中,使"比拟"形成重层结构,创造出现在与过去、现实与虚构、定型与创意等双重化效果,在拉开登场人物的性格、行为及其所处境遇与现实之间的距离的同时而凸显其普遍性。

---

① 每一首和歌注意到"比拟"的用法翻译成现代日语,如下:"语言追慕古典,意境追求新意,向往自己无法企及的高远风姿,学习宽平以来的和歌,自然会诞生佳作吧。在希冀古典事物之际,将古歌的语言不加修改地吟咏,就是将其作为本歌(引典)。"

② 《日本古典文学大系 65 歌論集・能楽論集》,第 102 頁。

③ 参阅:河竹登志夫《歌舞伎》东京大学出版会,2001 年,《日本大百科全书》(电子版)。

例如,在《假名手本忠臣藏》①中,以赤穗义士的袭击[元禄 15(1703)年]为材料,将其"世界"设定为《太平记》的时代(南北朝时代,1336—1392),将吉良上野介义央改为高师直,浅野内匠头长矩改为盐谷判官,大石良雄改为大星由良之介,进而通过给予史实以新的阐释,为故事的展开带来变化等"趣向",成为歌舞伎、净琉璃的代表作品。

### 3. "比拟绘"(浮世绘)

所谓"比拟绘",是"以模仿当代世风来表现公众熟知的古典题材的极具机智的绘画","无视时代差异,为通过物语、故事、传承而广为人知的人物提供具有当世风格的服饰、风俗,使其具备现代人的行为举止。若要体验这种意外变貌所带来的乐趣,其前提条件是鉴赏者与画家之间须要具备等质等量的教养"②。锦绘的创始人铃木春信(1725—1770)是比拟绘之大家,他的美人绘画作中融入了各种比拟手法。例如,借助家庭的什物器具比拟"潇湘八景"所作的《座敷八景》(扇之晴岚、手巾归帆、座灯夕照、时计晚钟、桌子夜雨、琴柱落雁、镜台秋月、漆桶暮雪),将七位美人拟作七位贤人所绘制的《比拟竹林七贤》,比拟《源氏物语》中光源氏邂逅"夕颜"的《比拟夕颜》,美人肩挑所钓鲷鱼的《比拟惠比寿(财神)》,美人手持万宝槌乘坐装米草袋的《比拟大黑(财神)》等。

如若将浮世绘中的比拟以歌舞伎的用语来阐释,就是在美人画的"世界"里加入比拟的"趣向"。在画像中将观念化(符号化)的意象以手持物的形式来表现,使意象整体观念化,使整体上具有其他意义的事物的翻译成为可能。也就是借助符号性主题(部分意象)的"代入",使整体意象(在一定程度上)失去个别实在性而观念化(意义化),作为具体意象被"改编"为意义上毫无共同之处的符号性意象。

### (四) 转位(命名)——茶器之"铭"

#### 1. 名物的选定(器具的名品化)

"名物"原指写上了"名"或者"铭"的物品,其用于茶器,从醍醐寺

---

① 由二世竹田出云、三好松洛、并木千柳(宗辅)合作,于宽延元年(1748)初演。
② 小林忠,见立绘,小学馆《日本大百科全書》。

住持满济的目录——《满济准后日记》永享六年(1434)2月4日的"叶茶壶、九重卜号名物"的记载来看,应该始于室町时代前期。通常,茶器的名物分为"大名物"、"名物"、"中兴名物"三类,这些称呼始于松平不昧的《古今名物类聚》(1789—1797)。其中"大名物"是以中国(明代)的舶来品为核心的东山时代(室町时代中期)的茶器,"名物"则为千利休(1522—1591)时代的茶器,"中兴名物"是时代往后推移至小堀远洲(1579—1647)选定的茶器①。

茶器,与其说它本身具有成为名物、名品的价值可能,毋宁说是其自身反过来要求被命名。姑且不论现实的"铭"(命名)是否反映了此类事态,但可以说它是在要求"比拟"。茶器,不似绘画与雕刻那样拥有再现之物,它所具有的独特之美,被比作它物。借助比拟被命名的器具,与其他器具相区别,成为名物、名品。这一名品化过程,赋予器具以超越使用价值的观赏价值,使其成为艺术作品。此时的作者,不是制作器具的工匠,而是发现器具是茶汤建构审美世界的构成要素的茶人,借助比拟的命名,将鉴赏者推至于作者的位置②。

2. 转位的命名("景色"的比拟)

由于以命名本身为目的,所以茶器之"铭"虽然有出自其来历的,也有来自收藏者的(命名),但作为独特的铭,也有将茶器所具有的非再现的形态和图案,根据其特有的"景色"(趣味、风情),"转位"比拟为(与为了饮茶而存在的器具有着不同存在相位)各种景物的情况。属于最早期有铭的叶茶壶"松岛",是将茶壶表面(凸起)的小瘤比拟为多岛海的名胜松岛,但是,要在并非陶器工匠有意制成的茶器外形上面发现与其他具象事物之间的明确的类似性,是非常困难的。在茶器命名时发现其与其他事物的"类似性"并非在视觉样貌和具象形态上,而是在意象与观念、形象与意义相融合的景色中。通过将偶然形成的形态、花纹视为"景色"(让人感到某种趣味),构成(超越使用价值而成为

---

① 筒井纮一「名物」,小学馆《日本大百科全书》(电子版)。

② 柳宗悦在《奇数的美》中,将茶器之美作为"使观者成为作者的美",有如下叙述:"被称作'不完整的美'或'主动否定了完整的美'的茶器之美,'不是说明性的美,而通常是暗示性的'。并且,它不是可清楚地显示在外的,而是隐藏在内的。称赞这种有内涵的美为(古雅美)。它不是作者向观者明示的美,制作出让观者发现出美的作品的作者才是真的作者。在此意义上让观者成为作者的美,才能称之为古雅美、茶之美。"熊仓功夫编《柳宗悦茶道论集》岩波文库所收(第162—163页)。

鉴赏的对象的)器具的"精彩之处",使其有可能与通常的单纯器具无法关联的、具有不同的存在相位的观念建立关联。这种基于景色的茶器之铭表现出超越视觉的、具象的类似性、观念化意象支撑的相位转换、转位式比拟。

还有一些基于超越类似的景色进行的命名。比如,利休的竹花器"园城寺"[的破钟(有不同解释)]、(利休第三代子孙)宗旦的茶勺"二人静"(的舞姿)、金森宗和的茶勺"时雨"、小堀远州的茶勺命名为(吟咏为和歌的)"有马山",另外,还有乐烧的始祖长次郎的黑茶碗中(流落到鬼界岛的)"俊宽"、从熊川出口到日本的朝鲜茶碗"夏山"、高丽时代以后的朝鲜茶碗"山阴"、原为朝鲜杂器的井户茶碗"五月雨"等铭物。人们在这些茶器之铭(命名)中可以看到,由于是以个别的、命名艰难的非再现的日用品为对象的缘故,因而超越了具体意象之相似,试图和与其毫无相似之物(诗意的景物、观念)进行转位式关联的游戏之心。

3. 风雅之道(闲寂·古雅·俳谐)

茶汤、茶道不仅仅给吃茶赋予精神意义,而且使其成为美的仪式。茶道在接受禅宗、佛教的影响的同时,也反映出和歌、连歌中所揭示的日本传统的美意识。与东山时代流行的书院茶相对,闲寂茶始于村田珠光,中经武野绍鸥,完成于千利休。一般认为,《南方录》记录的是南坊宗启①从其恩师千利休之处耳濡目染获取的茶道心得。《南方录》"纪要、三三"中作为表现由"无一物"之境生现喜悦的茶道精神的和歌,列举的是藤原定家②"极目远眺/花与红叶均未见/唯有海滨茅屋/

---

① 南坊宗启个人资料缺如,仅传《南方录》。从此书中得知南方为堺市南宗寺集云庵的僧侣,茶道宗师千利休的弟子。《南方录》的命名,乃取自陆羽《茶经》"茶者,南方之嘉木"的典故。

② 藤原定家(1162—1241),日本镰仓时代初期的公家、歌人、古典学者。是其父藤原俊成所倡导的和歌"幽玄体"的继承者,并独创"观心诗境",在和歌中建构了象征心象的"余情"、"妖艳"的梦幻之美,发展了日本独有的"幽玄"美意识。《新古今和歌集》的主要作者。歌论著作有《近代秀歌》、《每月抄》等。编著有《秀歌大体》、《定家八代抄》等。本首选自《新古今和歌集·四·秋上》363页。原文为:「見ワタセバ花モ紅葉モナカリケリ浦ノトマヤノ秋ノタグレ」现代日语写作"見渡せば花も紅葉もなかりけり浦の苫屋の秋の夕暮れ"。

秋之黄昏"与藤原家隆①"无须人待山花开/雪间细草春芽见"两首和歌②。此外,松尾芭蕉在《笈小文》中将贯穿于从和歌到茶汤的日本的美意识归纳为"风雅之道"。"西行的和歌、宗祇的连歌、雪舟的画、利休的茶,其贯道之物相同也。且在风雅之上,随造化以四时为友。所见之处无非花,所思之处无非月。"③

茶器的比拟的背景,是在"海滨茅屋"、"山野村庄"等缺少"花与红叶"的冷清、孤寂的光景中发现与万物相通的美和"造化"之妙的"风雅"精神。所谓"所见之处无非花,所思之处无非月",就是将随"造化"生成的一切自然都美化为"花"与"月"。将眼前事物比作不在之物的比拟在此起到美化一切事物的装置之作用。然而,随着文化的成熟,游戏性及俳谐味(滑稽性)增加,随后,比拟为何物已不再重要,以比拟本身为目的的戏仿倾向不断强化。其他文化圈相同,或者其他文化圈拥有更为丰富的比喻式表现,与此相对,在日本室町时代以后尤其是江户时代取得高度发展的比拟的背后,暗含着可以称为美的否定性现象性的风雅之道,或俳谐精神的存在。

## 三、比拟的构造—观念的转用

### (一) 比喻的诸相

比拟是将某物"拟"作他物,基于意识的内在表象作用将"意象的模拟"外化为可视的表现行为,个别且实在的意象将和本来与其不相关的观念的其他观念进行联接,即其他"观念"被"转用"于该意象,这就必须要通过非语言性或语言性符号来明示。意象的模拟,其结果的确是"意象的转用",但严格意义上应该理解为通过"观念转用"实现的"意象转义"。因为,即使转变意象(像)所具有的观念(意义)的"转义"是可能的,而将个别的、具体的意象向同样个别的、具体的意象转用的

---

① 藤原家隆(1158—1237),日本镰仓时代的公卿、歌人。日本歌坛的巅峰人物。与藤原定家并称为"新古今和歌之双璧"。《新勅撰和歌集》收入其作品43首,是收录和歌最多的歌人。原文为:「花をのミ待らん人に山ざとの雪間の草の春を見せばや」

② 『日本思想大系61近世芸道論』第18頁。

③ 松尾芭蕉「『笈の小文』」「西行の和歌における、宗祇の連歌における、雪舟の絵における、利休が茶における、其貫道する物は一なり」,『芭蕉紀行文集』,第69—70頁。

"转像"却是不可能的。因此,关于使内在的表象成为对于他者来说也是能够理解的"观念转用"的本有状态,在文中,我将对照代表性的比喻(词语的转义性表现)之"隐喻(与直喻)"、"换喻"、"提喻"进行探讨。此三者在严格的意识结构上未必与比拟相对应,但在基本性格及相互关系上与比拟的三种分类"比况""改编""转位"是对应的。

首先"隐喻"是基于其意味着的观念的类似性的从事象到事象、由种到种的语言运用。与隐喻的不明示出其所喻之物相对,将比喻之物与被比喻之物以"像……一样"等比较用语连接起来的表现是"直喻"。其次"换喻"是基于比喻和被比喻的事物(在时间·空间·因果关系)处于邻接关系的表现。换喻是省略一部分词语而缩短了的比喻,用事象的一部分来表现事象的其他部分或全部。还有"提喻",是基于类与种或部分与全体的关系的从类到种或从种到类、全体到部分或部分到全体的转用。提喻是基于包容性的类种关系,以及相互邻接的诸部分与包括诸部分的全体之间的关系上的,以一方为他方的代理·代表的表现。

如果以这三种代表性比喻(转义性表现)相对应来说明"比拟"的三种分类,其实就是隐喻式的相似意象的相互比况、换喻式的借助手持物的代入实现意象的改编、提喻式的通过赋名来进行的意象的转位。基于类似的隐喻与意象比况之间的对应是显而易见的,代入的手持物与换喻间的对应关系也可以理解。与此相对,借助命名的转位在命名中既有隐喻式的也有换喻式的,其对应关系难以明确,但在类与种或部分与全体的关系中,使一方由他方来代理或代表的提喻与将个别事物用普遍观念来特定指示的命名行为,同样是在相位相异的事物间,通过媒介建构转位关系。

### (二) 发语媒介性言语行为——"当作……看待"的要求

作为"言语行为论"创始人而知名的奥斯汀(John L. Austin)在其《言语与行为》中将言语行为分为"发语性"(locutionary)、"发语内性"[illocutionary (in-locution)]和"发语媒介性"(perlocutionary)[1]三类。

---

① 关于 J. L. 奥斯汀的《言语与行为》的概念,国内一般翻译为"言内行为"、"言外行为"和"言后行为"。本论文是大石昌史教授自己对言语行为概念的翻译和认定,为行文的准确和顺畅译者谨遵大石教授的翻译。

"发语行为"就是说出语句这一行为本身,"发语内行为"是指说出语句本身即引发某种行为的情况(例如,说出"约定"造成事实上的"约定")。"发语媒介行为"是指通过说出语句来引发某种行为的情况(例如,说出"请关窗"或单说"好冷"来使对方关窗)。

"比拟"是将作者的"意象的模拟"通过言语或观念化了的意象明示出来的"观念的转用"进行的表现,它向鉴赏者发出将某物当作其被比拟的他物来看待的要求。按奥斯汀的说法,对作者来说,呈现出某种意象就是"发语行为",将其看作他物相当于"发语内行为"。作者通过比拟将某物看作他物,对鉴赏者起到了一种示范性作用,成为请求(要求)如此看待的"发语媒介行为"。比拟,不仅其自身是表现,还包含着请求他人执行该表现的意味,在这种意义上,可以认为是"发语媒介行为"的一种。

但是这种要求"当作…看待"的发语媒介性结构在由比喻所代表的转义性表现,或一般命名行为中也同样存在[①]。那么到何处去寻找这些行为与比拟之间的差异呢?与"所见之物"(被发现的对象)处于优势的再现性艺术不同,在"观看者"(想那样看的态度)处于优势的"比拟"中,尝试的是向与原物似乎相似实则完全不同之物的转位性关联。眼前的意象与其转义性关联的观念之间的距离、相位差,与基于类似性、邻接性或逻辑关系的比喻,或是单纯为了区别于其他而对人和物进行命名的行为相对,对比拟以更为显著的形式要求以"发语"为"媒介"的"行为"。比拟中发语媒介性要求的提高是因为,包含了改编和转位的比拟必然不会是单纯的意象与意象、观念与观念之间的平行性运用,而必须是意象与观念交差式组合的复杂运用。

3. 意识的前景与后景——意象与观念的动态关系

服部幸雄在《变化论——歌舞伎的精神史》中关于"比拟"的"双重影像"结构有如下叙述。"'比拟'(見立て)如其文字所示为'看'(見る),是视觉领域的一种表现技巧。它要求一种迂回的鉴赏方法,即将眼睛直观捕捉到的东西先经过一次大脑的理性思考,并再次回到感觉

---

[①] 佐佐木健一认为:为作品取标题的行为,就是对鉴赏者发出按照题目所示的那样"看"作品的命令。"《伊卡鲁斯的坠落》这个标题就是'将这个画面当作《伊卡鲁斯的坠落》来看吧'的命令。如果说命令的说法有些过头,称之为劝告、推荐或者暗示也是可以的。这些说法在文法上都归类为'命令',在此意义上还是应该认为是命令吧。"《标题的魔力》,第250页)

的世界。……如果大家都明悉'被比拟'的本歌的存在,上述迂回的鉴赏方法便可在瞬间完成。而且通过眼前'比拟'的形象,能够像双重影像那样看到'被比拟'事物的形象。尽管(这样比拟)是双重构造,但如果作为背景的'被比拟的事物'给人留下强烈印象的话,也不能算做成功。"①

尽管如此,比拟未必是意象与意象,即存在的相位相同的事物之间的转用。通常,比拟是以意象与观念(像与意义)为构成要素,但在"意象的模拟"和"观念的转用"中,意识作为前景捕捉到的东西是不一样的。模拟是将眼前的对象(意象)作为前景,将被模拟的对象作为后景,与此相对,转用是将被转用的观念(比喻)作为前景,而将其比喻地表达的观念作为后景。转用的修辞性语言使用,将基于表象作用的模拟中处于后景的事物带到前景中来。比拟行为,并不是基于类似性的单层关系结构。因此,为了说明它,一直以来提及的"双重影像"的说法是不充分的。

在"双重影像"的解说中,作为知觉显现的意象和作为意义被想起的观念之间的区别十分暧昧,模拟与转用各自前景与后景的不同被忽视了。在"比拟"中,并不是意象与意象、观念与观念这种存在或意识的相位相同的事物的单纯(单维度)的"重合"(双影重叠),而是模拟与转用中各自的意象与观念(像与意义)的前景·后景关系的建构,这些关系又进一步构成反转交差的重层化动态关系。正是这种意象与观念的动态关系,将比拟与比喻区分开来。比喻是意向与意向或者观念与观念之间发生的同一次元的转用。

4. 像与意义的反转性关联——作为反讽的比拟

将古歌"比拟"为本歌(典)的"本歌取(引典歌)"出场的《新古今和歌集》时代,伴随着和歌文化的成熟,短歌的形式已经尝试了所有表现的可能性,流行起了"连歌",这是将短歌的上句与下句分开,分别由不同的人吟咏出来的上下句不断接续下去的形式。反映王朝趣味的连歌不久发展成武士、町人阶级喜好的富于机智、滑稽趣味的"俳谐连歌",在其延长线上,产生了江户时代的"俳句"、"狂歌"、"川柳"等短歌的新类型。反映了江户后期文化的高度繁荣的浮世绘、狂歌、川柳、读本中的游戏、恶搞倾向,反映出人们试图借助以轻佻、浮浪的心态度过

---

① 服部幸雄,『変化論—歌舞伎の精神史』,平凡社選書 41,1975 年,第 180 頁。

无常的人生从而将"忧世"变为"浮世"的反讽态度。从类似意象的比况出发的比拟,在向代入的改编、命名的转位发展的过程中,其超脱、游戏的倾向不断得到强化,不久便显现出将像与意义的关系视为可变的反讽态度。

对于江户后期文化中表现出的这种倾向,大西克礼在《风雅论》中从与西方浪漫主义相通的"反讽性观念论"角度进行了如下说明:"在以观念性否定实在性的同时反过来也可以以实在性否定观念性,这便是美的意义上的反讽的观念论的立场。将现实看作空无,试图达到其上方的某一高处的实在之界,那是宗教的解脱之道,从'反讽'的角度来看,将现实视作空无的主观本身也被看作是空的,最终只能漂浮于'虚实'之间。并且这个理论上的矛盾对于该立场而言从主观上获得的代偿,正是美的自我的自由性的享受。"[①]

在比拟中,意象与观念(象与意)的关系脱离了长久以来的相关性,成为一种可变的关系。意识的志向性原本用于规定对象的意义,可是,在比拟中,由意识的志向性所明示(正片式)的意象与观念之间的关系被切断,因为与其他观念建立起交差式关系,眼前的意象以承载与其不符的新的意义的形式反转(负片式)显现。由于观念的运用造成像与意义的关系的错位,在比拟中,眼前的意象与意义上规定"是什么"的明确观念剥离,以暗示与呈现"该如何"的眼前光景不相符的其他意义(观念)出现,即以包含了像(该如何)与意义(是什么)不相符的矛盾的重层化意象的形态反转显现。像这样包含着像与意义的反转性关系定位矛盾的状况下,意识将对对象采取反讽的态度。或者可以反过来说,对对象采取反讽的态度,将某物看作他物,会使像与意义间产生出矛盾的关系。这种反讽的态度将比拟与比喻区别开来,使之成为包含更复杂内涵的转义性表现。

## 结语　无的类比导致的存在的象征化

在"比拟"中,类似的意象比况、代入的意象改编、命名的意象转位,这些基于意识的内在表象作用的"意象的模拟",通过符号化的意

---

① 大西克禮『風雅論』,岩波书店,1940 年,第 207—208 页。

象及语言"观念的转用"而成为可视的行为外在化。通过这样的模拟与转用的辩证法、意象与观念间的动态关系,"像"与"意义"以独特的形态反转融合。像与意义的融合意味着将对象看作"意义＝像(Sinnbild)"即"象征(symbol)"。可是,基于像与意义的辩证性反转关系的"比拟",其根底上具有通过将对象比拟为他物而将对象具有的意味看作是可变的反讽态度。

在这种反讽的比拟中,所有事物成为所有事物的否定性象征。即,所有事物只要是无化的,不管是否有类似性,都可以比拟为任何其他事物。所谓比拟,终究是基于作为无化物的自我否定性的类似性的存在的象征化。"存在"这一万物共通的动词使所有存在在其肯定性上相关联,与此相对,"无化"这一动词使所有存在在其否定性上相关联。在存在的事物间起作用的"存在的类比"是依据概念的相同带来的无时间性的存在的把握,与此相对,"无的类比"是依据表象的可灭性带来的时间性的存在的把握。这种基于"无的类比"的"存在的象征化"才是构成比拟的意识的根基之物,将所有事物看作无化之物不强求创新的"比拟"这一表现法,与"物哀"、"余情"的强调一起,成为以无常观为基调的日本美意识的特征之一。

如上所述,"意象的模拟"(关联性的发现)与"观念的转用"(关联性的表现)构成的"比拟",以对基于"无的类比"的存在的反讽态度为背景,是通过内在表象作用与外在符号各自前景化的意象与观念的辩证性(交差·反转式)关联成立的"存在的象征化"。这样的"比拟"中,发现与表现或鉴赏与创作间建立起交差·反转式关系,这不仅可以理解为美意识在日本的独特的展开,而且它也启发了人们将以"现成品(ready-made)"、"现成物(found object)"为代表的现代的"非创作艺术"理解为"基于发现的表现"。"艺术(art)"的原意是"创作技法","非创作艺术"与其原意相矛盾,它之所以能被看作一种艺术,是因为其不停留于表现了什么,而是将其看作什么的"看法"本身具有创造性。"比拟"的现象向我们展现了"看法"或"解释"本身的艺术性。本论文的题目"比拟的诗学",即是主张将某物比拟为他物的解释(看法)可以与物理性的作品制作的艺术创造性相匹敌。

(作者单位:日本庆应义塾大学文学部)
(译者单位:湖北大学外国语学院、湖北大学文学院)

## 克罗齐专题

## "什么是艺术?"①

[意]克罗齐
田时纲 译

**提 要** 艺术是直觉。艺术不是物理事实,艺术不是功利活动,艺术不是道德活动,艺术不具有概念认识特性(理念在表现中全部消解)。伟大的艺术是古典主义和浪漫主义、激情和表现的整体——强烈的情感完全变成极其清晰的表现。情感给予直觉以连贯性和统一性;直觉只能源于情感、基于情感。艺术直觉总是抒情直觉,后者是前者的同义词。

**关键词** 艺术;直觉;意象;表现;物理事实;功利活动;道德活动;古典主义;浪漫主义;理念;情感;艺术直觉,抒情直觉

"什么是艺术?"对这个问题,可以开玩笑地回答(但不是个愚蠢的玩笑):艺术是所有人都知道的东西。确实,如果人们不以某种方式知道它是什么,也就不会提出这一问题。因为一切问题都包含对它所问及所指东西的一定认识,因此每个问题都被限定和了解。如下事实证明此点:人们往往听到哲学和理论的非职业人士对艺术发表正确、深刻的见解。他们中有普通人,有不爱推理的艺术家,有天真烂漫之人,甚至有平民百姓。他们的看法有时暗含在对各个艺术作品的判断中,有时甚至采用格言和定义的形式,从而发人深思,让每个自以为"发现"艺术实质的傲慢哲学家脸红。只要把从普通书籍中摘抄的命题放在他眼前,或者让日常对话中的格言警句在他耳边回荡,让他了解他自诩的所谓发现已经清晰地包含在那些命题和警句中。

也就是说,他若幻想用自己的学说将完全原创的东西引入人类普

---

① Benedetto Croce, "Che cosaèl'arte?", *in Nuovi saggi di esteticai*, Bibliopolis, Napoli, 1991.

遍意识，以便启示一个全新的世界，而那些东西又外在于人类普遍意识的话，在这种情况下，这位哲学家有理由脸红。然而，他无需心烦意乱，可径直走他的路，因为他并非不知道：关于什么是艺术的问题（此外，正如关于实在性质的问题，或一般来说，任何认识的问题），若就使用的词语看，仅把握了问题的一般、整体外观，却奢望一劳永逸地解决。他并非不知道：这一问题总有内容详尽的意义，关乎思想史上特定时期强烈的特殊困难。当然，真理沿路而行，如同法国著名谚语中的精灵，或者如蒙田①在其"女仆"的"喋喋不休的废话"中发现的隐喻，即"雄辩家所说的比喻女王"。然而，女仆的隐喻是对表面问题的解决，即那一时刻女仆激动的情感本身的问题；而人们每天有意无意听到的关于艺术实质的清晰断言，要解决的是逻辑问题。虽然面对这些问题的张三或李四不是职业哲学家，但作为人，在某种程度上，他也是哲学家。正如同诗人的隐喻相比，女仆的隐喻通常表现一个短暂、狭小的情感范围，同样，同哲学家提出的问题相比，非哲学家人士的明显断言解决一个微小问题。对于什么是艺术的两种回答，表面上听起来相差无几，却因其实质内容丰富性的差异而截然不同；因为名副其实的哲学家的回答，不折不扣承担如下任务：恰当地解决有史以来涌现的所有关于艺术实质的问题，而普通人的回答却在一个极其狭小范围内徘徊，显然，他们一离开那个范围就毫无作为。在永垂不朽的苏格拉底的行事力量中，在博学者的驾轻就熟中，可以找到此点的事实证明。只要博学者不断提问，就会让起初能言善辩的缺乏教育者瞠目结舌；在被追问的过程中，他们掌握的那点可怜知识危在旦夕，只能像蜗牛一样缩进其甲壳内，并声称不喜欢"吹毛求疵"。

　　由此可见，哲学家的骄傲基于其问题及答案所拥有的更深刻的意识。这是必须伴随谦逊的骄傲，即同时认识到，在确定时刻，若其范围扩大或尽可能扩大，则答案必受到当时历史的局限，故不能奢望具有整体价值，或如常言说，不奢望是最终解答。由于进一步精神生活不断更新并使问题倍增，使得以前答案并非虚假而是变得不适当，部分纳入不言而喻真理之数，部分应当重整旗鼓并充实完善。体系是一座房屋，房屋建成并装修好后，立即需要下大力气、坚持不懈的维护保养工作（房屋材料易受腐蚀）。但到一定时刻，修缮已经无济于事，必须

---

① 蒙田（M. E. de Montaigne, 1533—1592），法国思想家、作家。

推倒房屋并从地基重建。然而,思维作品有根本差异:新屋永远靠旧屋支持,旧屋几乎靠魔法作用持续存在于新屋。众所周知,对此种魔法一无所知者、肤浅或幼稚的头脑,对此感到恐惧,以致他们散布反对哲学的陈词滥调:哲学不断地摧毁自己作品,哲学家相互攻讦。这样说,仿佛一个人从来不建造、不拆毁、不重建房屋一样,似乎后来建筑师从不同先前建筑师相矛盾;好像根据建造、拆毁、重建房屋和建筑师之间矛盾的事实,就可以得出建造房屋无用的结论!

虽说哲学家的问题及答案具有更大深刻性,却也带来更大谬误的危险,它们因缺乏某种良知而常被玷污,由于属于较高文化领域,因而具有高雅特性,即使在受谴责时,不仅成为轻蔑和讥笑的对象,也成为暗中羡慕和妒忌的对象。这正是悬殊差距的所在,多数人喜欢阐明:常人的智力均衡状态和哲人智力超常状态之间的对立;显而易见,没有一位拥有良知的人会说,(例如)艺术是性欲本能的反应,或艺术是害人之物,应当在治理良好的共和国内被取缔:真是荒谬绝伦!然而,哲学家、大哲学家也这样说。① 但拥有良知者的天真是贫乏,是原始人般的天真;虽然人们渴望原始人的无邪生活,或者向哲学祈求拯救良知的良策,但事实却是,精神在其发展中,由于不能不如此,要勇敢地面对文明的危险和良知的暂时丧失。为了找到那条真理之路,哲学家对艺术的探究被迫走上诸条谬误之路。真理之路和谬误之路并非不同,那些走过的谬误之路为征服迷宫指示方向。

谬误与真理的紧密联系源于如下事实:一个纯粹、完全的谬误不可思议,正因为不可思议,才不存在。谬误用两种声音述说,一种声音肯定虚假的东西,另一种却否定它;这是肯定与否定的碰撞,被称作矛盾。因此,当人们对一种判定谬误的理论不做一般性考察,而精心考察其各个部分及其精确性,就会在该理论中发现医治谬误的良药,即从谬误的土壤萌发真正理论的幼芽。人们发现:那些硬把艺术贬低为性欲本能的人士,为了证明其论点,求助于论证和沉思,反将艺术同性欲本能区分开而并非相结合。那位把诗歌逐出理想国的人,在驱逐时浑身发抖,在那种行为中创造出一种崇高新诗。在某些历史时期,最扭曲最粗陋的艺术学说占统治地位,但并未阻止美丑被习以为常地、

---

① 例如,柏拉图指控当时古希腊的文艺作品对社会起坏作用,要把诗人逐出他的"理想国"。

坚定不移地区分开（即使在那些时期）。当忘却抽象理论，并遇到特殊情况时，也未妨碍细致入微地讨论美。宣判谬误，并不总通过法官之口，而是通过自身之口。

由于同谬误的这种紧密联系，确认真理总是一个斗争过程。伴随此过程真理不断地摆脱谬误；从而油然而生一个虔诚但不可能实现的愿望，即要求真理直接呈现，无需讨论或争辩，让真理庄严地独自前行；这种舞台景象仿佛是适合真理的象征。相反，真理就是思想本身，作为思想，总是积极向上并经受磨难。其实，若不借助批判对真理问题的不同解答，无人能够陈述真理。没有一篇狭隘的哲学论文，没有一本学校课本或一场学术演讲，不在开头或中间回溯历史上出现或观念上可能的意见，不想批驳并修正那些意见。虽说此事往往随意、无序地进行，却恰恰表达研究问题、回顾历史上尝试过或在观念上（即此时此刻，但总在历史上）可以尝试的所有答案，从而新答案自身包含人类精神的以往工作。

但这种需求是一种逻辑需求，它对一切真正思想而言都是内在的和不可割裂的；不能将它同确定文字表达形式混为一谈，从而避免陷入卖弄学问的泥潭。中世纪经院哲学家和19世纪黑格尔学派辩证法家正是以卖弄学问著称于世，其后卖弄学问颇似形式主义迷信，相信某种外在、机械的哲学表述方式具有神奇功效。总之，必须从实质的而非偶然的意义去理解这种逻辑要求，必须尊重精神而不是文字，必须根据时间、地点和人物，自由地阐述自己的思想。于是，在我的简括报告中，想为研究艺术问题的方法指示方向，我小心翼翼地避免陈述美学思想史（正如我在别处所为），或避免辩证地陈述从（最贫乏的，直至最丰富的）错误艺术观中解放的全过程（正如我在别处所为）；我把部分行李抛得远远的，不是从我的肩上，而是从我的读者的肩上。之后，他们会重新背上那些行李，当他们像鸟一样飞翔，从高空鸟瞰某地迷人风景而心醉神迷，就准备奔赴该国这地或那地细致入微地旅游，或依次把全国漫游一遍。

然而，重提引起这一不可或缺序言的问题（若要剔除我演讲的任何自命不凡印象和无用的坏名声，这一序言不可或缺）——即艺术是什么——我将立即用最简单方式说，艺术是幻象或直觉。艺术家创造一个意象或幻影；艺术爱好者的目光投向艺术家指给他的那点，通过他打开的孔眼凝视，并在自身再造那个意象。"直觉"、"幻象"、"静观沉思"、"想象"、"幻想"、"造型"、"表现",诸如此类,不一而足,它们就像谈论艺术的同义词不断重复,它们一起把我们的心智提高到相同概念或相同概念范畴,即普遍认同的征兆。

然而,我的这一答案:艺术是直觉,从其暗含否定的一切,从决定艺术的一切中汲取意义和力量。它包含哪些否定?——我将指出主要的,或至少指出对我们当下文化至关重要的那些否定。

首先,它否定艺术是物理事实。例如,某些确定色彩或色彩关系,某些热或电的现象,总之,任何被确定为"物理的"东西。这种将艺术物理化的错误业已渗透到普通思想中,正如用手触摸肥皂泡的儿童,也想要触摸彩虹,人类精神由于欣赏美的事物,就自发地倾向从外部自然探寻美的事物的原因,从而尝试思考或认为应当思考:某些色彩是美的,另一些色彩是丑的;某些物体形态是美的,另一些物体形态是丑的。然而,在思想史上这种尝试曾多次有意地有条理地实施,从希腊和文艺复兴的艺术家及理论家确定人体美"准则",从对形状及声音可确定的几何、数字关系的思辨,直至19世纪美学家(例如费希纳①)的研究,以及今天在哲学、心理学及自然科学会议上,"外行们"就物理现象与艺术的关系惯常的"交流"。若问由于什么原因艺术不能是一种物理事实,必须首先回答,物理事实并不具实在性,而众人毕生奉献并为此感到神圣欢乐的艺术则非常实在;从而艺术不能是一种物理事实,后者是不实在的东西。无疑,乍听,这句话显得荒谬,因为对于平民百姓而言,没有比物理世界更可靠坚实的了;然而,我们出于真理,没有放弃好理由(不因它显得在说谎),更没有用另一个欠佳理由替代它。此外,为了超越真理的怪异性及艰涩性,为了让我们更熟悉,我们可以逐步认为,物理世界的非实在性,不仅被所有哲学家(他们不是粗俗的唯物主义者,也未陷入唯物主义尖锐矛盾之中)无可辩驳地证明并被接受,而且同样在物理学家的哲学习作(和他们的科学混合在一起)中得以承认,当他们把物理现象视为超验原则产物、原子或以太的产物,或者视为不可知物的表现。此外,唯物主义者的物质本身就是一个超物质原则。由此可见,物理事实由于其内在逻辑及普遍认同,表明不再是实在,而是为了科学目的、我们理性的一种建构。所以,艺

---

① 费希纳(G. T. Fechner, 1801—1887),德国心理学家、美学家与哲学家。他是实验美学的创始人。

术是否为物理事实这一问题理应具有如下不同含义:艺术是否可在物理上建构。这毫无疑义,其实我们总这样做,例如,我们不去关注诗歌的意义,不去鉴赏诗歌,而去计算构成诗歌的词汇数量,并把词汇划分为音节和字母,或者我们不去关注一座雕像的审美效果,而对它进行度量和称量;这项工作对雕像包装工非常有用,正如前项工作对排印诗稿的排字工有用一样;但对艺术的鉴赏者和研究者而言就一无所得,其研究者若不关注对象本身,则毫无益处,也不正当。由此可见,在第二个含义上,艺术也不是物理事实;换言之,当我们探寻艺术本质及其活动方式时,若在物理上建构艺术,我们将一无所获。

艺术是直觉这个定义还暗含另一个否定:换言之,若艺术是直觉,若直觉在其静观沉思本义上等于理论,则艺术不能是功利活动;由于功利活动总以达到快乐为目的,并力求远离痛苦,从而,鉴于艺术自身本质,它同有益、快乐、痛苦之类东西毫无关系。其实,无需过多抵抗就会承认,快乐作为快乐,无论什么快乐,本身都不是艺术。饮水解渴的快乐,露天散步、活动四肢、血液循环畅通的快乐,谋得渴望已久职位使我们实际生活安定的快乐,诸如此类,不一而足。甚至在我们和艺术的关系中,快乐和艺术的差异也一目了然,因为表现的形象可让我们感到亲切,并唤起令人愉快的回忆,但画作可能丑;或者相反,画作可能美,但表现的形象却令我们憎恶;或者我们认同画作本身美,但它却让我们火冒三丈或妒火中烧,因为它是我们的敌人或对手的作品,这幅画会让其作者受益匪浅并力量倍增。我们的实际利益同相应的快乐及痛苦相混,有时甚至混为一谈,它们扰乱我们的审美兴趣,但从未同我们的审美兴趣相提并论。为了更有效地支持艺术是令人快乐的东西的定义,至多会断言艺术不是一般令人快乐的东西,而是一种令人快乐东西的特殊形式。然而,这种限定不是对此论断的捍卫,而是对它的真正抛弃。鉴于艺术是令人快乐东西的特殊形式,所以其特征并非源于令人快乐的东西,而是源于区分开那种令人快乐东西同其他令人快乐东西的东西,从而应当转而探究那种区分性因素(它是引起更大快乐的东西,或者同令人快乐东西截然不同)。然而,把艺术界定为令人快乐东西的学说,有一个特殊名称(快乐主义美学),它在美学学说史上长期、复杂地兴衰流转:在希腊罗马世界业已显现,在18世纪兴盛一时,在19世纪下半叶重新繁荣,至今仍大受欢迎,特别受到美学初学者的青睐,因为首先艺术引起快乐的事实给他们留下深刻印象。该学说的生命力源于一次次地提出这类或那类快乐,或诸类快乐整体(高级感官快乐、游戏快乐、意识自身力量、色情,等等)或者在于给该学说添加异于令人快乐东西的因素,例如功利(当它被理解为异于令人快乐东西时),满足认识及道德的需要之类。该学说进步恰恰由于这种不平静,由于它必须以某种方式同艺术实在相一致,引入的外在因素在其内部发酵,从而导致快乐主义学说瓦解,并且不自觉地促进另一种学说,或至少让人们感到此种学说不可或缺。由于每种错误都有其真实动因(由于物理学说的动因一目了然,它成为"物理地"建构艺术的可能性,正如建构任何其他事实的可能性),快乐主义学说也有其永恒真实动因,即强调快乐主义的伴随,即快乐对审美活动及任何其他形式的精神活动而言都是普遍的。我们坚决否定艺术与令人快乐的东西同一,把艺术界定为直觉就把艺术同令人快乐的东西区分开,但丝毫不想否定快乐。

凭借艺术即直觉的理论产生的第三个否定是:艺术不是道德活动;等于说实践活动的这种形式,虽说必然同功利、快乐及痛苦相连,但并非直接为功利主义的和快乐主义的,而是进入更高精神领域。然而,直觉作为认识活动,同任何实践活动相对立。确实,正如早在古代就指出,艺术诞生不是由于意志,确定正直人士的良好意志并不确定艺术家。由于艺术诞生并非源于意志,它也就摆脱任何道德的区别,不是因为它享有豁免权,而是单纯因为道德区别无法应用于艺术。一个艺术意象描画出在道德上值得赞扬或应受谴责的行为;但意象本身(因为是意象)在道德上既不值得赞扬也不应受谴责。不仅不存在一部刑法典能够判处一个意象入狱或死刑,而且拥有理性的人不能把意象作为其任何道德判断的对象:正如不能判断一个正方形道德,一个三角形不道德,同样不能判断但丁的弗兰切丝卡[①]不道德,莎士比亚的考地利娅[②]道德(她们具有纯粹艺术功能,就像在但丁和莎士比亚的头脑中的音符)。此外,道德主义艺术理论在美学学说史上也有表现,时至今日仍未完全死亡,虽然人们普遍认为它已声名狼藉。声名狼藉不

---

① 弗兰切丝卡(Francesca),为拉维纳僭主之女,1275 年后嫁与里米尼僭主之子简乔托。简乔托是一个相貌丑陋的瘸子。简乔托之弟保罗相貌英俊,与兄嫂相爱并私通。后被简乔托发现,他将二人杀死。但丁在《神曲》中对弗兰切丝卡深表同情。
② 考地利娅(Cordelia),是莎士比亚悲剧《李尔王》中李尔王的小女儿,因为她不肯说假话讨好父亲,被剥夺了继承权,后来证明她真诚地爱父亲。

仅因其内在缺陷,而且在某种程度上还因当今某些倾向的道德缺陷,从而凭借心理厌恶使本应根据逻辑理由所做的摒弃更加容易,我们在此正做这种摒弃。为艺术预先确定目的,诸如引导人们向善,启示人们憎恶罪恶,纠正并改善习俗,全是道德主义学说的派生物;要求艺术家做贡献:参与对平民的文明教育,强化国民的民族精神和尚武精神,传布朴素、勤劳的现代生活理想,诸如此类,不一而足,也是其派生物。艺术不能做所有这些事情,正如几何学不能做一样,但几何学未因有该弱点而丧失丝毫尊严,其后人们不理解,为什么艺术就应丧失尊严。连道德主义美学家也隐约可见这一点;因此他们心甘情愿同艺术妥协,也允许艺术促进非道德的快乐,只要不是公开的无耻就行,或者嘱托艺术利用其享乐主义力量对人们的控制为好目的服务:给药丸加糖衣,在盛有苦味药液的杯子口边抹上蜜糖,总之要艺术做名妓,的确如此(因为她不能根除古老的、天生的恶习),却为神圣教会或道德教会服务。有时,他们想让艺术作为教育工具,由于美德和科学都是艰难之事,而艺术可以去除那种艰难,从而使通向科学殿堂的大门变得令人惬意并富有吸引力,甚至引导人们去科学殿堂就像穿过阿尔米达①的花园:他们欣喜若狂、春心荡漾,忘记追求崇高利益和面临的改革危机。现在,我们谈及这些理论,不能不面带微笑;但我们不应忘记它们是严肃的东西,并且同理解艺术本质并提升艺术概念的严肃努力相一致,相信这些理论的人们有(仅限于意大利文学)但丁、塔索②、帕里尼③、阿尔菲耶里④、曼佐尼⑤和马志尼⑥。道德主义艺术学说由于其自身矛盾,过去、现在、将来不断使人受益,过去、现在、将来总是一种努力(虽说并不愉快)——让艺术脱离纯粹快乐(有时艺术同它相提并论),给予艺术一个更受人尊敬的位置;该学说也有其真实一面,因为,若艺术处于道德之外,艺术不偏不倚;但艺术家却置身道德王国,由于

---

① 阿尔米达(Armida),是塔索长篇叙事诗《被解放的耶路撒冷》主人公里纳尔多(Rinaldo)的女友。
② 塔索(T. Tasso,1544—1595),意大利文艺复兴时期大诗人,代表作为《被解放的耶路撒冷》。
③ 帕里尼(G. Parini,1729—1799),意大利诗人,代表作为讽刺长诗《一天》。
④ 阿尔菲耶里(V. Alfieri,1749—1803),意大利古典悲剧剧作家。
⑤ 曼佐尼(A. Manzoni,1785—1873),意大利文学家,代表作为《约婚夫妇》。
⑥ 马志尼(G. Mazzini,1805—1872),意大利革命家,民族复兴运动中民主共和派领袖。

他是人,不能逃避人的责任,就应当把艺术本身(艺术从未是道德)视为要履行的使命、神圣的职责。

此外(在这方面我应当回忆的一般否定中,这是最后的、或许最重要的一个否定),用艺术即直觉这一定义否定艺术具有概念认识的特性。概念认识,就其纯粹形式、即哲学形式而言,总是实在论的,旨在确立实在性,反对非实在性或减少非实在性,将非实在性纳入实在性,作为实在性本身的从属环节。然而,直觉恰恰意味着难以区分实在与非实在,意象就其纯粹意象价值而言,是意象的纯粹理想性;将直觉的或感性的认识同概念的或理性的认识相对立,将审美认识同思维认识相对立,旨在要求这一认识最简单、最初级形式①的自主权,该形式堪比认识生活的梦境(是梦境,但不是沉睡),与此梦境相比,哲学就是清醒。的确,无论谁面对一件艺术作品,若提问这位艺术家表现的东西在推理上或历史上是真还是假,就提出了一个毫无意义的问题,就犯下想把想象的虚幻意象移送道德法庭的人们的类似错误。这毫无意义,因为区别真伪总涉及对实在的确认或判断,但不能落实在介绍一个意象或一个纯粹主词(它不是判断的主词)上,因为缺少表语或谓语。反对如下命题徒劳无益:意象的个性若不涉及一般就不存在。这个意象是一般的个性化;因为这里不能否定一般,正如不能否定上帝的精神,它无处不在、生气勃勃,但可以否定在作为直觉的直觉中,一般被逻辑地阐明或思考。呼唤精神统一原则同样徒劳无益,想象和思维的明确区分并不动摇,反而强化该原则,因为对立只源于区分,而具体的统一源于对立。

理想性(正如说过这是把直觉同概念,艺术同哲学、历史、一般确认及对发生之事的感受或叙述相区分的特性)是艺术的更大优点:刚从理想性转向反思或判断,艺术就销声匿迹并一命归天:它死在变成批评家的艺术家手中,死在那些静观或倾听的艺术鉴赏者手中,他们从瞬间沉思艺术者变成深思熟虑的生活观察者。

然而,将艺术同哲学(在广义上理解的哲学,也包括对实在的任何思考)区分开同时导致了其他区分:首先,是艺术同神话的区分。因为神话对相信它的人们而言,就是对实在的揭示和认识,并同非实在相对立,从而他们从自身驱逐视为虚幻及骗人的其他信仰。仅对那些不

---

① 指直觉认识、感性认识、审美认识。

再相信神话,并把神话作为一种隐喻,把诸神的严峻世界作为一种美好世界,把上帝作为崇高意象利用的人来说,神话才能够变成艺术。由此可见,在纯粹实在中,在信仰者的而非不信教者的心灵中,神话是宗教而非简单的想象,宗教是哲学,是构建中的哲学,是多少欠完美的哲学,但毕竟是哲学;而哲学作为哲学,是多少净化并精致的宗教,并处于不断精致和净化的过程中,却是绝对或永恒的宗教或思想。对艺术而言,要变成神话和宗教,恰恰缺少思想及由思想产生的信仰;艺术家创造意象,对其意象不涉及相信不相信。由于不同理由,艺术即直觉的概念也摒弃艺术作为类、型、种、属的生产的观念,或许还(根据某位伟大的数学家或哲学家对音乐的看法)摒弃不自觉地做算术练习的观念,即是说,艺术即直觉的概念把艺术同实证科学及数学区分开,因为在实证科学及数学中都存在概念形式,虽然缺少实在论性质,但作为纯粹一般化表现或纯粹抽象。尽管自然科学及数学同哲学、宗教及历史的世界相比,仿佛具有那种理想性,并且显得接近艺术(由于那种理想性,今天的科学家和数学家乐意自诩是虚构①世界的创造者,虚构的词义类似于诗人的虚构或形象表现),它们凭借放弃具体思维,凭借一般化和抽象,获得那种理想性,但这些都是意愿、意志决定、实践活动,因此外在于艺术世界,并与艺术世界为敌。由此可见,与哲学、宗教和历史相比,艺术显得同实证科学和数学更不相容,因为在理论或认识的同一世界里,哲学、宗教和历史呈现为艺术的同胞,而实证科学和数学却用实践的简陋接近沉思——冒犯艺术。诗歌与分类,或更为糟糕,诗歌与数学,正如水火不相容:数学精神和科学精神②,是诗歌精神③的不共戴天死敌;自然科学和数学繁荣昌盛的时代(比如,18世纪理性主义时代),恰是诗歌贫乏、颓势的时代。

正如我曾说,要求艺术的非逻辑特性是艺术—直觉公式中包含的最困难、最重要的论战;因为试图把艺术解释成哲学、宗教、历史及科学,或在较小程度上解释成数学的各种理论,占据美学史上的大部分阵地,并且用大哲学家的名字来装点。在19世纪的哲学中,谢林④和

---

① 原文为拉丁文。
② 原文为法文。
③ 原文为法文。
④ 谢林(F. W. Schelling,1775—1854),德国古典哲学的主要代表之一,客观唯心主义哲学家。

黑格尔提供将艺术和宗教、哲学视为同一或混为一谈的例证;泰纳①提供将艺术和自然科学相提并论的例证;法国真实主义理论提供将艺术和历史评论及文献考据相混的例证;赫尔巴特②主义者的形式主义提供将艺术和数学相混的例证。然而,要在这些作者和能够回忆起的其他作者那里发现上述错误的纯粹实例将徒劳无益,因为错误从未是"纯粹的",若错误是纯粹的,那就成了真理。因此,为了简练,我称之为"概念主义的"诸艺术学说自身包含解体因素。信奉它们的哲学家的精神越强有力,解体因素数目就越多并越有效;因此,无人比谢林和黑格尔那里的解体因素更多更有效,他们拥有艺术创造的生机勃勃的意识,从而凭借他们的观察和独特发展,启示一种与其体系中的理论相对立的理论。此外,这些概念主义理论不仅比以前考察的理论优越,由于承认艺术的认识特性,而且还对真正学说的构建做出自己的贡献,由于它们要求包含想象与逻辑、艺术与思维之间的确定关系(若这些关系是差异的,也是统一的)。

　　这里人们已经能看见,"艺术即直觉"这一非常简单的公式——被每天谈论艺术的所有人移译成其他同义词(比如,艺术是想象的作品),在许多古籍中会发现更古老的词汇("模仿"、"虚构"、"寓言"等)——现在在哲学讲演中被提及,就充满了历史的、批评的和论战的内容,关于其丰富性,不久前某些论文刚能面世。该公式在哲学上的成功须付出巨大辛劳,这不再令人惊奇,因为这种成功仿佛攻占了一座在战役中长期争夺的山岗,因此同和平时期无忧无虑的行者轻松登顶的价值截然不同:不是散步中途的简单休憩点,而是一支军队胜利的结果和象征。美学史家沿着艰难征途步步为营,在这一征途中(这是思维的另一魔力),胜利者未因对手打击而丧失力量,相反却从这些打击中获取新的力量,并且抵达目的地——渴望的山顶,让对手败北,却让对手陪伴。这里,我不能不略微提及亚里士多德模仿概念的重要性(对柏拉图谴责诗歌提出异议),以及他本人为把诗歌同历史区分开所做的尝试:这一概念尚未充分展开,或许在他的头脑中尚未完全成熟,因此长期被人误解,但在经历诸多世纪后,在当代,它应当成为美学思想的起点。我还想略微提及日益强化的逻辑与想象、判断与趣

---

　　① 泰纳(H. Taine,1828—1893),法国历史学家和哲学家。
　　② 赫尔巴特(J. F. Herbart,1776—1841),德国哲学家和教育学家。

味、理智与天才之间存在差异的意识。该意识在 17 世纪更加生机勃勃,在维柯①的《新科学》中诗歌与形而上学之间的对立确立了庄重形式;鲍姆加登②的《美学》作为低级认识论和感性认识科学而异于逻辑学③,但其构架仍然是经院哲学的,此外,鲍姆加登本人仍然受到概念主义美学观的纠缠,他的作品并不符合其初衷;康德对鲍姆加登及莱布尼茨④主义者、沃尔夫⑤主义者的批判,致力于廓清直觉即直觉,并非"混乱的概念";浪漫主义用其艺术批评及其历史,或许胜过用其体系发展了维科建构的艺术新观念;最终,意大利的弗兰切斯科·德·桑克蒂斯⑥反对任何功利主义、道德主义和概念主义,强调艺术是纯粹形式(使用他本人使用的词汇),即是说是纯粹直觉。

然而,在真理脚下,怀疑,"如泉水般"(如前辈但丁在三行诗中所说)涌出,其后正是怀疑驱使人的理智跨越"座座山丘"。作为直觉、想象、形式的艺术学说现在提出进一步的(我不再说最终的)问题,它不再是同物理学、快乐学、伦理学及逻辑学相对立并相区分的问题,而是意象自身领域中内在的问题。在界定艺术特性时对意象的充分性提出怀疑,其实在辨别真假意象的方法上犹豫不决,并且沿着此路来丰富意象的及艺术的概念。(人们发问)在人的精神中,一个缺少哲学的、历史的、宗教的或科学的价值,甚至缺少道德的或享乐的价值的纯粹意象世界能起什么作用?在生活中不仅需要眼睛,而且需要开放的心智和活跃的精神,还有比睁眼做梦更徒劳无益吗?纯粹的意象!然而,自娱的纯粹意象有一个欠尊敬的名称,被称作"空想",通常添加上修饰词"无用的";这简直是毫无结果、枯燥乏味的东西。这能是艺术?当然,我们有时为了娱乐阅读一些惊险小说,小说里意象以预料不到、形形色色的方式连续出现;但我们是在疲劳时刻,当我们不得不消磨时光时才喜欢它们,并且清醒地意识到那些东西不是艺术。在这种情况下,则是消磨时光和游戏;但艺术若是消磨时光和游戏,就会再次投入快乐主义学说怀抱,那种学说一直对它张开双臂准备迎接。一种功

---

① 维柯(G. B. Vico,1668—1744),意大利哲学家、美学家、历史学家。
② 鲍姆加登(A. G. Baumgarten,1714—1762),德国哲学家和教育家。
③ 原文为拉丁文。
④ 莱布尼茨(G. W. Leibniz,1646—1716),德国哲学家和科学家。
⑤ 沃尔夫(C. Wolff,1679—1754),德国哲学家,德国启蒙运动重要代表人物。
⑥ 德·桑克蒂斯(F. De Sanctis,1817—1883),意大利文学史家和文学批评家。

利的和快乐主义的需要迫使我们有时放下心智之弓和意志之弓,躺在地上,让意象在我们脑海里不断闪现,或者借助想象把意象奇怪地结合起来,我们仿佛处于半睡半醒状态,刚刚休息完毕,就脱离那种状态,有时恰恰为了准备创造艺术作品,而躺在地上的人决不创造艺术作品。由此可见,或者艺术不是纯粹直觉,那么我们认为被批倒的上述学说表述的要求并未得到满足,因此对这些学说的批驳也受到怀疑的侵扰;或者直觉不可能存在于一个简单想象中。

为让该问题更紧凑更困难,最好立即把该问题中答案容易的部分删除,而我恰恰不想忽略那一部分,因为通常那部分既混乱又模糊。说真话,直觉是产生一个意象,却不是通过追忆旧意象,不是通过随意地让它们一一接续,或同样随意地将一个意象同另一个意象结合,仿佛做儿童游戏,把人头和马颈相连,从而获得大量松散、不连贯的意象。古代诗学首先利用统一概念,以表示直觉和空想之间的这种区别,要求任何艺术创作都应当既简单又统一①;或者利用在多样性中统一的类似概念,即是说诸多意象应当找到其中心并融合为一个总意象;19世纪美学按相同需要肯定幻想(特有的艺术才能)和想象(非艺术才能)之间的区别,不少19世纪美学家认同这种区别。在精神中生产并拥有个别意象,以积累、精选、剪裁、结合诸多意象为前提;幻想是生产者,相反想象是寄生虫,它适宜外在的结合,而不适宜产生有机体和生命。我前面以相当肤浅的公式提出的问题最为深刻,它是:在精神生活中纯粹意象应起什么作用?或者(说到底一回事)如何产生纯粹意象?每部天才艺术作品都会激发一长队模仿者,他们恰恰在重复,把它剪碎并拼凑,机械地夸大它,还扮演想象者的角色,时而接近时而远离幻想。然而,其后那一天才作品受到百般折磨(光荣的标志!),对此如何进行辩解,或者根源何在?为了澄清这点,还必须深入研究幻想和纯粹直觉的特性。

准备这种深入研究的最佳方法,就是回忆并评论曾尝试(小心勿陷入实在论和概念主义的泥沼)将艺术直觉同纯粹支离破碎想象相区分的那些理论,并且确定何为统一原则,并为幻想的创造特性阐明理由。艺术意象(业已说过)是这样的:当一个"理性的"和一个"感性的"相结合时,它就表现一个理念。现在"理性的"和"理念"只意味着(对

---

① 原文为拉丁文。

此学说的支持者而言没有其他含义)概念;尽管它是具体概念或恰为高级哲学思辨的理念,它同抽象概念和科学的典型概念截然不同。然而,在所有情况下,概念或理念总把"理性的"和"感性的"结合起来,而不仅仅在艺术中,因为由康德首创并内在于(可以这样说)全部近代思想的关于概念的新概念,消除了感性世界和理性世界的裂缝,它把概念理解为判断,把判断理解为先天综合,而先天综合理解为变成有血有肉的词汇——历史。这样,就和初衷相反,艺术的这一定义把幻想重新引向逻辑,把艺术重新引向哲学。该艺术定义面对科学的抽象概念,至多显得有效,而不再针对艺术问题(康德的美学及目的论著作《判断力批判》恰恰具有这种历史功能,用以纠正《纯粹理性批判》中仍然抽象的东西)。作为具体概念,除本身包含感性因素外,若在表达具体概念的词语之外,再要求感性因素就是多余之事。坚持这种要求,确实可以摆脱作为哲学或历史的艺术观,但仅仅为了过渡到作为寓意的艺术观。寓意的不可逾越的困难众所周知,其冷淡和反艺术的特性众所周知并被普遍感受。寓意是外在的结合,即两个精神事实——一个概念或思想和一个意象的因袭的、随意的连接。为此,该意象应当表现该概念。借助寓意,不仅不能解释艺术意象的统一性,而且有意地确定二元论,因为在那种连接中,思想仍为思想,意象仍为意象,它们之间没有关系;以致在静观那一意象时,我们忘记了概念,没有任何损害,甚至反而受益,在思考概念时,我们驱除肤浅并令人讨厌的意象,同样使人受益。在中世纪寓意颇受青睐,中世纪就像德意志精神和罗马精神、野蛮和文化、强劲想象和缜密反思的大杂烩。这是对中世纪艺术的理论偏见,而不是其实际状况。中世纪艺术,既然是艺术,就从自身摒弃寓意法或在自身消解寓意法。事实上,消解寓意二元论的需要,导致作为理念寓意的直觉理论,在作为象征的直觉理论中实现完善;因为在象征中,不可思议,脱离象征性表现而不独立存在的理念,而没有被象征的理念,象征性表现也不可能栩栩如生地展现。在表现中理念全部消解(正如美学家菲舍尔①所说,若要指责,就指责他把一个如此乏味的比喻运用于一个极富诗意和极其玄奥的题材),正如一块方糖,溶解在一杯水中,它存在于每个水分子中并在其中活动,但再也找不到那块方糖。虽然理念消逝了,但理念业已全部变成表

---

① 菲舍尔(F. T. von Viscer,1807—1887),德国文学批评家和美学家。

现,人们再不能把握作为理念的理念(除非如从糖水中提取糖一样提取理念),因为它不再是理念:只是艺术意象尚未找到统一原则的标志。当然,艺术是象征,全是象征,即全具有意义;但象征什么? 意味着什么? 直觉是真正艺术的,是真正的直觉,不是大量混乱不堪的意象,仅当直觉拥有一个富有生命力的原则,让那些意象生气勃勃并同直觉融为一体。但这是什么原则呢?

可以说对该问题的回答是考察艺术领域内前所未有对立倾向的结果(这种对立并非局限于对立占优势并由对立命名的时代):即浪漫主义和古典主义的对立。这里,正如应当做那样,将次要的、偶然的限定搁置一旁,下一个一般的定义:浪漫主义首先要求艺术自发并强烈地抒发情感——爱、憎、忧伤、欢欣、绝望、振奋;青睐并满足于模糊、不确定的意象,影射及支离破碎的风格,空洞的暗示,意思不精确的语句、有力却暧昧的行文。相反,古典主义喜爱平静的心灵、睿智的规划、特性分明且轮廓准确的形象、持重、平衡、清晰。古典主义坚定不移地倾向于表现,正如浪漫主义倾向于情感。无论谁赞同哪派观点,都能找到大量理由支持其观点,并且反驳相反观点。因为(浪漫主义者说)富有清晰意象的艺术,若不震撼人心又有何用? 若能震撼人心,意象不清晰又有何妨? 然而,古典主义者说,若精神不基于一个美的意象,则情感的波澜又有何用? 若意象是美的,若我们的趣味得到满足,缺少那些激情又有何妨? 大家都能从艺术之外获得那些激情,生活不是还提供大量激情,有时比人们想要的还多吗? 但是,当人们对徒劳无益地捍卫各自片面观点感到厌烦时,当人们首先离开浪漫主义流派和古典主义流派生产的普通艺术作品、那些激情勃发的作品和那些冷漠、庄严的作品时,就会把目光投向那些大师(而非弟子)、那些卓越天才(而非平庸之辈)的作品,将会发现对立瞬间消失,再没有办法使用两个流派的话语:伟大的艺术家、伟大的作品,或那些作品的伟大部分,既不能称作浪漫主义的,也不能称作古典主义的,既不是激情的,也不是表现的,因为它们是古典主义和浪漫主义、激情和表现的整体——强劲的情感完全变成极其清晰的表现。显然,古希腊艺术作品正是如此。意大利艺术和诗歌也是如此:中世纪超验积淀在但丁的三行诗节隔句押韵法的不朽作品中;在彼特拉克[①]清澈的十四行诗和歌

---

① 彼特拉克(F. Petrarca, 1304—1374),意大利诗人,代表作为《歌集》。

集中有着忧郁和美妙幻想;在阿里奥斯托①清朗的八行诗中有着睿智的生活经验和对往昔疯狂之事的戏谑;在福斯科洛②完美的十一音节无韵诗中有着英雄主义和死亡的思想;在莱奥帕尔迪③的朴实而庄严的诗中有着一切的无限多样性。甚至(放在括号内,不愿同刚列举的例子比较)当今国际的颓废主义的色情精致及兽性淫荡,在意大利人邓南遮④的散文和诗歌中或许拥有其最好表现。所有这些诗人都是激情满怀之人(所有人,包括平静的阿里奥斯托,如此多情,如此亲切,常用微笑克制心绪不宁);他们的艺术作品是在他们激情的土壤上盛开的永不凋谢的百花。

这些经验和这些批判性判断在理论上可以概括为公式:情感给予直觉以连贯性和统一性,直觉真正如此,因为它表现情感,并且直觉只能源于情感、基于情感。不是理念,而是情感将象征的轻盈给予艺术,即一种渴望在一个表现中流转,这就是艺术。在艺术中渴望仅为了表现,而表现仅为了渴望。史诗和抒情诗,或戏剧和抒情诗,是对不可分割东西的教学分类:艺术永远是抒情的,或者想说,是情感的史诗和戏剧。我们在纯正艺术作品中所欣赏的东西,正是某种精神状态具有的完美幻想形式,我们把它称作艺术作品的生命、统一、坚实、丰富。令我们不快的是,在虚假和不完美形式中,是诸多、不统一精神状态的对立,其分层或混合,其动摇不定的活动方式——接受作者意愿左右的表面统一。作者为达此目的,利用一个模式或一个抽象观念,或利用超审美的情感波澜。一系列意象独自看显得清晰,但其后让我们大失所望并疑窦丛生,因为我们没有看见它们源于一种精神状态、一个彩点(正如画家通常所说)、一个动因,它们接续并充斥,没有心声的正确语调和重音。从一幅画的背景截取一个形象,或者移至另一幅画的背景,这个形象变成什么?戏剧或小说中的一个人物,若脱离与其他所有人的关系,脱离与一般活动的关系,这个人物变成什么?这种一般

---

① 阿里奥斯托(L. Ariosto,1474—1533),意大利诗人,代表作为长篇叙事诗《疯狂的罗兰》。

② 福斯科洛(U. Foscolo,1778—1827),意大利诗人,早年参加争取祖国独立的活动,主张建立统一的意大利共和国。主要作品有抒情诗《墓地哀歌》。

③ 莱奥帕尔迪(G. Leopardi,1798—1837),意大利诗人,出身贵族。主要作品有颂诗《致意大利》和《但丁纪念碑》。

④ 邓南遮(G. DAnnunzio,1863—1938),意大利作家,拥护法西斯主义。主要作品有诗集《新歌》、《赞歌》、小说《玫瑰小说》三部曲。

活动若不是作者的一种精神活动,它还有什么价值?在这方面,关于戏剧统一性,长达几百年的争论具有教育意义。这场争论从时空的外在限定开始,起初涉及"活动"统一性,其后该统一性关乎"兴趣"统一性,而兴趣不得不在诗人的精神兴趣,在让他朝气蓬勃的理想中消解。古典主义者和浪漫主义者之间的大论战的批判性结果也很有教益(正如大家所见),从而否定了一种艺术,它妄图用抽象的情感,用情感的实际强力,用已变成沉思的情感,掩饰意象的缺陷并欺骗迷惑众人;同样,也否定了另一种艺术,它妄图用意象的表面清晰,用伪装正确的画面,用伪装准确的话语,掩饰审美理由(用以解释其形象表现法)的缺失,掩饰赋予灵感的情感的缺失。归于一位英国批评家的一句名言,业已属于报刊惯用语之列,说道"一切艺术都趋向音乐的条件";必须更确切地说,一切艺术都是音乐,若这样说,想要强调艺术意象的情感起源,同时从它们之中清除那些机械的建构或实在论般沉闷的意象。还有一句名言,是一位瑞士半哲学家说的,它被庸俗化不知是好运还是恶运,它发现"每幅风景画都是一种精神状态":这是无可争辩之事,不是因为风景画是风景,而是因为风景画是艺术。

由此可见,艺术直觉永远是抒情直觉,后者不是前者的形容词或限定,而是同义词。该词可以添加到我业已提及的那些同义词里,它们全都说明直觉。若有时不能作为同义词而采取形容词的语法形式有益,也仅仅旨在让人理解直觉—意象之间,或意象联系(由于被称作意象的东西总是意象联系,不存在意象原子,正如不存在思想原子一样)之间的差异,旨在让人理解真正直觉和虚假直觉之间的差异:真正直觉是一个有机体,其生命原则是有机体本身,而虚假直觉是意象的积聚,它们凭借游戏或计算或一个实践目的相联系,由于它们的联系是实践的,若从审美视角考察,显然不是有机的而是机械的。然而,在这种说明性和论战性的功能之外,词语"抒情"似乎是多余的;当把艺术简单地界定为直觉,就给艺术下了一个完美的定义。

(译者单位:中国社会科学院哲学研究所)

# 为何重译《美学纲要》

田时纲

**提　要**　韩邦凯、罗芃两位学界前辈早在 1983 年就译出克罗齐的《美学纲要》，功不可没。然而，实事求是地说，韩、罗译本因是转译本，也存在一些错漏。

**关键词**　克罗齐；《美学纲要》；转译本；重译（直译本）

《美学纲要》(Breviario di estetica)是克罗齐继《作为表现科学和普通语言学的美学》(中译本《美学的理论》是该书理论部分，以下简称《美学的理论》)之后又一部美学理论力作。《美学纲要》是克罗齐受赖斯学院(美国德克萨斯州新大学)院长奥德尔教授之邀为该院落成典礼所写的讲演稿，1913 年用意大利语发表。同 1902 年的《美学的理论》相比，《美学纲要》中对美学诸多概念的陈述更加明晰，联系更加紧密。可以说，《美学纲要》是对《美学的理论》中探讨的美学问题的扩展和深化，充分论述抒情直觉及艺术创造的理论、批评及文学艺术史的方法。

## 一、关于版本

韩邦凯、罗芃两位学界前辈早在 1983 年就译出《美学纲要》(外国文学出版社)，功不可没。然而，实事求是地说，韩、罗译本根据 1921 年道格拉斯·昂斯勒的英译本移译，也存在一些错漏之处。为此，笔者决定根据 1991 年"克罗齐著作国家版"(Edizione nazionale delle opere di Benedetto Croce)的《美学新论文集》(*Nuovi saggi di estetica*, Bibliopolis, Napoli, 1991)翻译。意文版《美学纲要》共分四讲：一、"什么是艺术"；二、关于艺术的偏见；三、艺术在精神中及人类社会中的位置；四、批评及文艺史。韩、罗译本设六章，是按法译本的安排。其中，最后两章是《美学新论文集》中独立成篇的论文：《美学史的起源、时期及特征》和《艺术表现的整一性》。新译本根据意文版恢复原貌，将这两篇论文放在附录。

本文仅就第一讲——"什么是艺术？"来对照一下韩、罗译本的缺陷。

## 二、关于美学范畴的译法

### （一）我改进的译名

1. rapprentazione，原译"再现"，现译"表现"。因为此概念和espressione（表现）是同义词。克罗齐使用 riproduzione 表示"再现"或"再造"：比如，riproduzione estetico，若指艺术家的活动（审美外现），译作"审美再现"；若指批评家的活动（审美判断），译作"审美再造"。

2. edonismo，原译"快感主义"，现译"快乐主义"。快乐主义属哲学范畴，而快感主义属心理学范畴。克罗齐认为，心理学范畴属于伪审美概念，故在翻译克罗齐的美学范畴时，切忌按心理学范畴理解。

3. sietesi a priori，原译"先验综合"，现译"先天综合"。

4. piacere，原译"快感"，现译"快乐"。因为快感只指感官的快乐，没有精神的愉悦。克罗齐认为，艺术引起真正的精神愉悦，而不是感官快乐。罗丹也强调艺术引起"精神的愉快"。

5. idealità，原译"意象性"，现译"理想性"。克罗齐写道："意象就其纯粹意象价值而言，是意象的纯粹理想性。"克罗齐也提及"自然的理想化"（idealizzamento della natura）。

### （二）我纠正的译名

1. spirito，原译"心灵"，现译"精神"。因为克罗齐使用的 spirito 源于黑格尔的 Geist，因此，spirito 的译名应参照 Geist 的译名。在意大利文版《哲学百科全书》"Spirito"条目下写道："从康德的批判主义产生了黑格尔关于精神(Geist)概念的最初含义,这是他于 1807 年在《精神现象学》中建构的,其后他在《哲学全书》中扩展为完整的哲学体系,把精神区分为主观精神、客观精神和绝对精神。克罗齐的'精神哲学'把精神划分为四种差异范畴,实现了对黑格尔哲学的改造。"①显然,"精神"是个重要的哲学范畴,"心灵"承载不了哲学的重负。克罗齐在"精神"和"心灵"之间做了严格区分:前者用"spirito",后者用"anima"、"animo"、"psiche"等词。韩邦凯和罗芃两位先生未作区分,可能受到朱光潜先生的影响。

2. conoscenza,原译"知识",现译"认识"。从而 conoscenza concettuale,不能译作"概念知识",只能译作"概念认识"。因为克罗齐美学是从哲学认识论开始的。克罗齐在《美学的理论》开头写道:"认识有两种形式:或直觉认识,或逻辑认识;或依靠想象力的认识,或依靠理解力的认识;不是对个体的认识,就是对普遍的认识;不是对个别事物的认识,就是对它们关系的认识。总之,不是产生意象的认识,就是产生概念的认识。"②

3. Poetica,原译"诗人",现译"诗学"。因为在意大利语中"诗人"是 poeta。

诗人,指写诗的作家;诗学,这里指阐述文艺理论的著作。

4. allegoria,原译"寓言",现译"寓意"。因为克罗齐在此讲中对两个概念做了区分:"寓言",他使用的是 favola。

## 三、其他错漏

1. bisogno utilitario,不是"实用主义的需要",而是"功利的需要",因为在意大利语中"实用主义的"是 pragmatistico,而不是 utilitario。

2. per cosi dire,不是"据说",而是"可以这样说"。

3. a guisa di rampollo,不是"像幼苗似的",而是"如泉水般"。

原译:然而,怀疑仍在真理的脚下涌出,"像幼苗似的"——正如但

---

① *Enciclopedia Garzanti di Filosofia*, Garzanti Editore, Milano, 1999, p. 1098.
② 克罗齐:《美学的理论》,田时纲译,中国人民大学出版社 2014 年版,第 1 页。

丁老人的三行诗所描写的那样——怀疑,正是它,驾驭着人的理智"从这山到那山"。①

现译:然而,在真理脚下,怀疑,"如泉水般"(如前辈但丁在三行诗中所说)涌出,其后正是怀疑驱使人的理智跨越"座座山丘"。

4. palagio della scienza,不是"科学的海洋",而是"科学的殿堂"。

5. 意文:i nostri interessi pratici, coi correlativi piaceri e dolori, si mescolano, si confondono talvolta, lo perturbano, ma non si fondono mai col nostro interesse estetco.②

现译:我们的实际利益同相应的快乐及痛苦相混,有时甚至混为一谈,它们扰乱我们的审美兴趣,但从未同我们的审美兴趣相提并论。

原译:我们的实际兴趣及其有关的快感与痛感和艺术掺在一起,有时和艺术混淆起来,干扰了我们的审美兴趣,但却决不等于我们的审美兴趣。③

这里,姑且不提"快感"、"痛感"的错译,原文中从未出现"arte",根据什么译出"艺术"一词?

6. 意文:E poichéogni errore ha il suo motivo di vero, la dottrina edonistica ha il suo eterno motivo di vero.④

现译:由于每种错误都有其真实动因,快乐主义学说也有其永恒真实动因。

原译:由于每一种错误都含有正确的因素,而快感主义学说中一直正确的因素在于:⑤

这里,姑且不提"快感主义"的错译,motivo 是"动因、动机",不是"因素"(elemento);vero 是"真实",不是"正确"(giusto)。况且,"真实"不一定"正确"。可见,韩、罗译文偏离了原文的思想。

7. 意文:Per altro, la teoria moralistica dell'arteèanch'essa rappresentata nella storia delle dottrine estetiche, e nonèmorta del tutto neppure oggi, sebbene sia nella comune opinione assai

---

① 克罗齐:《美学纲要》,韩邦凯、罗芃译,外国文学出版社 1983 年版,第 221 页。
② Croce, *Nuovi saggi di estetica*, Bibliopolis, Napoli, 1991, p. 19.
③ 克罗齐:《美学纲要》,韩邦凯、罗芃译,外国文学出版社 1983 年版,第 212 页。
④ Croce, *Nuovi saggi di estetica*, Bibliopolis, Napoli, 1991, p. 20
⑤ 克罗齐:《美学纲要》,韩邦凯、罗芃译,外国文学出版社 1983 年版,第 213 页。

screditata.①

现译：此外，道德主义艺术理论在美学学说史上也有表现，时至今日仍未完全死亡，虽然人们普遍认为它已声名狼藉。

原译：此外，关于艺术的道德学说在美学流派史上也有反映，不过我们时代的一般看法对这套理论已经很不以为然。②

这里，少译"死亡"一句，"声名狼藉"（screditata）不是"不以为然"（ripugnante）。

8. 意文：Tutte cose che l'arte non può fare, come non può farle la geometria, la quale, tuttavia, per codesta impotenza non perde punto la rispettabilità, e non si vede poi perché dovrebbe perderla l'arte.③

现译：艺术不能做所有这些事情，正如几何学不能做一样，但几何学未因有该弱点而丧失丝毫尊严，其后人们不理解，为什么艺术就应丧失尊严。

原译：这些事情是艺术所做不到的，正像几何学也做不到一样。可是几何学并不因为做不到这些事情而丧失其重要性的一丝一毫，人们就不懂，为什么艺术就非得做这些事不可。④

这里，问题出在第二句。Impotenza 是"弱点、虚弱、无力"，不是"重要性"（importanza）。"丧失"（perde）的宾语是"尊严"（la rispettabilità）。原文中根本没有"艺术就非得做这些事情不可"，在某种意义上，可以说是编译，这是由于对原文语法的错误分析和意义的错误理解造成的。最后一句 dovrebbe perderla l'arte，主语是"艺术"（larte），谓语是"应丧失"（dovbebbe perdere），宾语是"尊严"（la，单数阴性人称代词，la＝la rispettabilità），而不是"那些事情"（le，复数阴性人称代词，le＝tutte cose，所有这些事情）。

9. 意文：se l'arte è di là dalla morale, non è né di là né di qua, ma sotto l'impero di lei l'artista, in quanto uomo, che ai doveri dell'uomo non può sottrarsi, e l'arte stessa——l'arte che non è e non sarà mai la morale——deve considerare come una missione, esercitare come un sacerdozio.⑤

---

①③　Croce, *Nuovi saggi di estetica*, Bibliopolis, Napoli, 1991, p. 21.
②④　克罗齐：《美学纲要》，韩邦凯、罗芃译，外国文学出版社 1983 年版，第 214 页。
⑤　Croce, *Nuovi saggi di estetica*, Bibliopolis, Napoli, 1991, p. 22.

现译:若艺术处于道德之外,艺术不偏不倚;但艺术家却置身道德王国,由于他是人,不能逃避人的责任,就应当把艺术本身(艺术从未是道德)视为要履行的使命、神圣的职责。

原译:因为,从艺术在道德范畴之外这点来看,艺术家当然是既不在道德的这一面也不在那一面;然而艺术家既是在道德王国里,那么他只要是人,就不能逃避做人的责任,就必须把艺术本身——现在和将来都不是道德——看作是一项要执行的使命,一个教士的职责。①

这里,主要的问题是前后矛盾:前面说艺术家在道德之外,后面说艺术家在道德王国里。这是由于译者对句子语法分析及意义理解的错误所致:艺术不偏不倚,其中主语"艺术"在原文中是省略的(因上文出现),译者错误地认为是"艺术家"。

10. 意文:Perchéil mito, a colui che crede in esso, si presenta quale rivelazione e conoscenza della realtàcontro l'irrealtà, discacciateda séle diverse credenze come illusorie e false.②

现译:因为神话对相信它的人们而言,就是对实在的揭示和认识,并同非实在相对立,从而他们从自身驱逐视为虚幻及骗人的其他信仰。

原译:因为,对于相信神话的人来说,神话本身就是对现实界(它是与非现实界相对的)的揭示和认识——这个现实界把其他信仰当做虚幻加以排斥。③

这里,同非实在相对立的是"神话"(相信它的人们认为它是实在的),不是"现实界";此外,"现实界"如何排斥其他信仰,因为信仰只能被人们所信奉或摒弃。

11. 意文:tanto piùnumerosi ed efficaci quanto piùenergico era lo spirito del filo sofo che le professava.④

现译:信奉它们的哲学家的精神越强有力,解体因素数目就越多并越有效。

原译:而这些瓦解的因素越多,信仰这些学说的哲学家的精神就

---

① 克罗齐:《美学纲要》,韩邦凯、罗芃译,外国文学出版社1983年版,第215页。
② Croce, *Nuovi saggi di estetica*, Bibliopolis, Napoli, 1991, p. 23.
③ 克罗齐:《美学纲要》,韩邦凯、罗芃译,外国文学出版社1983年版,第217页。
④ Croce, *Nuovi saggi di estetica*, Bibliopolis, Napoli, 1991, p. 25.

越有活力。①

这里，把因果关系颠倒了：quanto più 后是原因，tanto più 后是结果。比如：Quanto più lo interrompevano, tanto più lui si innervosiva. 越打断他，他越恼火。

12. 意文：e la fantasia è produttrice, laddove l'immaginazione è parassita.②

现译：幻想是生产者，而想象是寄生虫。

原译：幻想是创造者，而想象则不是。③

13. 意文：E questo bisogno di risoluzione del dualismo allegoristico conduce, infatti, ad affinare la teoria dell'intuizione in quanto allegoria dell'idea, nell'altra dell'iutuizione come simbolo.④

现译：事实上，消解寓意二元论的需要，导致作为理念寓意的直觉理论，在作为象征的直觉理论中实现完善。

原译：寓言二元论的需要导致了作为理念寓言的直觉理论的改进，即把直觉看成象征的另一种学说。⑤

这里，因遗漏一个词 risoluzione——消解，导致同原文"南辕北辙"。

14. 意文：il romanticismo chiede all'arte, soprattutto, l'effusione spontanea e violenta degli affetti, degli amori e degli odi, delle angosce e dei giubili, delle disperazioni e degli elevamenti.⑥

现译：浪漫主义首先要求艺术自发并强烈地抒发情感——爱、憎、忧伤、欢欣、绝望、振奋。

原译：浪漫主义首先要求艺术自发而强烈地迸发出爱憎及喜怒哀乐的激情。⑦

这里，主要遗漏两个词：disperazioni——绝望；elevamenti——振奋。

---

① 克罗齐：《美学纲要》，韩邦凯、罗芃译，外国文学出版社 1983 年版，第 219 页。
② Croce, *Nuovi saggi di estetica*, Bibliopolis, Napoli, 1991, p. 29.
③ 克罗齐：《美学纲要》，韩邦凯、罗芃译，外国文学出版社 1983 年版，第 222 页。
④ Croce, *Nuovi saggi di estetica*, Bibliopolis, Napoli, 1991, p. 30.
⑤ 克罗齐：《美学纲要》，韩邦凯、罗芃译，外国文学出版社 1983 年版，第 224 页。
⑥ Croce, *Nuovi saggi di estetica*, Bibliopolis, Napoli, 1991, p. 31.
⑦ 克罗齐：《美学纲要》，韩邦凯、罗芃译，外国文学出版社 1983 年版，第 225 页。

15. 意文：Codeste esprerienze e codesti giudizi critici si possono compendiare teoricamente nella formola.①

现译：这些经验和这些批判性判断在理论上可以概括为公式。

原译：从理论上还是能在下列公式中继续使用这些经验及这些批判性判断。②

这里，错将 compendiare（概括）译成"继续使用"。

16. 意文：e in essa l'aspirazione sta solo per la rapprentazione e la rappresentazione solo per l'aspirazione.③

现译：在艺术中渴望仅为了表现，而表现仅为了渴望。

原译：在艺术中，灵感不仅通过再现，再现也不只通过灵感。④

这里，除"灵感"、"再现"不够准确外，全句意思背离原文。因为，克罗齐强调"直觉（表现）只源于情感、基于情感"，表现（直觉）仅为了表达情感。

综上所述，韩邦凯、罗芃两位先生的《美学纲要》中译本存在一些错漏，我以为主要受英译本牵连，因为朱光潜先生的《美学原理》中译本就是如此。这也说明转译本犯错的概率通常大于直译本。以往，受历史条件所限，不少非英语外国学术名著都通过英译本转译，我们首先应当肯定这些转译本在介绍外国学术名著方面作出贡献，但也要承认它们的缺陷和局限。在中华民族即将实现复兴的伟大时代，学术界和出版界应有更高的要求，应当通力合作，最终实现从原文直译外国学术经典的目标。

（译者单位：中国社会科学院哲学研究所）

---

①③ Croce, *Nuovi saggi di estetica*, Bibliopolis, Napoli, 1991, p. 33.
②④ 克罗齐：《美学纲要》，韩邦凯、罗芃译，外国文学出版社 1983 年版，第 227 页。

## 伊格尔顿专题

## 主持人语

王 杰

  在当代马克思主义美学的理论格局中,英国的马克思主义美学和文学批评是最有活力并极具现实批判性的理论。特里·伊格尔顿是继雷德蒙德·威廉斯之后最有代表性的英国马克思主义文学批评家和美学家。伊格尔顿的思想和理论在马克思主义面临严重危机的历史条件下,把马克思主义美学和文学批评变成许多大众非常关注的一种有影响力的写作而让我充满敬佩。"伊格尔顿式的写作"让我感受到后现代和后殖民的文化语境中伟大文学的力量,我以为,这是当代中国美学和批评写作中相对缺乏但值得特别重视的一种文化存在。
  这一组论文出自国内中青年学者之手,在特里·伊格尔顿理论的不同方面的研究中各有过人之处,值得一读。在一个"精致的个人主义者"盛行的文化氛围中,伊格尔顿式的率真和犀利也许能给读者们些许启示或"震惊"。

(作者单位:浙江大学)

# 响亮的未来
## ——马克思主义与伊格尔顿的戏剧

[英]杜格尔·麦克尼尔
强东红 译

除了冷漠淡然的拒斥或毁谤外,很少有人对特里·伊格尔顿的戏剧进行过严肃的批评。在这篇小文中,我希望努力纠正这种状况,试图展现一些有益于解读其戏剧的方法,勾勒一些思想领域,而这种思想领域在把这些作品理解为戏剧杰作和有利于广泛讨论马克思主义批评的地位和工程的重要贡献上,还是非常必要的。[1]

由于三方面的相关原因,伊格尔顿的戏剧是有益的和值得阅读的。它们让我们得以接近(这当然是幸运的机会)他几十年来的著述的一系列贯彻始终的主题和关注。在这种意义上,它们实际上成为一种值得景仰的著作体系的导论,而这种著作体系对于目前批判理论中的讨论至关重要。伊格尔顿的戏剧是对唯物主义批评面对的一系列具体问题的调和与反思,我希望阐述清楚他所运用的方法。他的方法以耳目一新和令人惊奇的方式陈述了这些为人熟知的问题,尽管没有一锤定音地解决这些问题。伊格尔顿的戏剧并没有"冻结观众";它们并不以"退位的剧作法"[2](dramaturgies of abdication)为基础,而更应该说是某件作品的组成部分,该作品意欲将其疑难问题和不充分性展示为与其观众的动态关系和相互对话的组成部分。唯物主义批评本身就有大量的尚未完成的事业,而伊格尔顿的戏剧始终在坚持不渝地

---

[1] 我在这里希望对罗丝·库克(Rose Cook)、特里·伊格尔顿、琳达·哈迪(Linda Hardy)、丽贝卡·斯特林格(Rebecca Stringer)和肖梅·尤恩(Shomi Yoon)诸君对这篇文章的初稿的评论表示衷心的感谢。

[2] Roland Barthes, *Critical Essays*, trans. R. Howard (Northwestern University Press: Evanston, 1972), p. 35.

进行这种事业,促成"政治听众和政治关注的实践"①。通过重写或改写其不断开展的学术工程的关注,使用某种"合作性、开放结尾、不断修订的实践过程……就像实验室的工作一样"②的形式,他以崭新的和启示性的方式定位了这些关注。

伊格尔顿的戏剧是娱乐性和令人愉悦的经验。它们试图把某些相当多的幽默注入激进政治话语,使其容易阅读。在一种学术传统中,根据佩里·安德森的现有的经典学术史,"潜在的标志是……一种失败的产物"③和与此相应的悲观阴郁,而伊格尔顿的著作却由于其乐观主义、技巧和优美显得非常突出。

这里说明一下在方法上的谨慎是合乎逻辑的。我下面讨论的三部戏剧——《圣奥斯卡》(Saint Oscar)、《白的、金的与坏疽》(The White, the Gold and the Gangrene)和《上帝之刺》(God's Locusts)——一直被选择用来有效地展示伊格尔顿整个著作的重点。我的目的是分析而不是评价。尽管我对戏剧的某些方面有大量的赞美(也对最后那部《上帝之刺》的美学和政治的失败有大量批评),但我主要关注的是,在这些文本中,究竟是什么在运转,(相对于这些程序运转与否)它们在反对什么。

这种方法的主要问题是风格问题。在下面的讨论中,我要努力从伊格尔顿早期作品和主题中追溯戏剧的要素,并从它们的藏身之处捕捉作者和源头,使其进入我们的观察视角。通过将戏剧与伊格尔顿的其他著作关联起来,通过阐明它们重复出现的关注,我希望说明这些文本值得阅读。如弗里德里希·詹姆逊(Fredric Jameson)以一种公正赞美的句子所写的:

> 一切对文学或哲学的现象的具体描述——如果它要达成真正完美——最终都有责任与个别句子本身的形式(shape)达成妥协,说明它们的来源和构成。④

---

①② Roland Barthes, *The Grain of the Voice*, trans L. Coverdale (New York: Hill and Wang, 1985), p. 268.

③ Terry Eagleton, personal correspondence, 8/6/02.

④ Fredric Jameson, *Marxism and Form*, Princeton: Princeton University Press, 1971, p. xii.

尽管要使这篇小文成为对伊格尔顿戏剧的"真正完美"的论述,可能显得有点可笑狂妄,但关键仍然是对个别风格及其回声的具体分析,句子的"来源与构成"看起来似乎是开始彻底思考这些戏剧中的马克思主义的最适合地方。如史蒂夫·康纳(Steve Connor)所注意到的,"几乎在特里·伊格尔顿与其他批评家一切有意义的批评交锋中,都倾向于成为某种关键的剧幕,在那里他试图解读其题材风格的政治性"①。我在这里试图对这些句子的"来源与构成"进行论述,我估计,有人可能会把这种试图理解为对伊格尔顿"模式"的平行批评,使两种模式——戏剧与批评——本身转向同一主题,用他自己的发问模式来分析他的杰出句子。

我已经声称要进行更多的分析而不是评价。这当然是很好的,但是"文学批评并非只是记账"②,尽力否定或隐藏党派偏见是不诚实的,也是平淡乏味的。我非常赞同伊格尔顿的工程,分享他对世界和文学的(历史唯物主义的)分析,致力于如他所从事的同一(革命社会主义)政治。对于本雅明来说,"他不能偏袒而应保持沉默"③,而我希望这篇文章的写作带有某种意图和目标,并以它们来加强表达效果。又一次,随着平行批评模式的理念,这种饶有意味的方法的成功或失败,可以作为对伊格尔顿自己批评理论是否成功的测试。他写道:"批评的任务是从它自己的独特角度发起政治干预"④,接下来的可能是它自己对这种方法的评价。

《圣奥斯卡》与《白的、金的与坏疽》,通过对受压迫传统的深思——本雅明、布莱希特思想在马克思主义批评中的位置和表达抵抗的可能性——提供了进入作为整体的伊格尔顿的作品的入口。把《圣奥斯卡》作为一个向导,我以讨论伊格尔顿与布莱希特著作、"布莱希特式"批评理念进行的对话开始这篇文章,认为《圣奥斯卡》是这些理念得到发展的一个语境。伊格尔顿告诉我们:"许多布莱希特的作品

---

① Steve Connor, "The Poetry of the Meantime: Terry Eagleton and the Politics of Style", Year's Work in *Critical and Cultural Theory*, vol. 1, no. 1, 1991, p. 243.

② Samuel Beckett et al. , *Our Examination Round his Factification for Incamination of Work in Progress* (London: Faber, 1961), p. 4.

③ Walter Benjamin, *One Way Street* (London: Verso, 1997), p. 66.

④ Terry Eagleton, "The Tasks of the Cultural Critic", *Meanjin*, vol. 42, no. 4, 1983, p. 448.

片断,以一种迂回曲折的角度来面对他们的主题材料,并且小心翼翼地避免与它们正面相撞。"①我指出,他处理王尔德(Wilde)的方法,和他把后者开拓地表征为"爱尔兰牛津学派的社会主义的伪解构主义者"②,在王尔德依旧深得人心的大众化的语境中,是对布莱希特式批评任务的迂回曲折的运用,而这种任务,一直是伊格尔顿作品的连续关注。通过以崭新形式(戏剧对抗"批评"生产)的创作和以崭新的话题和主题接近古老的关注,伊格尔顿努力通过间接的手段找出策略和方向,并提供一系列考察这些不断重现的关注的新的星座化手段。

在伊格尔顿的学术生涯中,本雅明充当了活动的中心、信心支持和学术挑战对象的角色。围绕着他,伊格尔顿写了一部完整著作③,事实上他的每部重要著作——从《批评与意识形态》到回忆录《看门人》——要么直接要么间接地以其为参照,并向其表示崇敬之意。在极为绝妙的一段文字中,伊格尔顿把本雅明认证为一种源泉和挑战:

　　谦恭而短视的天使
　　你是如何让我局促不安
　　啊,你们这些恭顺的放荡娘们
　　我要不遗余力地毁坏④

我把《白的、金的与坏疽》解读为伊格尔顿与本雅明(尤其是《历史哲学题纲》中所勾勒出来的理念的)交锋的引论或延伸。我也用《白的、金的与坏疽》引出伊格尔顿与马克思的《路易·波拿巴的雾月十八日》的对话,特别参照着"未来的诗情"的理念和革命的修辞与想象所面对的挑战。我也使用了《上帝之刺》来说明有时突出地呈现在伊格

---

① Terry Eagleton, "Hitler the Hood", *Times Literary Supplement*, 16th August 1991, p. 19.

② Terry Eagleton, "Introduction" to *Saint Oscar and Other Plays* (Oxford: Blackwell, 1997), p. 3.

③ *Walter Benjamin, or, Towards a Revolutionary Criticism* (London: Verso, 1981).

④ "Homage to Walter Benjamin" in *Walter Benjamin*, p. 184.

尔顿近来关于爱尔兰的文化和文学的写作中的一些弱点、自相矛盾和沉默。《上帝之刺》中对大饥荒的描述与围绕饥荒的救济努力,与伊格尔顿关于爱尔兰的批评著述的论证并不一致,然而,在这种不一致中,有效地暴露了运行在伊格尔顿关于爱尔兰的论述中的双重逻辑(或双重悖理)。

在《沃尔特·本雅明》的写作中,对于马克思主义批评家的任务,伊格尔顿主张某种宽广和雄心勃勃的规划方案:

> "马克思主义批评家"的主要任务是积极参与和帮助指导大众的文化解放。作家工作间、艺术家工作室和大众剧院的组织;文化和教育机构的变革;公众设计和公众建筑的商业;从公众话语到家庭消费的每一方面关注日常生活的质量;简而言之,所有工程,列宁、托洛茨基、列宁夫人克鲁普斯卡娅、卢纳察尔斯基和其他布尔什维克党人,都深入细致地从事过这种工程,尽管历史形势有所不同,但它仍然是革命文化理论的主要职责,革命理论坚决拒绝——不是策略地和临时性地——催生了"马克思主义文学批评"的劳动分工。①

确凿无疑,这是一套值得崇敬的目标和任务,然而仅仅过了11页后,伊格尔顿就削弱了这种手段的重要地位,在下面的一段中,他把他的工作描述为"有意成为实现确切政治效果的革命修辞,然而它讲的是远离那些命名为介入的热情语言……它既是政治行为,又是那些在所有方面都否定现在的我们的根深蒂固行为的利必多替代"。② 这种紧张——一方面是实践、活泼和开放的革命批评,另一方面是以更加理论学术的写作的形式存在的"利比多替代"——是所有伊格尔顿著作的标志,也是作为总体的马克思主义美学理论的症候。在形式层面,可以把伊格尔顿戏剧理解为是解决这种紧张的一种努力。在《圣徒与学者》(*Saints and Scholars*)和《美学意识形态》出版之际所安排的一次访谈中,伊格尔顿直言不讳地表明:

---

① *Walter Benjamin*, pp. 97-98.
② *Ibid.*, p. 109.

我不确信我现在应该向哪个方向前进。我认为它不仅是个人的犹豫,而且属于现在应该往哪一个方向着手的更为广泛的问题的一部分。①

　　伊格尔顿的戏剧提供了某种审视正确的马克思主义批评所面对的问题的绝佳机会,即使它们不能解决利必多替代与政治介入之间的紧张,至少也以有趣的和(关键性的)生产性的方式穿越了这些矛盾和障碍。

　　又一次,风格和呈现的论题,即"个别句子本身的形式",对于任何关于"马克思主义文学批评"的问题的理解是至关重要的,尤其是这种问题在伊格尔顿戏剧中呈现出来。在对伊格尔顿创作生涯的第一阶段的既苛刻又不失公平的评价中,伊恩·伯查尔(Ian Birchall)明确了一个关键问题,那时他谈及如何

　　(例如)利用英语文学的优美进行交流,伊格尔顿所写的英文极端恶劣。他的风格经常浓缩和充斥着假定读者可以共享的广博学识。风格不是偶然的和个人能力的事情。伊格尔顿之所以像这样写作,是因为他不确信他所面对什么样的听众,他正在进行的阶级斗争是以什么条件为背景的。②

　　下边所讨论的戏剧表现了一种解决这些"应该从哪一个方向着手"和"面对什么样的听众"这些问题的努力。伊格尔顿自己把大众化任务描绘为一种"政治迫切"③,而在解读这些戏剧时,我们有机会一睹他的工程进行得如何。

　　在论述存在于伊格尔顿的批判著作和戏剧作品中的连续性时,在努力将其戏剧与关于唯物主义批评的局限和可能性的讨论联结起来时,我希望对伊格尔顿现在进入其学术生涯中的"爱尔兰"阶段的观念有所质疑。威利·梅利(Willy Maley)评论道,伊格尔顿"长期利用粗

---

　　① Interview with Michael Payne and M. A. R Habib in Terry Eagleton, *The Significance of Theory* (Oxford: Blackwell, 1990), p. 86.
　　② "Terry Eagleton and Marxist Literary Criticism", *International Socialism* 2:16, 1982, p. 117.(着重号为作者所加)
　　③ *The Significance of Theory*, p. 79.

鲁生硬和实用的英语来反对大陆理论的侵犯,现在又以其伊丽莎白式的富贵、令人惊异的反理论和非哲学的幽默而威胁嘲弄爱尔兰"①,这种评论不管怎么讲都是错误的。这样的话,当斯威夫特和萧伯纳(二者都是爱尔兰裔)了解到他们是以"反理论和非哲学的幽默"的方式来谈论,最终可能会大吃一惊,而且任何对伊格尔顿作品的广度的一致解读,都会使他"现在威胁着"进入某种虚假"爱尔兰性"(Oirishness)的论断站不住脚。作为英格兰的第一个殖民地,作为英帝国主义(贴切的称谓)的一些最悲惨灾难的发生地,爱尔兰应该成为工作在英国的马克思主义批评家的关注,而伊格尔顿长期把爱尔兰当作他的研究中心。②而且,伊格尔顿的主张非常具体,他希望用爱尔兰和文化理论作为陪衬而相互发展,即既用爱尔兰的历史经验质问文化理论,又通过近来的批判理论的洞见发展我们对爱尔兰的理解。③这种方法用史蒂夫·康纳(Steve Connor)所称之为的伊格尔顿的"批判性写作和文学性写作"之间"独具特色的介入"④来形容是非常适合的。梅利的评论泄露了更多的是他不能面对或对付马克思主义(这并非假定他粗俗化和简单化地理解了作为理论的马克思主义),而不是论述了伊格尔顿本身的近来研究。一旦怀有敌意的作者试图(在《悲剧之死》的名义下)把伊格尔顿的马克思主义看成如此令人压抑的基督教教义而抛弃⑤,同样的拒斥性潮流现在就会将其焦点与恐惧之物转向伊格尔顿对爱尔兰的兴趣。

一位坚持这种拒斥立场并系统地将其发展的批评家是马丁·麦奎兰(Martin Mc Quillan),他通过以坚持不懈和彻底深入的方式论述了伊格尔顿的戏剧,而生产了一种较为严肃、使人兴奋和理论性的挑战文章。他的这种努力和围绕这些戏剧展开的鼓舞性的适宜讨论,值得尊敬和赞许。通过无拘无束的解读,在麦奎兰看来,伊格尔顿的"创

---

① "Brother Tel: The Politics of Eagletonism", *The Year's Work in Critical and Cultural Theory*, vol. 1, no. 1, 1991, p. 283.

② See, amongst others, Terry Eagleton, "The Poerty of Radical Republicanism", *New Left Review* 158, July/August 1986, and his "Nationalism, Irony and Commitment" reprinted in Steven Regan (ed.), *The Eagleton Reader*.

③ Terry Eagleton, *Heathcliff and the Great Hunger* (London: Verso, 1995), p. x.

④ "The Poetry of the Meantime", p. 261.

⑤ See Jonathan Bate's grumpy "Saint Terence", *London Review of Books*, 23 May 1991.

造性"作品使享有特权的马克思主义发动机倒过头来反对使其作品得以运转的伊格尔顿自己的理论文本,并在这样做时,"着手生产在批判文本中受到压制的某种解构主义的伦理—理论的意义"。① 对于麦奎兰来说,伊格尔顿在将其戏剧置于爱尔兰时,运行的是一种双重逻辑,既从马克思主义撤退,用爱尔兰替代了"被撒切尔夫人的新自由主义所驱散的迷失了的工人阶级"②,同时又以"为人熟知的整合逻辑"③把爱尔兰和爱尔兰人整合到马克思主义的叙事中。对于麦奎兰来说,这部戏剧揭露了"本体论的帝国主义",这是整个马克思主义工程的特色④。

通过让伊格尔顿的戏剧面对细致详尽的后结构主义的质问,麦奎兰的方法是对关于这些戏剧的少量批判性文献的补充,值得欢迎。尽管在这种意义上我非常感谢他,但仍然重要的是要反对麦奎兰文章的本质上仍然有问题的论题。在文学批评中,与生活中一样,你不得不为寻求快乐付点费用。

麦奎兰的论证由于对马克思主义传统的理解过于简化和不够充分而得到削弱,当他努力进行批判性的反对时,却没有能力进攻伊格尔顿戏剧的逻辑。麦奎兰关于伊格尔顿戏剧的讨论,其靶子好像在于某种更为宽广工程的掩护性候选人(stalking-horse),实际上是攻击马克思主义所主张的作为解放话语的身份。麦奎兰所乐于运用的从上下文语境中断章取义的为人熟知的反马克思主义策略,并不是我们这

---

① Martin McQuillan, "Irish Eagleton: of Ontological Imperialism and Colonial Mimicry", *Irish Studies Review*, vol. 10, no. 1, 2002, p. 31.

② *Ibid.*, p. 34. This comment, for one of McQuillan's obvious erudition, shows an incredibly vulgar understanding of the Marxist conception of class as well as a hair-raisingly ignorant lack of acquaintance with some rather basic empirical evidence. See Alex Callinicos and Chris Harman, *The Changing Working Class* (London: Bookmarks, 1987) and Lindsey German, *A Question of Class* (London: Bookmarks, 1996) for a refutation of the argument McQuillan implicitly asserts.

③ Martin McQuillan, "Irish Eagleton", p. 36.

④ "Ontological imperialism" draws our attention, of course, to the theoretical foundation of McQuillan's article, Robert Young's *White Mythologies* (London: Routledge, 1990), esp. p. 13. See, in response to the claim of Marxism's "ontological imperialism" and Eurocentricism—both of which would have come as a surprise to C. L. R. James—Alex Callinicos, *Race and Class* (London: Bookmarks, 1993) esp. pp. 12–16.

里的关注①，而是他的主张，即马克思主义"观念化了作为进化叙事的大写历史观"，这种观念辩说道："当爱尔兰由于其民族身份吸收进阶级斗争史的宏大秩序而被完全合并入西方之时，必将'爆发革命'。"②这和对马克思主义立场的拙劣模仿一样，正是伊格尔顿戏剧所着力反对的。麦奎兰毫不考虑和不受如下的事实的扰乱，即恰恰是马克思主义的历史著作和理论质询，已经极大地削弱了历史作为平稳的进化叙事的观念，并与实践的政治行动主义一道极大地挑战了帝国主义西方的理论政治的统治地位。③ 麦奎兰赋予伊格尔顿戏剧的特征是，在巴黎西方银行的语境中发展起来的哲学名义下的"令人不安的欧洲中心"④逻辑。我不希望似乎看起来把马克思主义的罐子称为解构主义的黑锅（即五十步笑百步），但是有点讽刺的是看到，每当伊格尔顿的戏剧与支持它们的理论信念都与麦奎兰对这种信念的化约式的描述相矛盾之际，后者就被迫把它们的逻辑整合成他自己的立场。如我先前所讨论的，伊格尔顿戏剧完全呈现了马克思主义批评存在的问题；它们并没有逃避这些问题。那么，这篇文章一方面是我与麦奎兰的对话，一方面，它的写作是一种有意提供对解读伊格尔顿戏剧的反解读及其理由的努力。

我将不再讨论从这些戏剧给人们带来的愉悦感问题，我希望下面的论述能够提供这样做的充分的证据和解释。如果我在引起人们密

---

① His essay starts with a comment made by Engels in a pre-Marxist book and gleefully includes a familiar chestnut, some comments by Marx on India for an American newspaper. This way of presenting the "Marxist account" of colonialism is as dishonest as it is unhelpful, and has been convincingly dealt with by Aijaz Ahmad in his *In Theory* (London: Verso, 1992).

② "Irish Eagleton", p. 30.

③ See, amongst many others, James Connolly, *Selected Writings* (Harmondsworth: Penguin, 1973), Ellen Meiksins Wood, *Democracy Against Capitalism* (Cambridge: Cambridge University Press, 1995) and George Novack, *America's Revolutionary Heritage* (New York: Pathfinder, 1976), pp. 23 - 45. For a philosophical treatment of the question, Terry Eagleton, *Marx* (New York: Routledge, 1999) is an excellent introduction. Although it falls outside of the scope of this essay, it is worth noting the central role Marxism has played in twentieth century national liberation struggles all the way from Beijing to Belfast, Chile to Cork. McQuillan's superficial philosophical radicalism, to steal a line from Eagleton, "may be stirring stuff in the University of Virginia, but it has something of a hollow ring in the jungles of Vietnam or Guatemala", *Against the Grain* (London: Verso, 1986), p. 84.

④ "Irish Eagleton", p. 30.

切关注伊格尔顿的(我认为是特别优美的)文字段落方面,多少有点沉默,那只是因为,用罗兰·巴尔特的话来说,"在胡言乱语和陈词老调之间,我偏爱前者"。① 下面讨论的三部戏剧都是对马克思文学理论及其发展的贡献,我解读它们时,有意推断它们在促成当前的斗争和社会主义的批评和行动主义的宽广工程方面的有效性。它们都是未来的诗情。

## 一、王尔德的矛盾:爱尔兰和布莱希特式戏剧

我们为历史所尽的义务就是重新书写它。

——奥斯卡·王尔德②

"我们在成长过程中已经丢弃了奥斯卡·王尔德和他的矛盾"③,根本毋庸置疑,已经证明巴克·马利根(Buck Mulligan)完全错了,在王尔德去世以后,他一直不断地倾倒英语世界。他的人生和作品一直吸引困扰着上百年来的传记家、作家、学生、电影客、同性恋理论家、社会主义者、剧作家和诗人。④ 王尔德一直是大量的戏剧、小说和诗歌的主题,最近有一部对其作品《不可儿戏》(*The importance of Being Earnest*)的改编剧,已经受到令人惊奇的欢迎。⑤ 来自王尔德戏剧的引语和警句看起来几乎从不间断地在日志簿、袖珍书、日历和礼卡中得到再版、再流通和去语境化。由此,王尔德在流行文化和学术文化风景中已经无所不在。

恰恰是这种熟悉性,是特里·伊格尔顿第一本公开出版的剧本

---

① *The Grain of the Voice*, trans. Linda Covendale (New York: Hill and Wang, 1985), p. 41.
② Quoted in Richard Pine, *The Thief of Reason: Oscar Wilde and Modern Ireland* (New York: St Martin's, 1995), p. 27.
③ James Joyce, *Ulysses* (London: The Bodley Head, 1960), p. 21.
④ Richard Ellman's *Oscar Wilde* (London: Hamilton, 1987) is generally considered the best treatment of Wilde's life. But see Merlin Holland, "The Resurgence of Lying", in *The Cambridge Companion to Oscar Wilde* (Cambridge: Cambridge University Press, 1997), pp. 3–17.
⑤ See Robert Tanitch, *Oscar Wilde on Stage and Screen* (London: Methuen, 1999).

《圣奥斯卡》意欲干扰和挑战的。在《圣奥斯卡》中,伊格尔顿利用王尔德来建议受到当下历史阶段所低估和压制的其他解读的可能性,即"让他本身的戏剧性悖论转向他自己,而发现某些重新发明他的方法"。① 伊格尔顿把奥斯卡·王尔德作为一种工具,来搜寻已经丢失的遗产和当下的关注,将其嵌入当下的爱尔兰历史和文化理论,并在这种过程中,将其嵌入重申和重新定义的布莱希特学派的不断行进的工程。因为正如伊格尔顿所使用的王尔德的说法,"爱尔兰没有历史,它完全属于英国",而对于伊格尔顿来说,重新发现这种历史是一项迫切的政治任务。

用谢默斯·希尼(Seamus Heaney)的话语来说,《圣奥斯卡》"充斥大量的口技艺人式的腹语术的发明,可以让作者与其说宣扬王尔德的深度,不如说是表达对其表面化的不满,通过模仿他而斥责他"②。这是通过让所丧失的阶段(已经发生和并未发生的历史)进行相互嘲弄和相互反对,而重写奥斯卡·王尔德的一种努力。伊格尔顿在另一个语境中写道:"历史唯物主义重新书写过去,以便于为了革命的实效而抢救它"③,这种历史意识使《圣奥斯卡》中的王尔德为现在奉献某些东西。这种过程正是理查德·派因(Richard Pine)称之为"王尔德的新的解放的组成部分"④,即把他从被接受为英国风格的喜剧演员的限制中解放出来,而进入一种新的解释的可能性领域。

《圣奥斯卡》是以王尔德宣布不会发生什么开始的;他要自己"享受这个晚上,很少有人在这种小字谜中徜徉闲逛,他只是纯粹地创造戏剧行动的幻象"。王尔德不时地回顾,从母亲到审判,再到监狱,再到爱人,其目的在于言说、解释和提出主张。显而易见,他听起来像王尔德,然而同时又不像;戏剧中只有一句诗行(一切女人皆与其母亲相似)确实是取自王尔德的作品,而在模仿之时,又有某些与他的言语明显不同之处。伊格尔顿的王尔德是一种具有自我意识的模仿,突出了

---

① Terry Eagleton, "Introduction" to *Saint Oscar and Other Plays* (Oxford: Blackwell, 1997), p. 3. All subsequent references to this text are given in the body of the essay.

② Seamus Heaney, "Speranza in Reading" in *The Redress of Poetry* (London: Faber, 1995), p. 86.

③ Terry Eagleton, *Walter Benjamin* (London: Verso, 1981), p. 51.

④ Richard Pine, *The Thief of Reason*, p. xi.

他本身的模仿行为。我们稍后有理由讨论这对于伊格尔顿的一贯坚持的与布莱希特思想结盟的意义,但是现在,更为重要的是标明《圣奥斯卡》本身诡计的关键。

因此,史蒂夫·康纳(Steve Connor)告诉我们,"伊格尔顿著作的最为重要的句法效果是,它所呈现出来的一贯的二元对立的方式,它几乎不允许某个想法在泄露出其对立面之前就展现自己"。[①] 在《圣奥斯卡》中,历史的令人沮丧的连续性被完全抛弃,而尽可能多地生产出一些戏剧性的二元对立。英格兰和爱尔兰,严肃艺术和无关紧要的滑稽笑料,家族、父亲或名声,社会主义或社会,真理或诡计:王尔德被扔到一系列不可逃脱的对立的罅隙之中,一直到死亡之光降临于他身上。他受到爱德华·卡森(Edward Carson)的迫害,并变成分裂毁坏的爱尔兰的象征,他母亲让他在艺术和民族主义诗歌之间进行抉择,他也要承受理查德·华莱士(Richard Wallace)的压力,最后陷入他自己的修辞和由艾尔弗雷德·道格拉斯(Alfred Douglas)造访身陷囹圄的他的现实之间的对立[②],他问:"像他这样的蠢材围在身旁,我怎么能践行基督精神的宽恕?"王尔德拒斥接受每一方,而走向生命的尽头,他凸出了另一面,把自己作为"现在的失败形象献奠出去。那是未来值得拥有的唯一形象"。

"现在的失败"不是贴切的未来的诗情,这我们将在稍后讨论《白的、金的与坏疽》时谈到,不过它是一种表述王尔德的路径,这导致一种更安全、更去政治化和难以固定的对他的解读,而不用滑进民族主义的陈词滥调。伊格尔顿将通过抽取其性格中存在的一切二元对立来定位王尔德。他写道:

> 每件关于他的事物都是二元、模棱两可和不稳定的,他既是英国人又是爱尔兰人,既是上层阶级,又是受害者,既是社交界名人,又是鸡奸者,既过着放荡不羁的文化生活,又是花花公子哥,既是唯美主义者,又是共和主义者,既是体面的拥有责任的父亲,又在廉价的旅馆玩弄男童。

---

① Steve Connor, "The poetry of the meantime: Terry Eagleton and the politics of style", in The Year's Work in *Critical and Cultural Theory*, vol. 1, 1991, p. 246.

② Compare this account with Ellman's *Oscar Wilde*, esp. pp. 409-474.

就是这些矛盾,使伊格尔顿的王尔德可以从其多重性得以形成的束缚中摆脱出来而谈论他的行为方式。他可以抵抗英帝国主义和爱尔兰民族主义、化约式的社会主义和徒劳无益的审美主义,并让每一个措辞的弱点转向其本身。当王尔德夫人(Lady Wilde)试图把他的失败转变成民族主义的话题——"当你分裂祖国的身体时,恰恰是你把自己变成残废"——王尔德立刻击败了她:

> 我的祖国的身体!国家有沼泽和桥梁,母亲,但没有身体。他们是生活在同一地方的同一群人民组成的。而在爱尔兰那里,同一群人民竭尽全力摆脱同一地方。我厌恶一切这种神话:一切那些七尺英男都娶了他们土地上的新娘。一切那些茅厕中的嫖客与令人恶心的公牛。它的令人惊异的堕落的蠢材。

王尔德拒绝了罗曼蒂克的民族主义的修辞,在这样做时,他推出了"这种小小的字谜"作为替代的传统。如谢默斯·迪恩(Seamus Deane)所观察到的,那种传统的理念是:

> 一种我们在爱尔兰写作中经常可见的理念。在一种类似于我们的文化中,"传统"并不容易看成是构建的实体。我们都意识到,它是一种发明,一种叙事,它巧妙灵活地发现了一种连接一系列挑选出来的历史人物或历史主题的方式,而以这种方式展现给我们的是,情节模式成为支配性因素。①

作为一位局外人,伊格尔顿在王尔德中倡导一种公然反抗传统同时又试图构建传统的解决办法。《圣奥斯卡》在蔑视传统术语之时,是厚颜无耻的爱尔兰人。王尔德在法庭上发表演讲:"我反对这种审判的理由是,在一个英国法庭上,爱尔兰人不可能受到公平的审讯,因为爱尔兰是英语文学想象的臆造。我在这里并不是真实的;我只是你们的激进幻想之物。"以一种令人惊愕的鲁莽生硬的修辞片断,王尔德一下子就展现和摧毁了迪恩的问题:他构建了一种从非传统中生成的传

---

① Seamus Deane, "Heroic styles: the tradition of an idea", in *Ireland's Field Day* (London: Hutchinson, 1985), p. 46.

统。本雅明安慰我们:"它可以以这种方式发生,不过它也可以以一种完全不同的方式发生,那是那些写出史诗剧(epic theatre)作家的基本态度。"①而王尔德,当今的史诗剧中的角色,通过同时展现这两种方式,而更进一步地坚持了这种态度。他不能受到审判,因为他是爱尔兰人,然而同时他又不能是爱尔兰人,因为"爱尔兰是英语想象的臆造"。如王尔德告诉他母亲的:"对于祖国的虚伪来说,他是正确的。对于一种幻象来说,你不可能成为叛国者。"伊格尔顿戏剧走一种辩证法的钢丝桥,本质与非本质,二元性与矛盾化解,这使迪恩的奇异字行显得有些戏剧化:

> 现在应该是抛开本质理念的时机了……每件事情,包括我们的政治和文学,必须重新书写,即重新解读。那将使新的书写和新的政治可以不受爱尔兰性(而且是完全的爱尔兰)的玷污。②

在大胆无畏地展现一种对模仿的模仿中——而仍然避免在整个事情中嘲笑一个爱尔兰人——伊格尔顿所提供的对王尔德的重新书写强调了爱尔兰性,然而同时又使用这种契机来审视和重申他的社会主义,并围绕着性与个体性来重新思考社会主义的修辞。

它并非如马丁·麦奎兰(Martin McQuillan)会指出的那种情况,即伊格尔顿正在使用一种司空见惯的"整合逻辑,来依据阶级斗争的措辞而探讨王尔德的性",而主张"王尔德之所以是同性恋,是因为他作为爱尔兰人感到不幸福"。③ 而更应该是,就是在这三种潜在的身份之间(作为爱尔兰人、男同性恋偶像和社会主义者)的紧张中,伊格尔顿定位了王尔德。如果说王尔德更新和培育了爱尔兰思想家可能"抛弃本质"的时机,那么他也提供了马克思主义批评家通过性政治和身份政治而重新审视他们的社会主义的机会。正如威克(Vic)在丘琪尔的《九重天》(Churchill's *Cloud Nine*)指出的,"它决不会妨碍理解理论背景,你不可能将性事与经济分离开来"④,而王尔德与理查德·华

---

① Walter Benjamin, *Understanding Brecht*, (London: New Left Books, 1973), p. 8.
② "Heroic style", p. 58.
③ Martin McQuillan, "Irish Eagleton", p. 36.
④ Caryl Churchill, *Cloud Nine* (London: Pluto, 1979), p. 56.

莱士(Richard Wallace)的邂逅展示了这些措辞的重要性。华莱士勃然发作且充满自信,报告了"知识分子与工人阶级之间形成的最新联盟",但正是借助王尔德的放肆言行和风言妙语,他认识到了他们的讨论的重要性。

我是社会主义者,这是因为我是个人主义者。在一个社会的这种粪坑中,一个人怎么能成为个体?在我圣徒般地奉献给我的自我中,我正在预示新的天堂,在那里,每个人都能成为纯粹的自我。那就是我为什么如此的懒惰散漫的原因:承受着见证一个没有任何人需要工作的时代的使命。

在剧终时,我们看到华莱士转变成一位商人,陷进改良主义和犬儒主义之中。正是王尔德,"一个现在的失败形象",坚持某些更好的景观。当华莱士告诉他,"我们最能期望的是,更富人情味的资本主义形式",王尔德回答道,"别犯傻了,理查德:根本不值得希望。那就好像你最能期望的是要在一个卵蛋上染上梅毒,如果你还要保持希望,就染上更多吧"。

正是王尔德的这种爱尔兰性,伊格尔顿用来重申了其社会主义规划的持久特点,他写道:"如果左派一直在平稳地退却,那不是因为系统有所松弛,而恰恰是相反的原因——因为它目前太坚硬了,难以击败。但是,这种使人民放弃了斗争的原因,具有讽刺意味,恰恰就是为什么它现在比以前更切题相关的原因。"① 在这些语境中,那么显而易见,它是为什么失败中的成功人物、奥斯卡·王尔德的难以联盟的理念,对于伊格尔顿来说如此具有吸引力,并作为有益于左派之物而呈现出来的原因。

《圣奥斯卡》的政治被书写成戏剧的形式。在《圣奥斯卡》中,伊格尔顿试图以戏剧形式书写一些围绕激进文化理论的话题,30年来这些一直是他所关注的,即现代激进理论家和艺术家如何利用布莱希特的遗产?布莱希特的模式和方法论给戏剧家和理论家提出了一系列问题。彼得·布鲁克(Peter Brooke)很好地明确了这些问题:

---

① Terry Eagleton, personal correspondence, 8/6/2002.

对于许多人而言,身体动作行为、音乐与演出技巧的理念在实际上已经令人沮丧。不仅形式如此,而且提示性的动作(Gestus)的编剧和政治的效果在它们在戏剧中的实现之外也看起来尚不为人所知,在实践中它们唯一可保证的例子就像在理论中的布莱希特本身一样……常见的结果是,现代戏剧激起的不过是档案的生产。没有能力真正地呈现"布莱希特式"的生产,他们"上演布莱希特"。①

可以把《圣奥斯卡》理解为是对这种问题的策略性反应。不仅王尔德不断地吸引对他自己行为的虚构和修辞本性的书写——他在舞台上评论,"我拒斥控告而崇拜头韵法(alliteration)"——而且戏剧的全部阶段都让我们注意到这一点。《圣奥斯卡》是关于接受戏剧家的戏剧;它是一种出于政治目的而实现间离我们关于王尔德的态度和想象的效果的努力。因为放弃了本质理念,伊格尔顿尽力表演一种真正的布莱希特式的戏剧,用彼得·布鲁克(Peter Brooke)的话来说,它寻求"历史化,否认陈词滥调和理所当然,公开珍视社会和意识形态的矛盾,因此同时展现和激起了对个人在具体社会叙事中的所处位置的意识"②。可以说,这就是通过让爱尔兰演员史蒂芬·瑞(Stephen Rea)与王尔德的扮演者史蒂芬·弗莱(Stephen Fry)相撞的方式而形成的某些事物③,出于策略目的过分强调了为人忽略的爱尔兰性,并将其置于当前的形势之中。伊格尔顿宣称:

> 如果不想一下过去 20 多年来一直困扰爱尔兰的悲剧事件,就没有一个人能把王尔德所处的岁月写入英国和爱尔兰的现在。对过去的反思,始终是对现在的沉思……那么,我尽力在这部戏剧(《圣奥斯卡》)中召唤奥斯卡·王尔德的身影回到我们身边,我

---

① Peter Brooke, Bertolt Brecht: *Dialectics*, *Poetry*, *Politics* (London: Croom Helm, 1988), p. 52.
② *Ibid.*, p. 186.
③ Stephen Rea played Wilde in the first season of *Saint Oscar*, Fry in the popular 1998 film Wilde.

们迫切地需要他。①

就是在这种历史意义上,即对王尔德生平的事件的重新排列"传递了一种对它所排斥的(潜在矛盾)意义的意识"②,《圣奥斯卡》是布莱希特式戏剧的典范。王尔德自己在给母亲说的一行话中暗示了那种联系,它是对布莱希特的回应:"我会以自己的方式,凭借机智和狡猾来回应控告。"

《圣奥斯卡》是一部蔑视它自己的虚构本性的文本,王尔德不时地在舞台上移动,因为他需要独白,他的生平细节也环绕他而被重新安排。《圣奥斯卡》是"碎片、公开手段、无等级、生产震惊的,它是散乱、很大改变、辩证、炫耀和武断然而仍然密集编码的戏剧"③,换句话说,它是伊格尔顿向布莱希特学习的一切理论策略和戏剧手段的展示。

在戏剧的最后场景中,王尔德给不再幻想的华莱士(Wallace)提供了一幅乌托邦景观:

> 你确实不想象从现在开始100年后,同性恋在英国仍将被迫害?它太荒唐了。这种漫长的愚蠢总会有个终结的;我们不会仍然烧死女巫吧,我们会吗?在一个世纪后,每个人都将男女不分,工人将掌控社会……没有人会记得帝国……每个人都将穿着松软的长袍整天躺着,给对方背诵但丁。那是确确实实的劳动日;我并不愿描绘休闲活动。

一百年后——对于听众来说呈现为目前的事物,但在舞台上仍然是未来——不是所有的梦都成为现实。一些是局部真相——同性恋是合法的,尽管是以受到歧视的方式,帝国已经崩溃——一些显而易见是想象的勃发。将它们堆积在一起时,在想象的疯狂勃发时,交响曲倾泄到奄奄一息的王尔德的衰亡的形体上,《圣奥斯卡》造成了令人震惊的对比,现在、想象的未来以及二者中间时段的对比。我们得到一种想象我们的过去影像,在这个过程中把一切空间都政治化了。

---

① Terry Eagleton, "Saint Oscar" in Steven Regan (ed.), *The Eagleton Reader* (Oxford: Blackwell, 1996), p. 373.
② Terry Eagleton, *Against the Grain* (London: Verso, 1986), p. 163.
③ Terry Eagleton, *Walter Benjamin*, p. 23.

在《圣奥斯卡》中,奥斯卡·王尔德模仿了奥斯卡·王尔德,除了上文提到的单行文字外,实际上并没有引用他的文字。伊格尔顿获得了一种双重的疏离效果,一种被书写成戏剧形式的认知,这种戏剧形式倔强地拒绝在尽力成为透明的演出行动中取消自己。这种阶段在伊格尔顿写于20世纪80年代中期的一篇论布莱希特和修辞的文章中得到了很好的描述:

> (布莱希特式)演出行为的整个关键是,它总是有一个空洞或虚空的古怪场景。离间行为挖空了日常行为的想象丰富性,将其解构成它们的社会规定,并将其刻记在它们构成的条件之中。①

《圣奥斯卡》的王尔德担任的每个演出行为都被"挖空了"。当他担任整个一系列(迄今为止尚未期望的)符号化时——爱尔兰人、社会主义者和原初的布莱希特人物——他也被展现为他事实上所是的建构(construction)。一切我们已经接受的"王尔德",已经隐藏了它们的社会规定和构造条件。因此伊格尔顿在表示其新的强调重点,同时采取行动时,他正在解构已经构建好的奥斯卡·王尔德的形象,而试图重新召唤(或者可能只是召唤)他参加社会主义的文化工程。

对于本雅明而言,历史就是压迫者的故事,线性和同质的岁月,其对立面是受压迫的传统。《圣奥斯卡》通过玩弄、改变和否定历史,而重申了历史的某个层面。伊格尔顿把历史和历史的王尔德理解为"过去的失败形象"。这种形象就是"未来值得拥有的唯一形象",在这种过程,达成了对王尔德的新的介入性解读。用本雅明的骇人听闻的短语来说,把他理解为:

> 义务和需要造成的被迫流产,最好可比作一座优美的雕像,其肢体在运输中已经敲成碎片,现在不能生产任何意义,只不过是它本身的未来形象得以雕刻所必须的珍贵石块。②

---

① Terry Eagleton, "Brecht and Rhetoric", *New Literary History*, vol. 16, no. 3 (1984—85), p. 633.

② Walter Benjamin, *One Way Street*, (London: Verso, 1997), p. 76.

伊格尔顿从这种"义务和需要"而生产的王尔德中所采撷的就是这种雕刻未来形象所需的珍贵石块。换句话说,他试图爆破令人沮丧的阴郁的历史连续性,而把王尔德拖出来,并将其嵌入传统中。正是有了这两种术语在心,我们现在可以转向《白的、金的与坏疽》。

## 二、受压迫的传统与未来的诗情:詹姆斯·康诺利

对于沃尔特·本雅明而言,反抗的战斗的最令人不安的一面是,"如果敌人获胜的话,甚至死者都会感到不安"。① 在这种意义上,历史不只是过去的事件、运动和人民的集合,而更应该是阶级斗争领域的经历和战斗过的事件、运动和人民的集合。"(尚未被现在视为它本身的关注的)过去的形象不可避免地正面临着消失"或者被毁灭的危险——纳粹就试图更改来自欧洲的全体人民的轨迹,以它们自己的野蛮形象而重写"优越的德国文明(kultur)"②——或被统治阶级所挪用。在这种意义上,死者在敌人面前也感到不安,因为敌人可以将它们宣称为自己的。过去的要素——它的艺术制品、领导者、战役和产品——都是统治者和受压迫者的冲突得以识别和搏斗的领域。被制作的事物意味着,谁将获胜、谁仍然在坚持的问题。在其不断试图宣称其霸权之时,统治阶级必定挪用受压迫者的产品和传统,让后者遭遇爱德华·汤普森所称之为的"后裔的全面屈从"。③

对于对立批评来说,这种争夺过去的影响确实是显而易见的。历史就是马克思主义批评家必须以他自己的方式所保留的事物,在这种过程中,尽量既恢复又保护被统治阶级所挪用和离散的事物。

用本雅明的术语来说:

    当记忆在某种危险的时刻有所闪现时,(我们必须)紧紧地抓住它。历史唯物主义希望保留这种过去的形象,它是在某个危险

---

① Walter Benjamin, "Theses on the Philosophy of History" in Hannah Arendt (ed.), *Illuminations* (London: Fontana, 1973), p. 247.
② *Ibid.*, p. 247.
③ E. P Thompson, *The Making of the English Working Class* (Harmondsworth: Pelican, 1968) p. 13.

时刻出乎意料地呈现给历史挑选出来的某个人的。危险影响着传统的内容及其接受者。同样的威胁也笼罩在两者之上：成为统治阶级的工具。在每一个时代，必须再次存在将传统从意欲控制它的因循守旧中拖拽出来的努力……只有确信如果敌人获胜的话甚至死者都会感到不安的历史学家，才可能扇起过去中尚存的希望的火花。但是，这种敌人却一直不断地获胜。①

唯物主义批评家必须"驱动历史使其格格不入"②，以便于复活那些可以转变成有利于进步的使用的传统层面，从而扭转传统，使其背离统治阶级那双贪婪的挪用之手。

在爱尔兰，这种保卫传统的斗争一直环绕着詹姆斯·康诺利的遗迹而激烈尖锐地开展。作为一位历史人物，康诺利是由矛盾和补充性嵌入的混合而奇特地构成的——民族主义英雄和社会主义理论家、爱尔兰烈士和盖尔人，马克思主义者和天主教徒——那使他成为一个环绕着爱尔兰的历史和文化而展开讨论的中心人物。如 P. 贝雷斯福德·埃利斯（P. Berresford Ellis）所写的："每个爱尔兰政治家，不管他坚持什么样的政治哲学，都发现有必要敷衍一下他。相当程度上是由于，有众多不同的爱尔兰政治哲学家已经召唤他的英灵而服务于他们的旗号，因此多年来，康诺利的思想和学说一直受到扭曲和迷失。"③

"詹姆斯·康诺利"已经成为本雅明所认证的危险的牺牲品，他常常被统治阶级的墨守成规所制服、抬高夸大和一下子以统治阶级的爱尔兰政治的修辞化约成一片空洞意义，他如此盛行并被召唤，以至于在意识形态和政治上只剩下一片虚无。统治阶级一直在将康诺利从被压迫的传统中攫取过来，使其遭受批评家的变形之手的控制，正如列宁在纪念马克思的段落中所描绘的：

---

① *Illuminations*, p. 247.
② *Ibid.*, p. 248.
③ "Introduction" to James Connolly, *Selected Writings*, p. 8. Berresford Ellis is not always a reliable guide to Connolly's thought, and is rarely sufficiently critical of his subject. Kieran Allen, *The Politics of James Connolly* (London: Pluto, 1990), and Chris Bambery, Ireland's *Permanent Revolution* (London: Bookmarks, 1986), pp. 49–54, provide a useful background to *The White, the Gold and the Gangrene*.

在整个伟大革命时期,统治阶级不断地迫害他们,以最野蛮的恶意、最疯狂的深仇大恨和最肆无忌惮的谎言与诽谤的战争而抵抗他们的理论。在他们去世之后,又试图把他们转换成无害的偶像,封成圣人,可以说,把他们的名字尊为神圣……而同时,抢劫其本质上的革命性理论,磨钝其革命性刀锋,使其庸俗化。①

在伊格尔顿的笔下,康诺利被塑造成对这种过程的一种反思和介入。他通过沃尔特·本雅明的灿烂耀眼的碎片使康诺利发生折射,将两位思想家重新嵌入"传统的母体"②,并将他们强行推向现在的政治阶段,把他们从历史中拖出来,用本雅明的话来说,历史"就是一个结构的主体,其场所不是同质空洞的时间,而是由现在的在场填充的时间"。③

对于本雅明而言,康诺利——在一部小说中一直在世,在一部戏剧中神奇地从行刑者的椅子上溜走——变戏法式成为一种密码或者艺术和政治的双重身份。相应的,本雅明提供了一种框架,通过它伊格尔顿可以出于自己的目的而运用康诺利。在《圣人和学者》这部小说中,它在许多方面都是后来的戏剧的发源地,伊格尔顿明确地表达了这种双重匹配:

历史记录:在 1916 年 5 月 12 日,詹姆斯·康诺利,爱尔兰志愿兵和爱尔兰公民军的共和起义者的司令与将军,被绑在都柏林基尔曼汉姆(Kilmainham)监狱的一把椅子上射杀了。

但是历史并不总是以最有意义的顺序记录事实,或以最富有美学愉悦的模式安排事实……七颗子弹飞向康诺利的胸膛,但是它们都没有射中,至少在这里它们没有射中。让我们在空气中抓住那些子弹,撬开密闭的塞满事件的空间,通过这些缝隙詹姆斯可能溜出来,从历史的令人沮丧的阴郁的连续性中弹跳出来,而

---

① V. I Lenin, "The State and Revolution" in *Selected Works*, vol. 2, (Moscow: Progress, 1977), p. 240.
② Terry Eagleton, *Walter Benjamin*, p. 126.
③ Walter Benjamin, *Illuminations*, pp. 252-253.

进入一个完全不同的地方。①

在《白的、金的与坏疽》中,引到我们面前的是一位受伤的生着坏疽的人物,由于其在大起义中扮演的角色而等待判决的囚徒。他的看守者,麦克达德(McDaid)和马瑟(Mather),是两个荒诞不经的人物,满脑子都是陈腐迂酸、历史修正主义、自由派的陈词滥调、后结构主义认识论的怀疑主义的悖论。强大的习惯势力通过他俩而言说,为了满足他们修辞的需要而扭曲和塑造康诺利已经破裂的身体。他们很快地突出了他与本雅明的联系,麦克达德注意到:"你打断了时间,你这该死的不合时宜的蠢材,为什么为了未来而犯错呢?"这里又一次参照着"历史哲学题纲",在那里,本雅明注意到,"在(法国大革命)战斗的第一个晚上,塔楼上的钟被同时开火射中,炮火分别来自巴黎的几个地方"。②

麦克达德和马瑟嘲弄取笑对历史的怀疑和悲观的解读,而反对本雅明的斗争精神,以冷嘲热讽的时髦方式无情地嘲弄、挫败和戏弄英雄行为和反叛行为的语言。他们所扮演的角色成为康纳利使命的潜在的多愁善感和爱国主义的平衡,他们不断地通过模仿而取笑他的爱尔兰和他的战斗——"你这小小的疮疥,想成为一个肿块吗?你想使整个事态变成最强大万能的该死可恶的一团乱糟糟吗?"——并使它成为幽默和闹剧的混合物,从而阻止了《白的、金的与坏疽》滑入民族主义的陈腐主题。正如马瑟告诉康纳利的,"我们正在尽量帮助你摆脱一些毫无意义的东西"。麦克达德和马瑟的滑稽动作所扮演的是一种不断的可能性失败的提示物,我们已经谈到过这种令人沮丧和令人困惑的历史提示,这对于一切严肃的马克思主义者都是必不可少的。因为如果没有某种充分的失败意识,如果这种意识不能容纳到我们的有效策略中去,那么一种抵抗的修辞怎么能够希望以任何意义和有益的意识而存活下来呢?

(并不承认它的先前失败或挫败的)激进政治的替代选择,确实阴郁黯淡,注定它仍然封闭在要么是放荡不羁、一碰就碎和日渐空洞的

---

① Terry Eagleton, *Saints and Scholars* (London: Verso, 1987), p.10. See also his *Walter Benjamin*, p. 1. Eagleton is echoing Benjamin's XVIth thesis from "Theses on the Philosophy of History", See *Illuminations*, p. 254.

② *Illuminations*, p. 254.

过度乐观主义，要么就陷入唯心主义的悲观失望。麦克达德和马瑟通过他们的没完没了的让人泄气的演讲，使康诺利的少量语言显得更强大有力。当剧终时，他依然充满像他刚开始那样的本雅明式的强大的恢复力和活力，而我们所听到的不断的连珠炮式的怀疑主义反而加强了这种立场。甚至在麦克达德和马瑟的犬儒主义之后，对于康纳利来说，富有革命意识的抵抗仍然是"要实现改变的唯一方式。激起男男女女去发动叛乱的，并不是自由的子孙后代的梦想，而是被奴役的祖先的记忆"。① 典狱长让康诺利的（寂静无声的）修辞所遭受的冷嘲热讽的疏离，本身就具有加强康诺利主张的悖论效果。

麦克达德和马瑟的喜剧具有双刃剑的多样性，戏仿它所表征的怀疑主义和超脱冷淡。两个看守在剧终时崩溃瓦解，陷入他们自己的夸张性的犬儒主义，难以言说和行动，言语消耗殆尽，也含蓄地揭示了他们所采取的那种怀疑论的无立场政治的多余。康诺利已经摆脱了他们的化约式的理解，冒险把他自己奉献给他并不能预测的历史的时运或厄运，成为某种空白的文本，任由未来根据其自身的传统而无休无止地重新书写。至少在某些意义上，他已经设法将自己挤进去了，作为"一种保卫受压迫过去而战斗的革命机遇，……而作为其结果……毕生工作在这种作品得到保留，同时又被取消；时代保留在毕生工作中；整个历史进程保留在时代中"②。詹姆斯·康诺利通过《白的、金的与坏疽》，已经被重新嵌入传统的母体。

如果说，《白的、金的与坏疽》是对本雅明的《历史哲学论题》的进一步的反思和阐释，那么以某种更加闪烁其词和拐弯抹角的方式，它也是伊格尔顿对马克思《路易·波拿巴的雾月十八日》的不断讨论的组成部分。伊格尔顿回归到雾月时代，而岁月又一次通过被压迫的传统和马克思所主张的对革命批评家的需求之间的紧张而发挥作用，他们从未来汲取他们的诗情。如他让康纳利所描述的，它是"超越现在的合乎情理的方式的"问题，这种方式我只能用我们拥有的言语来

---

① Connolly is paraphrasing Benjamin's Thesis XII. See *Illuminations* p. 252. He makes the same claim in *Saints and Scholars*, p. 128.

② Benjamin, *Illuminations*, p. 254. "Cancelled" is here a translation of the German Aufheben in its grandly Hegelian sense: to preserve, to elevate and to cancel. For a fuller discussion of the implications of this see John Rees, *The Algebra of Revolution* (London: Routledge, 1998), esp. pp. 13-54.

言说……

　　事实上这种沉思几乎历时三十多年的文学生产①，它围绕着对于今日的马克思主义仍然突出的一个问题而演化：即激进的批评家如何书写他的抵抗？显而易见，这种问题非常重要，因为马克思批评所规定的自身任务就是尽力在社会主义战斗中作为"批评的武器"而发挥作用。如伊格尔顿自己所指出的："就像一切解放理论一样，马克思主义要注意将自己逐渐从商业中拉出来。它的存在是为了创造诅咒它自己灭亡的物质条件。"②因为很难想象，在一个真正的民主自由的社会主义社会，男男女女会真正地想懒洋洋地讨论现在已经灭亡的阶级社会的生产、意识形态和交换价值（在那个阶段，这些与自己没有任何关联）。整个马克思主义批评的关键点是，理解阶级社会，其目的在于除掉它，并向某些更好的总体看来更有益的社会前进。

　　在这种目标中，某种问题式的（problematic）种子从马克思主义批评开端之初就已经刻记在其中了。因为以某种卓越的辩证法的步骤，社会主义在质上和量上都与资本主义断裂了，与现有秩序革命性的断裂是在这种现有秩序本身主要的社会关系和生产的网络中生成的。没有资本主义，社会主义及其建设是难以想象的。用黑格尔式的说法来说，这就叫做否定之否定。

　　如果社会主义是一种已经写入资本主义本身的断裂，那么另一个问题就等待着马克思主义批评家。由于其激进民主的真正本质就是这种断裂，并不像在乌托邦的社会主义的蓝图所提出的方案一样，因此不可能预先知道这种断裂看起来将是什么样子的。③ 马克思主义批评家必须默默地忽略自由未来的思想，在遵奉古老的犹太人的禁忌神像（Bilderverbot）方面遵守与现在的契约，把犹太人的修辞转向别的

---

　　① See Terry Eagleton, *Criticism and Ideology* (London: New Left Books, 1976), pp. 182－184; *Walter Benjamin*, pp. 162－170, *Ideology of the Aesthetic* (Oxford: Blackwell, 1990), pp. 213－217; "Marxism and the Past", *Salmagundi* (Fall 1985－Winter 1986); and his "The Godthat Failed" in Mary Nyquist and Margaret F. Ferguson (eds.), *Remembering Milton* (London: Methuen, 1988).

　　② *The Ideology of the Aesthetic*, p. 216.

　　③ A point developed by John Molyneux in his stimulating little pamphlet *The Future Socialist Society* (London: Bookmarks, 1997).

方面。① 然而,这种手段的贯彻要冒很大的风险。因为马克思主义批评家如何着手去构建一种有益的激进政治,而拒绝以任何有意义的方式去命名它所努力奋斗的目标?在同样的意义上,他们是如何从生成他们的剥削状况中抢救出被压迫的传统?马克思主义批评家如何能够谈论某一事件,而该事件超越了将生成它的内容?如麦克达德告诉康诺利的,"如果你用他们的语言来言说,那么你就要用他们的武器来打仗。那意味着你是同谋"。然而,接受卷入某种压迫的存在,就与其缔造了同谋关系,这样就不可能抵抗他,一种普通的充分论证仍然要沉溺于绝望的政治中。因为什么是受压迫的传统(而且是在压迫的苦难融炉中铸造而成的)?它就是这种情况,然而同时它又不只是这样。如亚历克斯·卡利尼克斯(Alex Callinicos)已经指出的:"然而,过去斗争的记忆的保留并不是它本身的目的……'被压迫的传统'所提供的是革命行动的推动力……(它是)阶级斗争的沉淀下来的经验。"②尽管是祖先的被奴役的记忆激励着斗争,但是它们不可能是其结果。

对于马克思来说,社会主义革命和其资产阶级前辈之间的区分之一在于,社会主义革命除了它所期望的未来的画像外拒绝披挂任何画像。与资产阶级革命相对,"死者的复活有助于提升新的战斗……夸大想象中既定任务……恢复革命的精神",社会主义革命不能从过去,而只能从未来汲取自己的诗情。它在破除一切对过去的事物的迷信以前,是不能开始实现自身的任务的。从前的革命需要回忆过去的世界历史事件,为的是向自己隐瞒自己的内容。十九世纪的革命(即社会主义革命)一定要让死者去埋葬他们自己的死者,为的是自己能弄清自己的内容。从前是辞藻胜于内容,现在是内容胜于辞藻。③

这种思维模式和受压迫传统的理想之间的紧张,是马克思主义批评必须试图解决克服的。在《白的、金的与坏疽》中,在康诺利用来描绘社会主义修辞程序的声音和嗓音中可以发现这种紧张的对应物,康

---

① Cf. Walter Benjamin, "we know that the Jews were prohibited from investigating the future. The Torah and the prayers instruct them in rememberance, however. This stripped the future of its magic, to which all those succumb who turn to soothsayers for enlightenment", *Illuminations*, p. 255.

② Alex Callinicos, *Making History* (Oxford: Polity, 1987), p. 222.

③ Karl Marx, The Eighteenth Brumaire of Louis Napoleon, in *Surveys from Exile* (Harmondworth: Penguin, 1973), pp. 148 - 149.

诺利用受压迫传统带给马克思主义的受到破坏损害的语言来谈论未来的诗情。他把这种声音称作"引起恐惧、未受玷污、彻底的不近人情"。"在某种孕育紧张的结构中"①进行思维,在他所听到的同一事例中,看起来康纳利抓住了它所表达的问题:

  (它是)某种瞬息的恸哭,就像一些神话式野兽的哀鸣,如此纯洁、未受破坏和血气方刚。那么,我知道我会努力模仿那种声音——把词语笼在我的手掌里,让它通过它们发出共鸣。但是,它总起来看只不过是一种可怜的腹语术。你们生活中的声音习惯于那么杂乱无章的血脉和呼吸的方式。要发出那种声音,我们将不得不剥除所有这种包围它的象征,那并不容易。我们的语言把所有这种声音都拖进其像铁球和锁链组成的球镣一样的语言潮流中。

  我们在这里拥有的是革命的声音和未来的诗情。它是"超越现在的方式",但是"我们只能用我们拥有的语言来谈论它"。关于这,麦克达德(McDaid)回答道,"这就是为什么它根本不可能来到的原因"。因为超越语言的语言怎么可能存在?对于康纳利而言,这种问题不存在简单的答案,而是我们必须更应该把语言作为一种蹦极床来运用,使自己弹跳起来超越它。

  麦克达德和马瑟(Mather)的反对——"你不能预先周密计算你会在哪里露面"——依赖于康纳利所蔑视的关于革命性变革的虚假想象。列宁曾谈到爱尔兰的复活节起义,"不论是哪一位期望某种'纯'革命的人,都将不可能指望看到它",②在这一行,我们看到了康纳利回应的主要宣言。他宣称,"要成为我们自己,我们不得不冒变成他们的形象的危险,它是我们正在拆解的语言,但是我们不得不用它进行深犁——用一切手段穿过它,在另一侧的某个地方冒出来"。社会主义者的自由景观突破了她与潜在的决定性的和达成妥协的系统的协定。唉,并不存在她可以参观的路径。受压迫的传统、康纳利所抓住和运用的语言,这些都是工具,它们将随着其使用者的胜利而成为多余之

---

① Benjamin, *Illuminations*, p. 254.
② Lenin, quoted in Connolly, *Selected Writings*, p. 36.

物。康纳利所谈到的声音,"是一个世界的轻声细语,而在那个世界,我们可能会谈论其他事物;它注定在现在来使用是不近人情的"。

在做完这席演讲之后,那是所设想的枪决康纳利的时刻,康纳利消失了,由麦克达德和马瑟所作的行刑之前的滑稽荒诞的准备式,进一步评论了受压迫传统和"雾月十八日"之间的紧张,正如马克思所写的:

> 无产阶级革命……则经常自己批判自己,往往在前进中停下脚步,返回到仿佛已经完成的事情上去,以便重新开始把这些事情再作一遍;它十分无情地嘲笑自己的初次行动的不彻底性、弱点和拙劣。①

这种富有文本暗示性意味的描述,在《白的、金的与坏疽》中得到比较彻底的展示,不过与其说它在康纳利的陈述中不如说在其语境中展示得更充分。他被两个愚蠢十足的白痴看守,他的反叛及其目标受到持续不断的挫败、嘲笑和批判。他作为一位扭曲的残肢的男人而被展示,"已经死亡,在他身上已经没有鲜血流淌",在整个表演中,他只能爬着和躺着。他的言说的这种安排,让伊格尔顿信守禁忌神像(Bilderverbot)的社会主义的对应物,并指出未来的诗情,但小心翼翼地避免展示它。对于康纳利的情形来说,如果我们要被击败,那么用恰如其分的布莱希特式的术语来说,一定是因为我们确信自己有罪。舞台设置和不断地来自麦克达德和马瑟的连珠炮式的喜剧/戏仿的挫败的轰炸,意味着我们不可能被这种移情所触动;它必须在理智上战胜我们。②

《白的、金的与坏疽》是一部最主要的角色(本雅明)根本没有消失

---

① *Surveys from Exile*, p. 150.

② In his discussion of the Eighteenth Brumaire in *The Ideology of the Aesthetic*, Eagleton makes this suggestive observation: "socialist revolution... is excessive of all form, out in advance of its own rhetoric. It is unrepresentable by anything but itself, signified only in its 'absolute moment of becoming', and thus a kind of sublimity... [I]t is less a matter of discovering expressive forms adequate to the substance of socialism than of rethinking the whole opposition—of grasping the form no longer as the symbolic mould into which that substance is poured, but as the 'form of the content', as the structure of a ceaseless selfproduction." pp. 214 – 215.

的戏剧,在其中,主要的表演者说得最少,一位民族英雄和一位腹语者的沉默分享着舞台。在第一种解读中,这根本不是我们可能期望的对真、美和传统的角色的反思,而这也是唯物主义批评有待构建的。然而,这种任务在许多方面都是《白的、金的与坏疽》的焦点。

通过对革命的闪电之手所接触到叛乱的最后阶段的这种史诗剧的呈现,伊格尔顿探讨了一直是他的作品所关注的许多思想:革命批评中的受压迫传统的地位,雾月十八日的意义、矛盾和建议,留给我们的可在阶级斗争中运用的潜在美学资源。就是在这里,在麦克达德和马瑟的胡说八道和受到折磨的康纳利的很少语言中,"在那些拒绝道德的和审美的言说的短暂和策略的沉默中,所有措辞的某些真正意义都得到了连接和表达"。①

## 三、大饥荒和《上帝之刺》

伊格尔顿在《沃尔特·本雅明》中写道:"历史唯物主义重新书写过去,以便于抢救它而发挥革命性的实效。"②《上帝之刺》在履行这种导言性的原则时却引人注目地失败了。它是一种美学的和政治的失败,对过去的重新书写没有加入目前的讨论中去,更没有以其革命性的实效性将大饥荒和英帝国对其忽略无视的可怕事实抢救出来,它根本不可能加强社会主义的论证和促进社会主义事业。人们想象,当大英不列颠首相自由地发表一项宣言之时,对于某位自命为革命批评家的人而言,做出一些更多同样的承认,根本不是最迫切的任务。在伊恩·伯查尔(Ian Birchall)所明确的听众的问题的压力之下,《上帝之刺》摇摇欲坠,伊格尔顿所写的大饥荒究竟是为了谁写和为什么写的困惑,突出地表现在这部戏剧的各个方面。它并不是说,伊格尔顿对"英国救济的关键方面的令人惊骇的迟滞混乱和冷酷无情的不人道的"③事实的愤怒,是需要质疑的。这种"冷酷无情的不人道"的意识,

---

① Terry Eagleton, *Criticism and Ideology*, p. 187.
② *Walter Benjamin*, p. 51.
③ Terry Eagleton, "Introduction", *Saint Oscar and Other Plays*, p. 9.

已经被近来的历史研究完全证实。① 而《上帝之刺》的问题更应该是,文本看上去难以决定针对这种证据采取什么行动。在论述大饥荒时,伊格尔顿在两种论断之间摆动,"一种是看上去英国是恰当的,它毕竟针对这次事件采取了点行动,开始了纪念活动"②,另一种是他更倾向选择的暧昧含糊:

> 一个国家,就像一个个体一样,必须能够描述它自己的合乎情理的故事,既不令人失望也不是臆造幻想的故事。只要它在一方面是理想化,另一方面是拒绝承认之间摇摆,它将采取的行为确切言之就像弗洛伊德所说的那种神经官能症,饱受回忆的折磨。③

《上帝之刺》没有达成这些目标,它存在严重瑕疵,恰恰就是因为小心翼翼地"在一方面是理想化,另一方面是拒绝承认"之间摇摆,它本身的意图有某种深刻迷惑的意识。附带言之,非常值得审视这种失败的一些例子和对其进行的解释。

《上帝之刺》打开了一套能让戏剧的矛盾推动力得到清晰地展示的装置。维多利亚女王的画像就贴在墙上,然而,它是"无关紧要的超现实",我们看到一个演员"以维多利亚式的风格穿着装扮,男礼服大衣,侧八字须,而同时其他人则像短小精悍的当代股票经济人"。在剧中展现的过去与现在的混合的意图从未清晰可见或令人信服。如果它是要"重写过去,以便于以革命性的实效而将其抢救出来",那么就很难明白这是如何实现的。在他对戏剧的介绍中,伊格尔顿宣称要尽量如实际所发生的那样,对那种悲剧(大饥荒)的主要部分给出某种"想象性集中的"论述,但是,风格的不统一与这种目标相悖。行政官克赖顿(Creighton)和布拉肯(Bracken)说了许多现代公共模式的行

---

① See Cormacó Gráda's magnificent *Black 47 and Beyond: the Great Irish Famine in History, Economy and Memory* (Princeton: Princeton University Press, 1999) esp. in *relation to God's Locusts*, pp. 70-77. See also Tim P. O'Neill, "Famine Evictions" in Carla King (ed.), *Famine, Land and Culture in Ireland* (Dublin: University College Press, 2000), pp. 29-71.

② Terry Eagleton, "Indigestible Truths", *New Statesman and Society*, 2nd June 1995, p. 23.

③ *Heathcliff and the Great Hunger*, p. ix.

话——"我告诉你,你是如此死气沉沉,你是如此该死的(fucking)死气沉沉"——以其大拳头展示他们的冷酷无情和不人道,并以华丽辞藻矫揉造作地展现残酷冷血,"自从八月底来有多少人断气了?"约翰·米切尔(John Mitchel)的戏装——其装扮"就像一个维多利亚版本式的当代左派知识分子"——成为许多服装助手的梦魇,是这些混乱目标的综合症的表现。

如果这些当代形象和短语的关键在于允许我们以新的启示来看一下大饥荒,那么,它很难透彻理解现代的想象和语言的侵扰如何促成这种过程。远远不是"将社会限制性现象从那种使它们免遭今天的我们把握的为人熟知的特征中解放出来"[1],这些戏剧性炫耀只增加了爱尔兰历史作为陈词滥调的意识,而这种陈词滥调是如此重重地压在一切对那种悲剧性过去的审视身上[2]。伊格尔顿写到了这一点,那时他让克赖顿把简·埃尔吉(Jane Elgee)描述为:

真正的小姑娘。由于上帝可能会破坏她对你的思念,不过如果你想象一下房事,就会把只穿一片三叶草(爱尔兰国花)的她召唤回来的。

伊格尔顿的论述加强了把抵抗的爱尔兰历史感知为"理想化"[3]和"宗派主义",这是他宣称要反对的。在另一语境中,伊格尔顿承认,修正主义者和非民族主义者的"著作表征了富有价值的学术进步,尤其是当爱尔兰历史的陈词滥调的修辞让步于某种关于紧张、差异和复杂性的正确恰当的细致入微的研究之际"[4],然而,《上帝之刺》中没有任何地方允许能够更接近打量的细致入微。行政官是两个麻木不仁的白痴,一个是由中庸思想和(理所当然的)苏格兰宗教狂想所支配的受到困扰的唯心主义者,同时爱尔兰人全部都是愤慨、公正、激情和强烈

---

[1] *Heathcliff and the Great Hunger*, p. 192.

[2] The essays contained in Colin Graham and Richard Kirkland (eds.), *Ireland and Cultural Theory: the Mechanics of Authority* (Houndmills: Macmillan, 1999), although, in the main, rather tame and bland politically, attempt to think through the challenges of avoiding this.

[3] *Heathcliff and the Great Hunger*, p. ix.

[4] "Indigestible Truths", p. 22.

义愤的。当简·埃尔吉(Jane Elgee)在《圣奥斯卡》中作为斯佩兰扎(Speranza)出现时,伊格尔顿恰当地驳斥了她的一些不节制;而在这里,根本没有让她有这种有损她的性格角色的复杂性。她是"一位诗人、活动家和人民的权利保卫者"。

麦克林托克(McClintock)一度说道:"噢,对啊,除了牺牲者,爱尔兰人对他们本身还有什么想象?"它恰恰就是这种问题,尽量把爱尔兰历史表征为不过是沦为被动牺牲的过程的问题,严重地破坏了《上帝之刺》。行政官的残暴的陈词滥调——"你对无关紧要的游戏和应该背负的十字架要说什么?"——爱尔兰活动家的单面愤慨消除了戏剧可能希望唤起的愤怒和悲剧。它恰恰是在不能明确为什么要超越环绕着"重写一个民族的合乎情理的故事的"不偏不倚的无伤大雅的自由主义的老生常谈方面,我们仍然应该思考大饥荒,而这是《上帝之刺》所失败的地方。可能存在非常好的理由去思考大饥荒,而我只能自己思考一下,而戏剧不可能给我们提供批判性的距离、悲剧意识、政治辩论或讽刺性的能量(伊格尔顿所描述为"有利于政治革命的基本模式"①),来激起任何对这种问题的审视。在近来的论述悲剧的著作中,伊格尔顿注意到:

> 有一种去神秘化、谴责和深刻揭露的悲剧;但是也有更迂回曲折、忠于个人幻觉的悲剧性经验,因为在一种虚假的情势下,只有一种方式去保留(不管以如何神秘的伪装)一点枯萎凋零的真理的种子。②

而不幸运的是,这些悲剧要素在《上帝之刺》中根本不明显。"更迂回曲折、忠于个人幻觉"没有表现在任何地方,在视野所及,这部戏的舞台背景完全安放在一间伦敦的办公室,远离日复一日的艰难存活的现实,并且让他的恶棍说着矫揉造作的当代粗俗俚语——"什么是爱尔兰克里人的床前戏(Kerryman's foreplay)"——谴责和深刻揭露在其过火表演中都丧失殆尽了。

在《上帝之刺》中,伊格尔顿过度夸大了政治戏剧的甜点布丁,不

---

① *Against the Grain*, p. 71.
② *Sweet Violence: the Idea of the Tragic* (Oxford: Blackwell, 2003), p. 99.

能坚持史诗剧所要求的批判距离的训谕。伊格尔顿用了一系列催眠式的去语境化的现代语言和现代想象而破坏了能吸引观众的东西,在麦克林托克宣布"灾难结束了"之际,我们既没有精力又没有倾向去关心或愤慨。当把救济的努力描绘为某种冷酷无情和很强的自我意识的经济政策的贯彻执行之际——"我们并不是国家干预主义者,布赖恩(被杀害的爱尔兰国王)的后裔先生"——而在开放一种便于观众进行反思的空间方面,如果没有任何不同意和不满意的遮挡之处①,批判的态度就是不可能的。

《上帝之刺》揭示了一切希望发挥实效的政治批评所面对的危险。这部戏剧的尖刻空洞的修辞和稻草人靶子式的谴责,成了《白的、金的与坏疽》与《圣奥斯卡》成功的平衡码,它说明如果马克思主义还要发展和进步,它必须着手质询它自己的陈词滥调和四平八稳的神话,就像质询它的对手的那些事物一样②。伊格尔顿的《上帝之刺》没有达成这个目标是一个重要的损失和污点。

如沃尔特·本雅明认识到的,对于受压迫者来说,危机是常态而不是例外。马克思主义本身帮助克服的任务就是这种情形。特里·伊格尔顿的戏剧试图促成对如何才能把危机时刻强行转向有用和解放的目标的理解。通过它们对(在伊格尔顿作品中一直占据主导地位的)受压迫传统、记忆的地位、广泛斗争中的个人、我们与过去的关系和未来的诗情的那些关注的探讨,伊格尔顿戏剧使其写作本身的宽广范围的兴趣和使命更加卓越超常。它们是书写如何生产革命性理论(这些理论对于一切把革命运动转变成舞台上的语言和形式的创作尤为必要)的疑问和问题的努力。

伊格尔顿在其介绍戏剧时说,写作要尽量"跨越'艺术'与'理念'之间的小心守护的巡查边界",在这种过程中,他已经给予这两个术语一些新的东西。通过间接地把戏剧与发现一种从马克思文学理论所面对的一些问题中走出来的方向路径的任务联系起来,伊格尔顿已经

---

① There was, of course, a good deal of disagreement amongst the Empire's rulers as to how the Famine relief should be managed, and it does Eagleton's cause a disservice to create such straw-target Aunt Sallys as McClinctock and Creighton. See Cormacó Gráda, *Black 47* for a discussion of the various relief programmes and arguments.

② Eagleton begins something of this process in his "Nationalism and the case of Ireland", *New Left Review*, 234, 11/12 1999.

潜在地发展了新的解读过去时刻(奥斯卡·王尔德和詹姆斯·康纳利)的路径,也发展了能够使旧问题以令人惊异的新的方式而提出的处理目前的手段。如我在这篇小文的导言中所提示的,如果伊格尔顿并非总能提出对这些问题的解决方案,那么确切言之,这更应该是错过了关键之处。

恰恰是因为他致力于受压迫传统的理想和未来的诗情,因为他有勇气试图写出那种"超越现在的合理路径,并利用它进行深犁",所以伊格尔顿的名字应该被提及,如在布莱希特的伟大诗人的修辞问题中的一样。正是在这些暂时、紧张和有时并不能提供答案的问题中,特里·伊格尔顿补充了唯物主义的理论和文学体系,而唯物主义力求阻止如下阶段的到来,即,

> 对于失败者来说,历史
> 可以叹息,但决不能宽恕。①

因此,为了生产了我们可以批判性地挪用、剽窃、拒斥、学习和改编的作品,我们应该感谢伊格尔顿。

(作者单位:新西兰惠灵顿维多利亚大学英文电影戏剧和传媒研究学院)

(译者单位:咸阳师范学院)

---

① W. H Auden, "Spain", *Selected Poems* (New York: Vintage, 1989), p. 55.

# 如何解读历史:来自伊格尔顿对詹姆逊"永远历史化"策略的批判[①]

肖 琼 杨晓鸿

**内容摘要** 在当下后现代主义语境中,以德里达为代表的后结构主义发现了语言对主体的控制或颠覆力量后,历史感不断被淡化,人们关注的焦点转向差异、异质、边缘、碎片、不确定等范畴。在此背景下詹姆逊所提出的"永远历史化"策略有其深刻的原因,其目的在于通过构建一种马克思主义的阐释策略来突显文本背后的历史和能动性。但詹姆逊的"永远历史化"观点遭到了伊格尔顿的批判。伊格尔顿对詹姆逊的批判具有重要的启发意义。文章细致地阐述伊格尔顿对詹姆逊"永远历史化"观点的批判,发掘其理论立场和逻辑出发点,理清其批判的真实目的所在,为我们更好地理解历史化和文学批评的任务指清方向。

**关键词** 詹姆逊 永远历史化 伊格尔顿 文学批评

"永远历史化"是詹姆逊在《政治无意识》一书中开篇喊出的绝对化口号,并宣称这个口号是"一切辩证思想的'超历史'的必要性"[②]。在当下后现代主义语境中,以德里达为代表的后结构主义发现了语言对主体的控制或颠覆力量后,历史感不断被淡化,人们关注的焦点转向差异、异质、边缘、碎片、不确定等范畴。在这样的背景下,詹姆逊提出的"永远历史化"策略有其深刻的原因,其目的在于通过构建一种马克思主义的阐释策略来突显文本背后的历史和能动性。但詹姆逊的"永远历史化"观点遭到了伊格尔顿的批判。伊格尔顿毫不留情地对

---

[①] 本文为国家社科项目"马克思主义悲剧理论与现代性研究"(13BZW001)的阶段性成果。

[②] 弗雷德里克·詹姆逊:《政治无意识:作为社会象征行为的叙事》,中国社会科学出版社1999年版,第3页。

其观点提出质疑,认为詹姆逊所提出的"永远历史化"作为一个超历史的命令,本身又是一个历史行为,因而构成了一种述行的矛盾;同时指出文化左派和右派的分歧并不在于是否历史地解读文本,而是如何解读历史本身。伊格尔顿对詹姆逊的批判具有重要的启发意义。本文细致地阐述伊格尔顿对詹姆逊"永远历史化"观点的批判,发掘其理论立场和逻辑出发点,理清其批判的真实目的所在,为我们更好地理解历史化和文学批评的任务指清方向。

## 一、什么是"历史":詹姆逊和伊格尔顿的不同概念

"历史"的概念从来都是一个非常复杂的问题。威廉斯在《关键词》中讲道,history(历史)在早期用法里是一种事件的叙事纪录。15世纪末开始,history 被视为"关于过去的有系统的知识"。然而,在 18 世纪初期维柯的作品以及新种类的"普遍历史"(Universal Histories)里还有一种重要的意涵,就是把 history 当成是"人类自我发展"(human self—development)的解释,这种意涵使得"历史"不仅与过去有关,并且与现在和未来都有关系。[①] 20 世纪的"历史"概念变得颇为流行又让人捉摸不透。"意识形态模式的介入、话语的运作,为历史蒙上了一层厚重的、巨大的面纱。……历史本身则变得扑朔迷离。"[②]这时期结构主义对语言的研究为这一时期的"历史"概念转变了方向。他们更多地将注意力从"历史"的实在层面和认识层面转向叙事层面,以历史叙事、历史文本、历史表述和历史话语作为分析和研究的对象,批判性地考察它们在"表述"历史中的预先决定性、建构性和意识形态性。

詹姆逊富有创造性的地方在于他在语言和总体中重新界定历史。詹姆逊将结构主义从语言学角度重新思考每一件事物的尝试视为一场哥白尼式的革命:"结构主义宣布:说话的主体并非控制语言,语言是一个独立的体系,'我'只是语言体系的一部分,是语言说我,而不是

---

① 参见威廉斯:《关键词:文化与社会的词汇》,刘建基译,三联书店 2005 年版,第 204—205 页。
② 谭善明、杨向荣等著:《20 世纪西方修辞美学关键词》,齐鲁书社 2012 版,第 330 页。

我说语言。至此,我们看到一系列幻觉的破灭,从哥白尼、达尔文,到马克思、弗洛伊德,最后连人对语言的控制都不过是一种假象而已。"①结构主义认为,说话的主体并非能够控制语言,是语言说我,而不是我说语言,从而把语言非中心化。这个发现第一次揭示出语言对于人的支配性。而历史作为对过去事件的叙事记录,就处于语言和修辞的结构中,与历史叙述和语言结构紧密联系在一起。詹姆逊甚至认为:"历史客体就是对曾经存在过的人与事物所作的'表述'。表述的实体是保留下来的记录和文件。历史客体,即曾经存在过的东西,只存在于作为表述的现在模式中,除此之外就不存在什么历史客体。"②所以,"我们只能了解以文本形式或叙事模式体现出来的历史,换句话说,我们只能通过预先的文本或叙事建构才能接触历史"。③值得肯定的是,詹姆逊尽管认为我们只能以文本的形式去接近历史,但他却能清晰地认识到,历史不是文本,不是叙事,而是"作为缺场的原因"。"作为缺场的原因"的说法来源于阿尔都塞。阿尔都塞认为历史既不是直接呈现的,亦不能直接把握,必须通过其结果或文本化才能认识历史。人们所认识的历史不是历史本身,只是关于历史的概念,是对作为概念的历史的认识。因此,真正的历史总是缺场的。詹姆逊同样认为,实际上,"历史"不可能直接得到呈现,它是作为一个结构性总体内在于文本的结构之中,只能通过预先的文本或叙事建构才能接触到历史。

然而,通过文本化或叙事化接触背后的历史,或者能否成功地接触到背后的历史,这关涉到理解和阐释的问题。在阐释语境的构建过程中,我们遭遇到了某种困惑的骚扰。因为我们总是局限在我们自身的存在之中,比如我们现在的生存语境是一个后现代的消费语境,有电视机、高速公路、高科技产品,崇尚自由和个性化。但是文本中的语境却是一个与我们的现实截然不同的另一种现实,这样,我们就接触到一种陌生性和抵抗性。"我们发现自己被我们的整个文化密度与定

---

① 杰姆逊:《后现代主义与文化理论》,唐小兵译,陕西师范大学出版社1987年版,第29页。
② 詹姆逊:《晚期资本主义的文化逻辑》,张旭东编,陈清侨、严锋等译,三联书店2013年版,第148页。
③ 同上,第120页。

为异己的客体或文化隔离开来,因此我们无法接近异己的客体与文化。"① 在历史主义批评中,文本语境与当下语境的关系只是简单的过去与现在的关系,因而呈现为"相同与差异之间进行的特殊的、不可避免的,然而似乎也是无可救药的选择"②。具体而言,就是当我们要决定分析关于过去的形式或客体时,首先要在相同与差异之间做出随意的选择。说是随意的选择,其实都是根据自己的经验出发而做出的必然选择,而我们在更多的场合下根本无法意识到正是我们自己做出这个选择,选择因而具有了绝对的预先假设性。所以,我们同过去交往时必须要穿过想象界的意识形态,因为"我们对过去的了解总是要受制于某些深层的历史归类系统的符码和主题,受制于历史想象力和政治潜意识"③。这也是当下任何"历史主义"的两难困境。

鉴于这种困境,詹姆逊重新思考了阐释主体的立场和语境问题,并认为应该从三个方面重新阐述。首先,我们必须试图使自己摆脱那种习惯性的看法,认为我们同距离遥远的文化或时代的产物之间的(美学)关系是个人主体关系。詹姆逊认为在这里的个体是作为一个中介,文本中的过去语境和当下阅读语境通过"我"联结起来,过去时间与现实时间也联结起来,体现为两个不同的生产模式相互冲突和相互审查。借助这个中介,"破碎性和自治化,社会生活不同区域的分隔化(companmentalization)和特殊化(换言之,即意识形态从政治、宗教同经济的分离,日常生活与学术实践之间的鸿沟),至少在特定分析的场合得到了局部克服"。④ 同时这里的"中介"并不是要排除阅读过程中个人主体的作用,而是让我们个人的阅读成为两种社会模式的集体冲突的隐喻修辞。如果我们做到了这一点,我们就不再把过去看成是我们要复活、保存或维持的某种静止和无生命的客体。"过去本身在阅读过程中变成活跃因素,以全然相异的生活模式质疑我们自己的生活模式。过去开始评判我们,通过评判我们赖以生存的社会构成。这时,历史法庭的动力出乎意料和辩证地被颠倒过来:不是我们评判过

---

① 詹姆逊:《晚期资本主义的文化逻辑》,张旭东编,陈清侨、严锋等译,三联书店2013年版,第122页。
② 同上,第121页。
③ 同上,第123页。
④ 詹姆逊:《政治无意识:作为社会象征行为的叙事》,中国社会科学出版社1999年版,第30页。

去,而是过去(甚至包括离我们自己的生产模式最近的过去)以其他生产模式的巨大差异来评判我们,让我们明白我们曾经不是、我们不再是、我们将不是的一切。"①这样过去与现在通过阅读主体的"我"为中介联结了起来,可是时间总体性中的未来又如何呈现于文本中呢?詹姆逊借来了乌托邦。他说:"如果说,从结构上阐述任何一个具体的生产模式都暗含其他生产模式的投射的话,那么,这也说明如果没有恩斯特·布洛赫(Ernst Bloch)所称的'乌托邦冲动'的话,过去、现在、未来之间的阐释联系便不可能完整地得到形容和描写。"②而"只要我们在对过去进行阐释时牢牢地保持着关于未来的理想,使激进和乌托邦的改革栩栩如生,我们就可以掌握过去作为历史的现在"③。

伊格尔顿同样是在文本与意识形态中来看待历史,但他更多地综合了阿尔都塞和马歇雷的意识形态理论,以及本雅明的星座化的理论,因而在"历史"概念的看待上不同于詹姆逊。由于结构主义与历史唯物主义的理论融合,马歇雷强调意识形态、艺术与科学之间的三元关系,进而分析了艺术生产与意识形态的关系问题。但伊格尔顿指出马歇雷对意识形态的分析只重内容方面,忽略了意识形态与文学形式的关系,没有涉及物质生产对艺术生产的作用问题。伊格尔顿认为文本不是简单地反映意识形态,而是生产意识形态。伊格尔顿通过演出与剧本的关系来阐明文本与意识形态的关系。演出和它所依赖的剧本的关系并不是表现、反映或复制的关系,而是一种劳动生产关系。"演出是加工生产剧本,把它转换成一种独特的、不可简化的实体。……戏剧工具(舞台、表演技巧等等)把剧本中的原材料生产成为一个具体的产品。演员不仅仅是扮演,而是他执行着功能、表演、行为的作用。"④所以文本生产的对象并不是历史而是意识形态。如果说文本的对象并不是历史而是意识形态,那么历史与文本又是怎样的关系呢?伊格尔顿指出,那种认为文本与历史之间是一种直接的、自发的关系的观点,是一种要被抛弃的天真的经验主义。事实上,文本从来没有被看作是对真实的历史的直接表达,而是通过潜藏于历史中的意

---

① ② 詹姆逊:《晚期资本主义的文化逻辑》,张旭东编,陈清侨、严锋等译,三联书店2013年版,第155页。
③ 同上,第157页。
④ Terry Eagleton, *Criticism and Ideology: A Study in Marxist Literary Theory*, (London: Verso, 1976), p.64.

识形态的形式和材料发挥作用。"历史通过意识形态的决定性而对文本发挥作用,这种决定性在文本内部授予意识形态作为支配性结构的优先权,决定它自身是想象的或'伪'历史('pseudo'History)。"① 历史总是作为意识形态进入文本,它通过影响作者,形成作者意识形态,然后通过作者的创作活动成功地进入文本,同时也通过一般意识形态、读者意识形态等亚结构进入文本。尽管历史在文本是不在场的,但它通过意识形态,以双重的缺席方式在场于文学作品中。因此历史既是文学的终极能指,也是文学的终极所指。而文学批评的任务在于拨去伪装的形式现出其真实的面目。

伊格尔顿对"历史"的态度明显地是继承了本雅明的历史结晶说和单子论。本雅明同样并不关注历史知识,而是重在分析历史的编纂问题。历史在历史编纂的现实中首先预设了前提的合法性,故而在现实之物中不可能提炼出历史现实。在本雅明看来,反思历史问题必须揭示历史的多样性,历史编纂从来就不是在一个单一的、完全由规律支配的情况下进行,所以"星座化"的理论引入就是必须的了。星座化理论使本雅明将关注点转向了传统的"断裂与破碎"之处,通过历史单子来表征并阐释历史与现实。本雅明区分了传统与历史,以及它们之间所构成的关系。他将传统指向被剥削者的历史,主要指那些参与到文明产生过程中的与匮乏、冲突、统治和强取豪夺有关的叙事,并与胜利者的历史形成对比。也就是说,历史和传统分别叙述不同身份不同人的历史,传统指向失败者的历史,而历史才是胜利者的也即主流的历史。本雅明更看重失败者的历史,即与主流历史紧紧依附的另一面。这些历史具有非同寻常的凝聚力和结晶力,可以从历史的连续体中爆破出来,以构成对主流历史的批判。本雅明讲道:"每当思维在一个充满张力的构型中突然停止,这一构型就会受到冲击,通过这样的冲击,构型就会结晶为一个单子。"② 因此,"历史是一种结构的主体,其发生地点不是同质的、空虚的时间,而是由当下的存在所填充的时间"。同样是对历史中时间维度的注重,詹姆逊主要借助于阐释个体的中介身份和乌托邦意识,将过去、现在和未来置于同一个时空中,而

---

① Terry Eagleton, *Criticism and Ideology: A Study in Marxist Literary Theory*, (London: Verso, 1976), pp. 74-75.

② 本雅明:《本雅明文选》,张耀平译,中国社会科学出版社1999年版,第413页。

本雅明却借助历史的停顿或单子,将三者并合起来。失败者的历史正是这样的一种结构性结晶,它包含着一种内在的时间性,是过去—现在—将来的三维同一的历史性生存时间。伊格尔顿并不赞成本雅明对传统和历史的二元对立式的关系划分,他强调"传统"和"历史"并没有构成本质与现象的关系,既不是一一对应,也不是一一映射的关系。也就是说,传统并不是压迫阶级的历史背后如鬼魅般悄无声息的另一历史。"如果它是的话,它便沦为另一种同质性——这一同质性不过就是把历史给否定或颠倒而已,就像工人阶级的某些社团主义历史学所提出的那样。传统不过是阶级历史本身中的一系列阵痛或危机,是属于这部历史的一整套特殊的话语,而非组成某个不可见词语的散落字符。"①本雅明对传统和历史的区分同样包含着二元对立的趋势,这是伊格尔顿所不赞同的。伊格尔顿认为,历史和传统构成的是辩证统一的关系:"所有关乎文化的文献同时都记录了野蛮。"②这也是本雅明被引用最多的一句话,可是引用者并不都真正了解本雅明的这句话的真正内涵。伊格尔顿极力赞同本雅明的星丛和单子说,认为这些组成传统的这一系列危机虽然不能被整合成一个简单的统一体,但可以组成一个复杂的星座,所以真正了解并把握历史是要把握到历史时期中的一个个历史碎片,如本雅明强调的,以一种星丛式的方式折射出历史。而历史唯物主义的使命就是"逆道梳理历史",把它重新组合成为星座形象:"历史主义总津津乐道于把各个历史时刻用非因即果的关系联系起来。然而,史实之所以成为史实,并不是因为它衍生出某种结果。它只是在事后才被追认为史实——这种追认也许要等到上万年后某些事件的发生。而一个把其作为出发点的历史学家对于事件发生的先后则仿佛对于玫瑰念珠的顺序一样不加分辨。相反,他紧攥住由他自己那个时代和一个绝对早于他的时代所构成的星座,并由此建立起当下的概念——'现时之刻'充满了弥赛亚时代的碎片。"③

由此可以见出,詹姆逊的"历史"概念与伊格尔顿有着很大的不同。尽管詹姆逊批评结构主义和后结构主义导致了一个没有本体论上的真实性的历史,强调历史的非文本性,然而另一方面,一翻手他就

---

①② 特里·伊格尔顿:《沃尔特·本雅明或走向革命批评》,郭国良、陆汉臻译,译林出版社2005年版,第63页。

③ 转引自特里·伊格尔顿:《沃尔特·本雅明或走向革命批评》,郭国良、陆汉臻译,译林出版社2005年版,第63页。

把历史的这种非文本性抛在了一边。他自己所提出的历史其实也是一种不具有客体存在形式的历史。他明确表示,"然而返回历史并不是回到旧的历史去,而是要求创造某种新的形式的历史,无论在内容,还是在表达这些内容的形式方面要求创造一种新的历史"①,历史存在于读者的创造中,是读者在对文本阅读过程中重新创造出来的历史,历史于是并不真正具有客体存在形式。詹姆逊强调的"历史"其实是指"历史性",并将"历史"等同于阿尔都塞"缺场的原因"和拉康的"真实界"本身。他觉得在文本的背后,似乎总是会包含着一种历史,即一种结构的总体性,也是他的作为总体的历史。这个总体性必然存在但为我们不能完全把握,如同拉康的"真实界",似乎看得见却永远达不到,然而又可以不断地提供参照。作为关于历史的概念的历史,它就一定会涉及认识中的意识形态问题,如何将历史与意识形态进行区分遴选,詹姆逊好像没有思考得太多,甚至认为历史在某种程度上等同于意识形态。无怪乎史蒂夫·贝斯特作出如此评价:"历史"在他手里变成了"一个非法的抽象,模糊了构成它的诸多因素,不仅阶级,还有种族、亲缘、文化和性——所有这些都需要明确的理论化。"而这种理论化又被詹姆逊"一个人类"的叙述所排除了。② 伊格尔顿提出历史在文本中并不是背后出现的总体性印象,它以双重缺席的方式出现于文本中。文本背后接触到的是意识形态。借助文本与意识形态的关系,我们又可以折射性地把握到背后的历史动力。所以特里·伊格尔顿的"历史"概念不是詹姆逊的关于历史的概念,而是包含发生和接受在内的意识形态的历史语境。历史存在的意义并不在于其客观性形式而在于作为历史史实对现在召唤的等待,从而直接跃入到现实中来。詹姆逊的历史概念与历史主义认识一样,仍然没有跳出意识形态的框架,最终简单地将历史等同于历史概念、意识形态或者拉康的"真实界"。而伊格尔顿的历史指向历史语境和我们阅读的出发点,并以历史的碎片化和单子化形式折射出来,从而再一次回归了历史的客体性特征和唯物主义立场。

---

① 詹姆逊:《晚期资本主义的文化逻辑》,张旭东编,陈清侨、严锋等译,三联书店2013年版,第247页。
② 转引自谢少波:《知识分子图书馆抵抗的文化政治学》,陈永国、汪民安译,中国社会科学出版社1999年版,第157页。

## 二、"永远历史化"的阐释策略与伊格尔顿的批判

伊格尔顿强调,"左派和右派在文学上的争吵首先并不是针对是否历史地解读文本,而是针对如何解读历史本身"。① 旧历史主义把文学文本看作是一种历史现象,认为它产生于特定的历史背景之中,我们在解读的过程中通过它可以反映真实的历史,也只有把文本放回到原本历史语境中,才能获得对文本的正确解读。新历史主义由于发现了文本阅读中背后的意识形态关系,注重发掘"主体"和"历史"的关系,强调"主体"在解读"文本"重构历史的重要作用,强调"文本的历史性"和"历史的本文性"。詹姆逊的"历史化"策略超越其他历史主义的地方在于,他能够清楚地认识到在文本阐释过程中所存在的历时和共时维度的融合,而不是对立和割裂。但詹姆逊的"历史化"阐释策略同样被视为具有激进性质。伊格尔顿认为左派和右派在文学上的争吵其实并不是针对是否历史地解读文本,将文本和事件放回到原有的历史语境中这一策略其实是不可能也是无意义的,而是思考应该如何解读历史本身。

尽管詹姆逊对结构主义发现语言对主体的控制或颠覆力量这一点非常欣喜,但也认识到如果过分地笃信语言的巨大作用,而遗忘了这种作用所得以发生的历史环境,必将造成反历史主义的极端倾向。在詹姆逊看来,历史背后总有一种政治无意识在起作用,通过"永远历史化"的马克思主义文学阐释策略,文本中碎片化、寓言化的语言总会建构成历史,总体性结构也得以构建。詹姆逊非常重视历史客观化和主体化的作用,"历史化操作可以沿着两条不同的路线运行,而最终只能殊途同归:即客体的路线和主体的路线,事物本身的历史根源和我们试图借以理解那些事物的概念和范畴的更加难以捉摸的历史性"。② 在詹姆逊看来,历史化操作不外乎两条途径:客体的路线与主体的路线。前者指探究事物本身的历史根源,后者指我们在理解中试图接近

---

① 伊格尔顿:《我们必须永远历史化吗?》,许娇娜译,《外国文学研究》2008 年第 6 期。
② 詹姆逊:《政治无意识》,王逢振、陈永国译,中国社会科学出版社 1999 年版,第 83 页。

的更加难以捉摸的历史性。简言之,前者指将客体对象历史化,它是对某一特定文化文本的"客观"结构的本质的研究。这也是老式的马克思主义文艺批评或者说庸俗的马克思主义的解释方法,在他们的视界中,文本与客观的历史环境是分离的,两者的关系也表现为机械的因果律或表现的因果律;后者相应地指将主体历史化。主体历史化可能是把阐释立场定位于主体身上,强调塑造一个具有广泛包容力和阐释力的主体,能够把众多各相迥异的批评话语中有用的和肯定的因素纳入自己的历史叙事和解读策略中来。詹姆逊毫不犹豫地选择了第二种,认为这是一种衡量真正的马克思主义阐释行为的成果和力度,也是阿尔都塞所总结的结构因果律的体现。

在《马克思主义与历史主义》一文中,针对历史主义的困境,詹姆逊将对历史困境的传统解决方法总结为四种,并一一作出了评判,由此总结出马克思主义历史唯物主义的优越性:

一、文物历史观。这种历史观把过去的遗址和历史事实视为文物,是一种不可改变的历史事实,与我们没有任何关系。这种历史观依赖于经验主义,否认历史与现实的联系。但是,詹姆逊认为:"事实上,文物研究是历史编纂学中强大意识形态的文化相应物与意象,即经验主义本身。"[1]首先客观事实的概念本身就是理论建构,纯粹的客观事实是不存在的;其次文物研究或经验主义的立场并不是自身的第一立场,而是第二等次的,反应式的,批判性的立场。因为它自身就已经预告假定已经存在其他的历史观,再把推翻其他历史观视为自己的立场和使命。而这正是它自身的理论立场。

二、存在主义的历史观。这是一种"对待过去的第一个有真正实质的理论立场"[2]的历史观。存在主义的历史观出自狄尔泰。它强调对历史性经验的关注,这种经验是一种超越历史事件的经验,是通过现在历史学家的思维,同过去的某一共时的复杂文化相接触时而体现出来的历史性经验。存在历史主义的研究对象包括表现过去历史瞬间或独特和遥远文化的本文,然而,正是这两种力量导致了存在历史主义的理论和意识形态的谬误所在。面对着无穷无尽的文化种类,存

---

[1] 詹姆逊:《晚期资本主义的文化逻辑》,张旭东编,陈清侨、严锋等译,三联书店2013年版,第124页。

[2] 同上,第125页。

在主义历史观不得不要制定统一的原则,来防止简单机械和无意义的事实排列和历史学家们在感受上的片断性印象,使历史获得了某种统一性。但也恰恰就是这个统一原则,形成了存在主义历史观的意识形态性。因为它同样暗示了某种理论预设,人的经验可以纠正历史的过去。例如特里西亚斯就被允许再一次说出临死之前的话,再一次发出已被忘却的预言。所以,历史性经验经由现在的个体同过去的文化事实相遇时产生,往往体现的是个体对历史某一时刻的集体现实的反应,其获得都导向了完全的相对主义。

三、结构历史观。这种历史观表达与存在历史主义毫无共同尺度的推动力。这是一种二元论的历史观,通过区分主要是用来表述和主要是内容的历史事实,转向关注历史对象及其深层逻辑,在将过去的经验归纳为某些基本的类型或系统后,研究历史存在表层下的深层意义,及其投射出的文化结构类型。然而,试图把过去或其他文化的多种经验时刻,归纳进某些重要的类型学或系统里也似乎总是失败的,因为叙事历史的表层一定会又悄悄地出现在类型学里,赋予类型学一种通常被掩饰了的内容。强调历史客体的逻辑立场决定了历史客体的不平衡,拉康称其为"主体的假识"。

四、尼采式反历史的历史观。这种历史观恰好与文物历史观相反,它将历史客体作为对曾经存在过的人与事物所作出的表述,只存在于作为表述的现在模式中,拒绝了历史客体的客观存在。这个观点取代了那种认为文本能指代和表达了一个特定所指的旧式观点,认为能指的意义由能指在以前的能指链中的功能所决定。这种历史观主要肇始于尼采,在新历史主义、后结构主义中有很大的影响。然而这种历史观认为一切历史都是文本,这是我们囿于意识形态而无法突破其限制的结果,从而得出人不能认识历史真相的结论。这种历史虚无主义当然是错误的。詹姆逊认为,历史虽然有文本性,但文本性不是历史的惟一规定性,文本中的意识形态也并非完全遮蔽了真理。文本中不仅有意识形态视界,也有乌托邦视界。

詹姆逊正是在对前四种历史观的评论中逐步展示了马克思主义的历史唯物主义的优先性和阐释意义,并通过比较这四种历史观得出,马克思主义历史唯物主义的生命力在于对历史主义困境的克服:"它修正了我们前面描绘出的循环圈;它假定一个既是相同又是差异的模式;它生产一种结构历史主义,这种结构历史主义取消了存在历史主义的力必多机制,把存在主义的力必多机制置放到一个比结构类型更为令人满意的历史和文化模式的逻辑概念之中。解脱历史主义困境的方法,可以在马克思主义的生产模式理论中找到。"①

在詹姆逊看来,马克思的"生产方式"概念一方面表示为一种现存的或正在出现的事物,体现为一个共时模式。"这些共时模式并不单纯地指定具体和独特的经济'生产'或劳动过程和技术的模式,它们同时也标示出文化和语言(或符号)生产的具体和独特的模式。"②另一方面它也是一个区别性的概念,是一个历时的系统。一个生产模式的形成从结构上是以差异的形式规划了其他可能存在的生产模式的空间,同时又以先进性的模式压制并沉淀下来早期的生产模式,让过去消失了的生产模式共存于现在模式的非共时性中。这种生产模式的共时性和历时性不仅提供了解决过去和现在关系问题的视角,也提供了解决历史中的同一性和差异性矛盾的途径;既在一个共时的空间中解读出被生产方式制约的文化结构和意识形态,又在一个历时的时间中破译出被文本所淹没的历史事实。

詹姆逊对阐释主体的复杂性以及应该确定的立场和出发点进行了详细的分析,这一点已经在前面阐述,不再重复。同时强调"历史化"的阐释过程中应该包含三个视界:政治的、社会的和历史的。他说:"首先是政治史的观念,亦即狭义的即时性事件和最终以编年的方式发生的事件系列;其次是社会的观念,亦即社会各阶级之间现在已经不是历时或拘泥于时间意义上的一种构成性的紧张和斗争关系;最后是历史的观念,这时历史在其最宽泛的意义上被构想为是各生产方式的序列和种种人类社会形态的演进和命运,例如从史前生活到历史已经为我们准备好的无论多么遥远的未来。"③在政治视界中,文本被作为一种社会象征行为,被看作是以审美的形式对实际的社会矛盾的一种想象性解决;在社会视界中,文本被读作是相互对抗的社会阶级进行对抗性对话的场所。如果说在第一层次的视域中主要关注的是个人文本,即把个别作品解作象征性行为,那么社会的视域所要关注

---

① 詹姆逊:《晚期资本主义的文化逻辑》,张旭东编,陈清侨、严锋等译,三联书店2013年版,第151页。

② 同上,第152页。

③ F. Jameson, *The Political Unconscious: Narrative as Socially Symbolic Act*, London: Methuen Young Books, 1981, p. 15.

的就是集体的和阶级的话语,关注的重心也由对"个别现象"、单个事件的聚焦转向对社会阶级、社会现实的聚焦。在这个层面,詹姆逊发明了一个新概念"意识形态素",并在双重结构上(文本的深层结构和表层结构)体现出文本的深刻内涵。而在历史视界中,文本被纳入人类整个生产方式的对抗性结构中加以考察。对于这种对抗性的共时结构,詹姆逊概括为"文化革命"。"文化革命"指的是"共存的不同生产方式已经明显敌对的时刻,它们的矛盾已经成为政治、社会和历史生活的核心时刻"①。在这里,詹姆逊将文本放在整个生产方式的复杂系统中阅读,不同历史时期的生产方式对抗性地共存于一个文本中,而文本则以寓言的方式表现出不同文化与不同生产方式的对抗关系。同时,在这一视域中透视历史,还可以超越了历时与共时的对立。由此,詹姆逊的"历史化"阐释策略创建出了一个严整有致的循环阐释框架:从个人文本到阶级文本,再到作为不同生产方式聚合的历史文本,历史似乎都能在他的阐释中现身。无论文本多么扑朔迷离,只要经过历史化,文本都可以达到向历史的开放。

可是,詹姆逊的这种让"历史"在"寓言"的语言迷雾中先隐蔽而后呈现的做法遭到了后来理论家们的质疑。王一川充分概括了詹姆逊"历史化"策略的局限性,这主要表现在:首先,当突出历史的难以理喻和不可捉摸特性时,是否会导致历史的相对主义偏颇呢?另一方面,最终输入或显现绝对历史地平线时,是否又会甘冒独断论或机械论风险呢?其次,把马克思的历史主义主要用作文化阐释方式而大大"稀释"其战斗性和实践性,这固然出于当代特殊条件下战略调整的需要,但倘是把这种历史观视为马克思主义的"正宗"发展趋向,就必然令人怀疑了。再次,吸收当代语言论美学的成果而推出寓言论阐释途径,颇有新颖而使人启迪之处,尤其是针对某些文学本文而独具阐释的有效性,然而,并非任何本文都具有寓言性质,从而当试图把这种阐释途径扩展为普遍有效的批评方式时,就可能显得过于自信,难免以偏概全,使问题人为地复杂化。②而伊格尔顿更是从理论的逻辑推演上毫不留情地质疑了詹姆逊"永远历史化"理论在实践上的可能性。

---

① 詹姆逊著:《政治无意识》,王逢振、陈永国译,中国社会科学出版社1999年版,第83页。
② 王一川:《历史化与寓言:杰姆逊美学理论评析》,《当代电影》1996年第2期。

伊格尔顿将詹姆逊的"永远历史化"作为一个命题,并进行了一一反驳。首先,从命题的角度来看,这是一个自我排除的命题,因为作为命题本身它自己不能被历史化。就如同一个克里特岛人告诉你所有的克里特岛人都是骗子。这个句子要想成为一个真命题就必须把它自身排除在外,否则它就必然是一个假命题,因为它出自克里特岛人之口。所以詹姆逊的"永远历史化"的主张是一个拒绝相对化的绝对命令,一个拒绝语境化的无语境的要求,一个拒绝变化的永恒真理。

其次,一个真正的历史主义者是不会打出这么绝对化的口号的。伊格尔顿说,真正的历史主义者可能会打出这样的标语:"历史化与否,视具体历史环境而定!"如果要"永远历史化",那么一切元历史的叙述源自何处?历史又是怎样被转换成为元历史的?如果我们必须永远历史化,为了得到这个伟大的真理我们必须站在哪个位置上?站在历史当中,还是站在某个从认识论的角度外在于历史的位置?这一系列的质疑都否定了詹姆逊的"永远历史化"的可能性和合理性。

再次,伊格尔顿清楚詹姆逊提出"永远历史化"的口号是为了要解决历史主义的困境和突出马克思主义历史主义的优先性。詹姆逊认为,任何历史主义的困境都表现于相同与差异之间进行的特殊的、不可避免的,然而似乎也是无可救药的选择。① 而科学的历史编纂学可以让我们摆脱相同与差异的二元对立,使我们洞察意识形态的表述。但是,伊格尔顿指出,詹姆逊在这里犯了这个错误,他认为历史化具有一种激进的本质。其实历史化和主体化在文化左派中是自然而然地被普遍接受,历史化自身压根不是什么激进的行动。如同反讽,你越是强调历史的终结,其结果反而导致了更多的历史。因而"永远历史化"作为一种言语行为,作为一种主体性不断运动的历史过程,它们只不过是深深地扎进被自己宣布废除的历史之中,其结果使历史得以永存②。

最后伊格尔顿揶揄地认为,詹姆逊的"永远历史化"最终只能导致两种结果:"好消息是,既然解释的过程是没完没了的,我们批评家就永远都不会失业。坏消息则是,我们永远无法确切知道我们在讨论什

---

① 詹姆逊:《晚期资本主义的文化逻辑》,张旭东编,陈清侨、严锋等译,三联书店 2013 年版,第 121 页。

② 参见伊格尔顿:《我们必须永远历史化吗?》,许娇娜译,《外国文学研究》2008 年第 6 期。

么,因为未来可能会产生出作品的一个新版本,它取消或者拒绝我们自己生产的那些版本。"①正如王一川教授所说,詹姆逊把马克思的历史主义主要用作文化阐释方式,其结果是大大"稀释"其战斗性和实践性。马克思主义历史唯物主义的真正价值在于发现人民群众才是历史的真正创造者,决定历史发展规律的背后是阶级斗争,因而具有了革命性和战斗性。但是如何恢复马克思的历史唯物主义的战斗力和革命性,从文本中找到抵抗意识形态和唤醒历史的革命性力量,伊格尔顿所要做的就是重新思考文学批评的任务。

## 三、文学批评的任务:伊格尔顿的回溯性阅读策略和悲剧研究

对于伊格尔顿来说,马克思主义的辩证法并不是否定之否定的发展规律,而是事物本身紧紧相随的两面。伊格尔顿高度评价了马克思辩证看待历史的态度,认为在当代理论中,只有马克思主义才强调现代性乃是人类幸福的一个革命性进步,同时又坚持认为现代性是一场漫长的屠杀和剥削的噩梦,从而极力反对对待历史的简单乐观主义式的历史目的论。

然而本雅明认为马克思同样具有目的论维度,这对于政治革命而言是灾难性的。"马克思的作品中最终出现了某种目的论逻辑的历史,而马克思有关历史和未来的全部思想均由这个逻辑衍生出来。"②这种对历史的态度最终会导致,把苦难视为正当,并且忽视追忆历史中的受难者。在对历史问题的反思上,本雅明看重的是历史编纂的方法,而不是历史知识。"历史地描绘过去并不意味着'按它本来的样子'(兰克)去认识它,而是意味着捕获一种记忆,意味着当记忆在危险的关头闪现出来时将其把握。历史唯物主义者希望保持住一种过去的意象,而这种过去的意象也总是出乎意料地呈现在那个在危险的关

---

① 参见伊格尔顿:《我们必须永远历史化吗?》,许娇娜译,《外国文学研究》2008 年第 6 期。

② 弗莱切:《记忆的承诺:马克思、本雅明、德里达的历史与政治》,华东师范大学出版社 2009 年版,第 19 页。

头被历史选中的人的面前。"① 所以,"我们不能把目光简单地定格在客体外表,而是要领会客体利用'间断的唤醒'所表征的特征,客体完全可以被解读、被领悟,它已经为此做好了一切准备"②。本雅明对历史问题认识明显与詹姆逊不同,他已经明确告诉我们客体完全可以被解读、被领悟,而且已经为此做好了一切准备。本雅明关注的是如何深入到客体中去理解历史,"历史——一个特殊的历史,一个浓缩的'意象'——要求我们找到一种途径,深入客体之中并理解它,这是我们必须接受的事实"。③ 本雅明将过去视为一个浓缩的意象,历史匆匆掠过,能够紧握历史的只是这样一个意象,它昙花一现,每当人们认识它时,它却稍纵即逝。所以本雅明强调"震惊"的体验,在震惊的惊愕中,能够迅速地抓住这个让自己震惊的历史意象。弗莱切评价道,"本雅明对历史客体的"启示,或"历史参数"的可理解性阐释,可被视为对历史解读中主客体预设模式的颠覆。④ 伊格尔顿的评价是:"他以犹太人的方式拒绝提供一个关于未来的雕像,因为未来的唯一形象就是当下的失败。"⑤ 从当下的失败意象中,可以获得对历史未来的改变。本雅明由此提出了一个迷人的观点:历史在某种意义上是可以改变的。我们总是说过去是固定的,而现在和将来则是自由的,事实并非如此;相反的,过去本身就是处在不断的变动之中,因为现在和将来都在一种全新的光线下对它加以改写。所以历史唯物主义者总是尽可能切断自己同它们的联系,并把同历史保持一种格格不入的关系视为自己的使命。所以我们总是强调要将历史意象轰出历史连续体,将统一体撕裂以便直面过去,且将这种过去化为感知和切实的经验感受。

可是我们从来没有成功地将过去轰出历史连续体。正如亨利·福特明智地指出的,到目前为止历史主要还在沉睡之中,这就是为什么马克思会把迄今所有一切都称为"前历史的"。马克思甚至吝于给到目前为止的叙事以"历史"的尊称。相反,所发生的只是某种潜在的剥削模式一个接一个单调乏味的变体而已。伊格尔顿说道:"唯一真

---

① 汉娜·阿伦特编:《启迪:本雅明文选》,张旭东、王斑译,三联书店2012年版,第267页。
②③④ 弗莱切:《记忆的承诺:马克思、本雅明、德里达的历史与政治》,华东师范大学出版社2009年版,第39页。
⑤ 伊格尔顿:《我们必须永远历史化吗?》,许娇娜译,《外国文学研究》2008年第6期。

正的历史事件是与前历史决裂,让历史开始启动。"①在伊格尔顿看来,文学批评的任务是对记录文明的史册进行 X 光检查,以便揭露其中野蛮的痕迹。在文学批评中,伊格尔顿强调将文本中的事件或历史意象独立出来,以解释它在现在语境中的复杂意义。在这里,我们也似乎已经深刻地理解了伊格尔顿为何转向悲剧研究的苦心和深刻用意。

  在文学批评策略上,伊格尔顿并不强调让文本回归历史语境中,而是强调一种回溯性的阅读方式在文本中遭遇过去和历史,从而激活过去和历史。与本雅明一样,伊格尔顿将眼光转向了苦难的记忆。伊格尔顿同样不愿意延续以往历史强调目的论和连续性的观点,更注重于历史的破碎和断裂。在文学批评上,他更强调作品与历史条件的契合,一旦契合,便能解读出新的意义,从而将现在救赎。"当下的某个时刻可以回到过去的某个时候并且将它赎回,让它以一种从未预想到的方式再活一次,将它刻写在必定已将它遗忘了的历史之中,结果每一个历史时刻都能够看到其他时刻所折射的自己的形象,本雅明把这种情况称为'星丛',也称为辩证的形象。"②伊格尔顿认为本雅明所指的这个重要的历史时期或者说历史意象就是新旧交替的重要历史时期,也是一个时代的最具悲剧性色彩的时期。伊格尔顿很肯定地说:"悲剧最常见的背景似乎是'一种重要文化出现实质性衰弱和转变之前的时期'。一种传统的秩序依然能起作用,但逐渐与新兴的价值观、关系、情感结构产生矛盾。"③伊格尔顿强调,对于马克思主义来说未来是内在于现在的,它以某种政治力量的形式依稀呈现,这些力量能够潜在地释放出来并打开一个令人满意的未来。我们以伊格尔顿对《克拉丽莎》和《安提戈涅》政治性解读为例。

  《克拉丽莎》是理查逊的作品,在理查逊时代可堪称为"天下第一书"④,它的出现意味着英国有了自己的第一部悲剧小说,可见影响之大。而作品一旦与历史条件契合后,我们就能从作品中解读出新的意义。与其他理论家视点和研究方法不同,伊格尔顿更注重对历史意象的凝注,将这个历史事件从历史连续体中爆破出来。因此伊格尔顿最

---

  ①② 伊格尔顿:《我们必须永远历史化吗?》,许娇娜译,《外国文学研究》2008 年第 6 期。

  ③ 特里·伊格尔顿:《甜蜜的暴力——悲剧的观念》,方杰等译,南京大学出版社 2007 年版,第 152 页。

  ④ 伊恩·P·瓦特:《小说的兴起》,高原等译,三联书店 1992 年版,第 249 页。

关注的是对克拉丽莎的死亡意义及其背后激进的政治意义的研究。伊格尔顿挖掘的不仅是克拉丽莎之死在小说描述中的漫长过程,而且以悲剧的替罪羊性质切入问题的分析,揭示它的公开性的政治意义和革命转换性意义:"她的赴死过程是在表明一种政治姿态,这种超现实行为说明她脱离了自己在一定程度上赞成的那个社会制度。……她的死亡就应该是一个集体的公开事件,一个复杂的物质性的事件,是对自身生活于其中的现实社会的否定。……她平静地赴死,丝毫不受他人的控制。这一切都成了钉在社会棺材上的钉子,正是那个社会把她逼上了死路。"①"克拉丽莎的死,是一种政治自由的姿态——一种从她所看透的权力结构中隐退的超现实主义的行为,通过不变的温顺和谦恭,使所有的一切更具讽刺意味。"②小说从她的死亡所蕴含的政治叙述中,将对女主人公身体的粗暴对待转换为与所有那些被他们劫掠的人的休戚相关的形象。克拉丽莎就作为一个历史时期的浓缩意象,从整个历史连续体中独立出来。伊格尔顿解读出这个意象作为政治性内涵的意义:克拉丽莎通过她的死亡行动化为一个象征性的符号能指,成为不公正的体制中的焦点或符号。而死亡的公开演示使得她由牺牲的受害者变成了革命的替罪羊,通过死亡把虚弱转变成了力量。

　　伊格尔顿对《安提戈涅》的阅读是倒叙式的,以一种回溯性的阅读策略来探讨并确定安提戈涅的行动在社会历史中所具的意义。伊格尔顿关注的重点是安提戈涅的"罪"、她的被社会驱逐的位置以及她的符号性死亡意义。在故事中,安提戈涅本来是处在统治秩序上层权力范畴之内的人物,是国王克瑞翁的侄女。由于触犯了克瑞翁所颁布的法令,被克瑞翁下令逐出秩序之外,并面临着死亡的惩罚。安提戈涅犯下了什么罪呢?作为替罪羊式的人物,她的"罪"是非常关键的。从安提戈涅自身来说,她并没有犯罪,她只不过根据亲属法,埋葬她的哥哥,以履行她的伦理责任,她并没有犯下任何个体的罪行,在这个意义上,她是无辜的;但是,作为一位社会公民,她又确实违反了当时的法令,犯了罪。应该说,安提戈涅的罪是人类共同的罪,安提戈涅是为了整个人类而犯罪,带上了象征他们集体的罪行和罪恶的意味。这样安

---

① 特里·伊格尔顿:《历史中的政治、哲学、爱欲》,马海良译,中国社会科学出版社1999年版,第166页。
② Terry Eagleton, *Holy Terror*, Oxford: Oxford University Press, 2005, p.138.

提戈涅的逻辑只能是悖论式的。正如吉拉尔德所揭示的古代替罪羊逻辑上的悖论：祭品是神圣的，杀害他就是犯罪，可祭品正是因为遭到杀害才是神圣的。安提戈涅也必须面对这种逻辑上的悖论。如果她恋生，即使在克瑞翁赶到之时解除了对她的死亡惩罚，重新获得生命，她也只能是一个失败者；相反，她的神圣和崇高必须是在违反法令，以犯罪的形式，最后在死亡中才能成全的崇高美，并让这个城市获得了拯救。安提戈涅很好地把握了悲剧中的节奏，充分利用她自己的对生与死之间的那段地带的占领，主动选择死亡，从而在拥抱死亡中反败为胜，让价值走向颠倒："她对实在界充满深情的忠诚撕裂了符号秩序，并且坚定不移地走进死亡。"① 从此她被作为一个无辜者的剪影，定格在人们的思想里，作为社会否定性的镜像，折射出权利的脆弱和不公正。而当人们能够理解安提戈涅之时，在她的虚弱之处就会涌出革命性的力量。

透过"永远历史化"的背后，我们看到詹姆逊重建总体性的努力，他提出的艺术话语能将意识形态与乌托邦调和起来的观点也显示出詹姆逊对美好未来和实践方式的一种乐观主义式的展望，然而却也大大"稀释"了马克思的历史主义的战斗性和实践性。而伊格尔顿在对詹姆逊理论观点的批判中重新思考文学批评的重要任务，希望借助文学批评手段，通过对最具动荡的历史时期的文学分析，重新找到社会革命的源泉，找到现代价值重塑的源泉所在。伊格尔顿对詹姆逊的"永远历史化"阐释策略的批判也让我们倍受启发。詹姆逊的"永远历史化"目的在于试图构建起超越于其他文学批评的马克思主义的文学阐释策略，纵然出发点很好，但由于理论性和形而上学性色彩浓厚，在实践上只能成为詹姆逊自己的一个乌托邦想象而已。历史唯物主义的优势正在于它对历史的唯物主义的立场和真实把握。尽管后现代主义语境中阶级主体似乎已被自由个体所取代，伊格尔顿却从悲剧研究中读解出改变历史现实的革命力量。

(作者单位：云南财经大学传媒学院)

---

① 特里·伊格尔顿：《甜蜜的暴力——悲剧的观念》，方杰等译，南京大学出版社2007年版，第246页。

# 神义论、反讽与马克思主义：特里·伊格尔顿悲剧美学的哲学逻辑与美学意义

段吉方　肖　琼

**摘　要**　英国马克思主义美学家特里·伊格尔顿从神义论哲学逻辑和立场出发，借助人类学、伦理学和精神分析学等多种研究方法，分析了现代悲剧所蕴含的"替罪羊"属性及其神秘的转换机制，对现代悲剧美学的反讽特性及其文化功能做出了深入的阐释，构建了具有自己独特思想特征、问题领域及其解答方式的马克思主义悲剧美学理论。伊格尔顿悲剧美学理论是他的马克思主义批评理论在后期思想发展中的一个重要的转变，伊格尔顿着眼于悲剧与希望的关系，并以此为思想基点反观现代悲剧与资本主义社会文化现实，体现了鲜明的理论研究的现实性。

**关键词**　特里·伊格尔顿　现代悲剧　反讽　审美现代性

悲剧研究是 20 世纪英国马克思主义美学中的一个重要课题。特里·伊格尔顿的悲剧美学理论以神义论为基本的哲学逻辑和立场，从神义论哲学逻辑和立场出发，借助人类学、伦理学和精神分析学等多种研究方法，分析了现代悲剧所蕴含的"替罪羊"属性及其神秘的转换机制，并对现代悲剧美学的反讽特性及其文化功能做出了深入的阐释。伊格尔顿的悲剧美学构建了具有自己独特思想特征、问题领域及其解答方式的马克思主义悲剧美学理论，对悲剧与现代社会各种文化现象之间的关系问题进行了重新思考，回答了悲剧思想内涵的承续和转化问题，为解读现代审美文化经验提供了重要的理论解答维度，是现代悲剧美学研究与西方马克思主义美学研究新的理论生长点，蕴含着重要的思想启示。

## 一、神义论与悲剧反讽:伊格尔顿悲剧研究的理论逻辑

英国是一个有着深厚的悲剧文学创作传统的国家,悲剧研究在英国文学以及美学批评传统中占据了非常重要的位置。雷蒙·威廉斯的《现代悲剧》、《希望的源泉——文化、民主和社会主义》,特里·伊格尔顿的《甜蜜的暴力》、《悲剧、希望与乐观主义》等理论著作在英国乃至现代社会文化语境中,充分吸收英国经验美学的批评传统,结合文化经验分析的方法,把悲剧问题、悲剧性以及悲剧经验与普通大众的日常生活和经验紧密结合起来,提出了一种基于文化生活方式的悲剧理论,体现了现代悲剧研究的理论思路。无论是威廉斯,还是伊格尔顿,他们对悲剧问题的研究没有完全局限在从古希腊开始的悲剧文学传统观念上,也没有受传统马克思主义悲剧理论的限制,他们认为不仅存在着作为文学形态的悲剧,也存在着呈现为日常生活事件的悲剧。他们将悲剧与意识形态分析紧密联系起来,改变了传统悲剧理论注重悲剧手法、悲剧冲突、悲剧效果研究的格局,不断将悲剧研究的问题领域引向现代社会中的悲剧行动及其伦理功能,极大地拓展了悲剧美学研究的现代意义。威廉斯认为,悲剧的真正意义应该受到文化和历史的双重界定,"最常见的悲剧历史背景是某个重要文化全面崩溃和转型之前的那个时期。它的条件是新旧事物之间的真实冲突,即体现在制度和人们以事物的反应之中的传统信仰与人们最近所生动体验的矛盾和可能性之间的张力"。[1] 新旧事物的冲突,制度、传统信仰与人们真实生活体验之间的矛盾和张力都可以构成悲剧,在现代社会中,主人公的毁灭、无可挽回的失败行动、人的孤独和死亡以及对邪恶的强调,都是值得重视的悲剧经验,我们必须从历史的角度来理解悲剧,不再把它抽象化。"悲剧不只是死亡和痛苦,它也肯定不是意外事故。悲剧也不是对死亡和痛苦的所有反应。确切地说,悲剧是一种特殊的事件,一种具有真正悲剧性并体现于漫长悲剧传统之中的特殊反应。"[2]正是由于他们的理论研究,20世纪英国马克思主义悲剧理论更

---

[1] 雷蒙·威廉斯:《现代悲剧》,丁尔苏译,译林出版社2007年版,第45页。
[2] 同上,第4页。

多地关注悲剧与现实生活的关系,注重对现实文化经验中的悲剧性事件的具体分析,并在这个过程中积极强化悲剧性情感体验与社会现实的同构关系,从而更加深刻地彰显了悲剧研究的现实性。

与雷蒙·威廉斯等20世纪英国马克思主义美学家从"感觉结构"角度阐释现代悲剧经验的理论思路不同,特里·伊格尔顿更注重悲剧的反讽性属性和功能。威廉斯曾提出,在现代悲剧中,悲剧性主人公既"被社会所毁灭,但同时能够拯救社会"[1]。特里·伊格尔顿进而把现代悲剧的这种特征直接界定为它的"反讽性"。所谓"反讽性",即现代悲剧所蕴含的那种重要的文化仪式功能,指的是现代悲剧超越了传统古希腊悲剧中的英雄受难主题以及黑格尔意义上的悲剧伦理,悲剧中的人物从英雄变成了普通人,并以一种"甜蜜的暴力"的形式在个体内在心理冲突的层面上展现它的文化功能和意义。"悲剧性反讽"是伊格尔顿悲剧美学理论的核心思想,它既是伊格尔顿所强调的现代悲剧经验的最重要的表现方式,同时又体现了对传统悲剧理论与悲剧性经验在文化体验层面上的转化分析。

在伊格尔顿那里,"悲剧性反讽"首先来自于对"神义论"的考察。最先在哲学领域系统阐述神义论观念的是17世纪德国哲学家莱布尼茨。在著名的《神义论》中,莱布尼茨考察了上帝的存在与人的罪恶的持续的问题。基督教的创世神话中宣扬,上帝始终是全知、全能、全爱的化身,上帝创造了世界。可是如果上帝是全知、全能、全爱,是正义的,为什么世间还存在着如此之多的恶?上帝为什么会容许恶的存在,并要他的子民去承受这么多的灾难?在《神义论》中,莱布尼茨理所当然地承担了为上帝的正义辩护的角色。他首先区分了永恒真理和事实真理。认为前者是必然的,因而它不可能有对立者;相反,后者是偶然的,因而它的对立者是可以成立的。在莱布尼茨看来,上帝按照自己的判断和法则创造了世间万事万物,这一点是事实真理,而不是永恒真理,上帝对这些法则的规定并不是绝对自由的,他还受到一个更高秩序的更为有力的理由所制约,即始终受到善的理由的制约而作出决定,因为上帝对于人的自由意志和自由行为是无法预定的。但是,上帝对世间的一切事物是可以预先决定的,为了让世界更加趋于完美,上帝可以通过先验法则使他的创造物——人摆脱加诸其身的各

---

[1] 雷蒙·威廉斯:《现代悲剧》,丁尔苏译,译林出版社2007年版,第36页。

种制约和法则,目的是在他们身上唤起他们的天性所达不到的东西,因此上帝赋予了人类以自由意志和智慧,从这个意义上说,上帝是正义的化身。在现实世界中存在恶,但上帝并不是恶的创造者,世界上之所以存在着恶,是由于创造物中存在着原初的不完美性和缺陷,这种不完美和缺陷来自创造物自身的局限,"上帝不可能赋予创造物所有一切,否则便只有使它自身成为一个上帝"。① 莱布尼茨还提出,上帝作为正义的化身除了创造世界以外还承担着唤起创造物中的善,祛除创造物持续的不完美性和缺陷的责任,上帝仍然是正义的上帝。莱布尼茨把恶分为三种:形而上的恶、形体的恶和道德的恶。形而上的恶是一切创造物本质上的有限性所带来的不完美性,它是必然的;形体的恶在于痛苦;道德的恶在于罪。② 在莱布尼茨看来,恶并非现实,而是作为缺失、缺陷存在于创造物之中,所以,"容许恶"是上帝所规定的。这样,莱布尼茨成功地为上帝的正义和世间的恶的关系完成了辩护。

自古希腊时代以来,悲剧就较为普遍地涉及了善与恶的关系、永恒正义与伦理规范、性格缺陷与英雄受难等哲学文化主题与原型,所以悲剧与正义的问题密切相关。伊格尔顿的悲剧理论就较为明显地尊崇悲剧与正义这样一种古老的文化主题,但他作出了明显而深入的现代转换,特别将传统哲学与神学层面上的"神义论"观念与悲剧的现代性发展、人道主义等命题结合起来,由此提出了他基于"神义论"基本逻辑理论立场的现代悲剧理论。在《甜蜜的暴力》中,伊格尔顿提出:"倘若悲剧对现代性至关紧要,它就几乎是一种神义论,一种形而上的人道主义,一种对启蒙运动的批判,一种被移植的宗教形式或者一种政治怀旧情绪。"③伊格尔顿强调的并非是那种普遍意义上的神义论观念,而是强调现代悲剧中蕴含了神义论的基本思想观念,并由此体现了悲剧在现代社会发展中最重要的文化功能,悲剧与正义的问题也纳入到了悲剧的现代性思考过程之中。

伊格尔顿认为悲剧在今天所承担的职责仍然包括神义论的内容,但他从"神义论"的立场阐释现代悲剧并非是像莱布尼茨那样仍然承

---

① 莱布尼茨:《神义论》,朱雁冰译,三联书店 2007 年版,第 127 页。
② 同上,第 120 页。
③ 特里·伊格尔顿:《甜蜜的暴力》,方杰等译,南京大学出版社 2007 年版,第 21 页。

担为现代悲剧辩护的任务,因为,在现代社会中,传统"神义论"的哲学语境发生了重大的变化,在这种语境变化面前,伊格尔顿对悲剧文化功能的阐释必然面临新的思想调整。在伊格尔顿看来,如果说,传统悲剧的神义论内涵是承担"为恶辩护"的责任,那么,在现代语境下,特别是在现代资本主义社会政治与文化语境下,现代悲剧承担的则是为社会现代发展中政治与人性的复杂性辩护的职责,由此,传统悲剧的神义论内涵在伊格尔顿这里发生了重要的政治和文化层面上的置换。伊格尔顿提出,现代悲剧毫无疑问要面对资本主义的政治与文化语境,当前资本主义社会虽然存在着很多的矛盾,但是在某种程度上这些矛盾也是推动资本主义社会前进的动力,促使资本主义体制进行自我的调整和拯救,同时,资本主义社会仍然存在着反映社会矛盾的恶,这种恶的现实与资本主义社会的自我调整机制产生了复杂的张力结构,使恶与人性的复杂性更加突出。作为反映社会现实与人性复杂矛盾的悲剧在这样一个历史语境中面临着与以往不同的境遇,这正是悲剧的现代性蕴含所在。现代悲剧的现代性就是以一种现代神义论的形式更加鲜明地体现出对资本主义社会发展批判功能,它为资本主义社会发展与人性的复杂性辩护的同时又深刻地批判异化的现实,因而充分彰显了现代悲剧的伦理美学功能。伊格尔顿的现代悲剧理论具有鲜明的现实感,他对现代悲剧神义论内涵新的阐释既丰富了现代悲剧理论,同时也复活了传统悲剧神义论的现代意义。神义论的现代悲剧观是伊格尔顿悲剧理论最重要的理论特色,同时也体现了他作为一个马克思主义批评家的伦理追求,现代悲剧、神义论、现代性与马克思主义,这些相互之间既有区别同时又有着丰富理论交融特征的观念在伊格尔顿的悲剧理论中获得了奇妙而生动的理论对话,同时也构成了他的现代悲剧理论重要的理论资源。

## 二、现代悲剧的"替罪羊"机制与"牺牲仪式"的转换

从神义论现代内涵出发,伊格尔顿深入阐释了现代悲剧的生成与表达机制即现代悲剧的"替罪羊"机制问题。在西方悲剧理论中,"悲剧"的最初含义是"山羊之歌",但伊格尔顿认为,对于"悲剧"一词,也

许最好的翻译是"替罪羊之歌"。① "替罪羊"机制在西方悲剧思想中有着悠久历史,具有极强的反讽意味。在古希腊,为了排除头一年聚集的污秽之物,在新年伊始,古希腊城邦一般会挑选出城里最贫困、畸形的人来担当"替罪羊",并赋予他以象征性的权力,然后将他逐出城外,已达消除污秽的隐喻目的。在古希腊文化中,"替罪羊"机制象征了一种特殊的文化仪式,通过这种仪式,人们在想象中祛除社会中的各种污秽和罪恶。"替罪羊"具有双重的象征:一方面,象征着某种共同体的罪恶;另一方面,它又有权力的隐喻特征,在祛除仪式中,"替罪羊"被驱逐象征着权力的旁落和消失。

在关于现代悲剧的理论探讨中,伊格尔顿将这种古老的"替罪羊"机制在更为普遍的意义上引申开来,他保留了"替罪羊"机制的象征与隐喻内涵,但极大地拓展了它的象征范围和隐喻意义,把传统意义上作为一种文化仪式的"替罪羊"与现代悲剧中的文化权力结构及其牺牲机制结合起来,在文化研究的意义上为传统悲剧理论中的"替罪羊"机制重新注入了新的思想内涵。威廉斯曾提出,现代悲剧几乎抛弃了传统悲剧那种简单的牺牲形式。在现代悲剧中,悲剧主人公已经不是悲剧英雄,而是普通的受害者。现代悲剧中普通的受害者默认当前的社会规则,并且努力遵守那些规则,但最终还是无法避免自己的牺牲悲剧,走向死亡。这种死亡姿态表达的不是抗争,而是悲剧性妥协,悲剧主人公的毁灭是一种受害而不是从受难中激起的抗争,因而,威廉斯强调,传统悲剧中那种牺牲的仪式性功能——悲剧英雄被夺去生命,从而激起整个群体的抗争,使生存的问题更加严肃和庄重——已经远离了我们的生活经验,"唯独在基督教的核心教义中仍然保留着情感上的意义"。② 威廉斯看到的是传统悲剧中的"牺牲仪式"的变化,它主要是在文化与日常生活的含义上来看待现代悲剧的文化形式,伊格尔顿在传统悲剧"牺牲机制"的转换中重新提出"替罪羊"机制的内涵与意义,并与社会权力结构的变化及其由此导致的悲剧经验的现代转换中,更深入分析了现代悲剧理论的"牺牲仪式"问题。

伊格尔顿提出,悲剧中难免"牺牲"。但在现代文化条件下,如何看待"牺牲"却具有重要的意义。像安提戈涅,黑格尔赋予她的牺牲是

---

① 特里·伊格尔顿:《甜蜜的暴力》,方杰等译,南京大学出版社2007年版,第292页。
② 雷蒙·威廉斯:《现代悲剧》,丁尔苏译,译林出版社2007年版,第156页。

普遍意义上的伦理内涵。伊格尔顿提出,安提戈涅那种伦理性的"牺牲"在今天文化条件和语境下如何呈现其具体的意义和功能呢?显然,现代悲剧中不止一个安提戈涅,如果现代悲剧中的人物均是在普遍的伦理内涵层面上体现牺牲与死亡,那么,现代悲剧还有什么价值?据此,伊格尔顿提出,安提戈涅的"牺牲"之所以有价值,是因为她在悲剧中是一个具有"替罪羊"属性的悲剧人物。伊格尔顿关注的重点是安提戈涅的"罪",作为"替罪羊"式的人物,她的"罪"是非常关键的,从安提戈涅自身来说,她并没有犯罪,她只不过从伦理责任出发埋葬了她的哥哥,但是,作为一位社会公民,她确实违反了当时的法令,犯了罪。所以,安提戈涅的"罪"是人类共同的罪,带上了象征某种共同体的罪行和罪恶的意味。克瑞翁甚至对安提戈涅的"罪"有着清醒的认识,在处罚安提戈涅之时,克瑞翁说:"我要把她带到没有人迹的地方,把她活活关在石窟里,给她一点点吃食只够我们赎罪之用,使整个城邦避免污染。"正是在这个意义上,安提戈涅的"罪"其实蕴含了深刻的"牺牲仪式",克瑞翁将安提戈涅的"牺牲"作为社会赎罪之用,她是整个社会的"替罪羊",是社会的被遗弃者,克瑞翁通过这样的"牺牲仪式"是在祛除社会的罪恶。因此,安提戈涅的"牺牲"具有一种反讽性的功能:安提戈涅的伦理是神圣的,杀害她就是犯罪,但她正因为遭到杀害才是神圣的。安提戈涅必须面对这种逻辑上的悖论,如果她贪生,即使获得生命,她也只能是一个失败者;相反,她的神圣和崇高必须以"牺牲"的形式才能成全悲剧的崇高。所以,伊格尔顿提出,在作品中,安提戈涅其实是很好地把握了悲剧中的"节奏",充分利用她的牺牲,在对现实充满深情的回望中"撕裂了符号秩序,并且坚定不移地走进死亡"[①]。从此她被作为一个无辜的"替罪羊"的剪影定格在人们对她的怀念中,她的"牺牲"也成为了一种社会否定性的镜像而具有了现代文化启示,折射出了社会与意识形态权力结构的脆弱,而当人们能够理解安提戈涅之时,在她的"牺牲"中就会涌出"革命性"的力量。以这种理论方式,伊格尔顿将现代悲剧中的"替罪羊"机制、"牺牲仪式"与悲剧的"革命性"蕴含联系起来,传统悲剧中的"替罪羊"机制也就在安提戈涅的"牺牲仪式"中具有了解构的力量,从而超越了传统悲剧的普遍伦理指向。

---

① 特里·伊格尔顿:《甜蜜的暴力》,方杰等译,南京大学出版社 2007 年版,第 246 页。

从作为"替罪羊"的悲剧人物安提戈涅的"牺牲仪式"出发,伊格尔顿区分了现代社会与文化条件下两种"牺牲":利己主义的牺牲和利他主义的牺牲。在他看来,利己主义的牺牲是为了外在的权威或奖赏而抛弃生命,或者说是为了获得自己的利益而放弃生命,在日常生活中,那种因为各种厌倦和倦怠而抛弃生命的行为也是利己主义式的牺牲,这不是真正的"牺牲";利他主义的牺牲则是"我"的牺牲是为了他人的幸福,而不是满足我自己的欲望或利益,"牺牲"就是唯一的目的。伊格尔顿认为,悲剧中的人物的"牺牲"应该是一种利他主义的牺牲,而不是利己主义的牺牲。这样,其实也就复活了悲剧的现代功能,也就是说,如果现代悲剧提倡的仍然是那种利己主义的牺牲,那么,悲剧中的"牺牲仪式"就难以实现新的文化价值和功能。"传统的替罪羊可以被逐出城外,因为其统治者不需要它,只是将其当作卸载他们集体罪行的一个客体。旁观也很可怕,以至于让人不能容忍它继续留在城内。但是现代替罪羊对于将其排斥在外的城邦的动作是必不可少的。它不是一个关乎几个受雇乞丐或囚犯的问题,而是关于全部挣血汗钱、无家可归者的问题。力量与软弱的双重性又回来了,不过表现为新的配置。"①所以,在现代悲剧中,安提戈涅们"牺牲"不只是对生命的否定,而且是为了回归一个正义的世界,实现"牺牲仪式"的新的力量与思想配置转换。正是借助于这样一种历史置换,现代悲剧中的"替罪羊"机制其实蕴含了深入的革命和解放的功能,它成了政治生活中的寓言,包含了政治与意识形态的转喻关系,它不仅能够实现传统悲剧意义上的"净化"与"祛污避罪"功能,更主要的,它能够激起我们对被统治秩序驱逐的"替罪羊"的同情和感伤,并能借助这个机制辨认出能够改变现有权力机制的神秘力量,正是在这个意义上,现代悲剧的"替罪羊"机制体现了一种现代神义论主张。

## 三、悲剧、基督教与马克思主义

伊格尔顿从神义论的理论逻辑出发分析现代悲剧的"替罪羊"机制与"牺牲仪式",他首先反对的是英国学者乔治·斯坦纳将基督教和

---

① 特里·伊格尔顿:《甜蜜的暴力》,方杰等译,南京大学出版社2007年版,第309页。

马克思主义视为非悲剧的思想观点。乔治·斯坦纳提出:"基督教和马克思主义的形而上学在本质上是一种反悲剧的世界观。"①其理由在于:第一,悲剧与正义无关。悲剧与犹太教的思想体系是截然不同的。在犹太教的思想体系中,上帝是正义的化身,人类只要遵守上帝的法则,他所遭受的痛苦就会在上帝那里得到公正的补偿。犹太教徒能够一味地忍耐并不是荒唐的,其前提就在于他们相信忍耐背后会有一个光明前景,暂时的忍受会得到相应的补偿。所以斯坦纳认为,"对补偿或报偿之间的平衡强调是极端错误的","哪里有补偿,哪里就会有公正,这就意味着没有悲剧"。② 第二,悲剧与理性、必然性无关。犹太教的反悲剧性不仅体现在他们所强调的正义,同时还因为他们过于理性。悲剧中所包含的必然性是一种神秘的力量,它完全处在人类的理性或正义控制范围之外,人们根本无法把握它。"在人的外部或内部,都存在一个世界的'他者'。你愿意叫它什么,它就是什么:一个隐藏的或邪恶的神,一种盲目的命运,地狱诱惑或者我们兽性血统的残忍狂暴。它埋伏在十字路口等待我们,它嘲笑我们,毁坏我们。"③因此悲剧不可能精确地预测接下来会发生什么。摧毁悲剧性个体的力量既不能被理解亦不能被理性的冷静所征服。斯坦纳揶揄地嘲讽道:"灵活的离婚法律是不能改变阿伽门农的命运的,那些精神分析疗法对于俄狄浦斯更是无效。但是,健全的经济关系或良好的管道设备或许能够解决易卜生的些许危机。"④就斯坦纳的这个观念,伊格尔顿提出:

> 赞同乔治·斯泰纳的观点,相信基督教本质上是反悲剧性的是一个错误。斯泰纳犯了一个与马克思主义有关的相同的错误,原因也大致相同。因为基督教和马克思主义基本上都是让人充满希望的世界观,它们与悲剧范畴没有联系,而悲剧对于斯泰纳就是与不幸结局有关的一切。实际上,存在各种悲观类型的马克思主义,而且大多数有趣的马克思主义者,包括在某些状态下的马克思本人,一直是反决定论者,对于他们来说,没有任何特殊的

---

①② George Steiner. *The Death of Tragedy*. New Haven: Yale University Press, 1996, p. 4.

③ Ibid., p. 9.

④ Ibid., p. 8.

历史后果是得到担保的。根据推测,基督教反马克思主义宿命论的个人自由,它在某种意义上是决定论的一种更加地道的形式:社会主义也许不会到来,但上苍之王国最终不会出现的可能性是不存在的,它的到来比工人国家的到来受到更加准确无误的操纵。无产阶级可能畏缩不前,天意却不会如此。①

伊格尔顿认为,悲剧最基本的特征在于承认并尊重苦难的事实,所以,不管是基督教还是马克思主义,它们都是有关苦难的学说,它们都包含了悲剧性的思想成分。为此,伊格尔顿重新解读了斯坦纳对亚伯拉罕和耶稣的故事的理解。在他看来,斯坦纳对基督教的理解是站在已经知道了故事结果的基础上的,他所作的阐释是回溯性地把握亚伯拉罕的故事,在他的推理形式中,所有能够为我们所知的悲剧在得出结论之前就已经被宣布了,所以,斯坦纳其实是在理论分析之前就切断了基督教的悲剧起源以及结论。他对亚伯拉罕故事的提取带有浓郁的黑格尔式的目的论色彩,因而在他的解释框架中,亚伯拉罕所有的痛苦与受难都变得合理,这自然大大地冲淡了基督教的悲剧精神。然而,之所以说亚伯拉罕是悲剧性的,是因为从他自己的角度,他不可能了解自己的未来,因而根本不可能知道经受苦难与痛苦后的结果,"如果耶稣一边服从于被钉死在十字架上的命运一边精明地看到自己的复活——如果他小声嘀咕:'嗯,只需要在坟墓里待上三天,然后就能出来进入天堂'——那么他慈爱的天父肯定不会让他起死回生。"②也就是说,耶稣的受难并不是等待救赎的必经过程,而是一种利他主义的牺牲。通过对耶稣受难和复活过程的重新思考和重新阐释,伊格尔顿提出,悲剧是与希望联系在一起的,悲剧既不是消极的悲观主义,也不是天真盲目的乐观主义,悲剧体现的是一种积极的悲观主义,它孕育着崇高,悲剧所展现的悖论是人们通过毫不退缩地服从于自己所遭受到的痛苦从而超越了它。

从这种理论立场出发,伊格尔顿将悲剧、基督教与马克思主义结合起来。首先,伊格尔顿将基督教和马克思主义放置在同一个层面上

---

① 特里·伊格尔顿:《甜蜜的暴力》,方杰等译,南京大学出版社2007年版,第41页。
② 特里·伊格尔顿:《悲剧、希望与乐观主义》,许娇娜译,《马克思主义美学研究》第11卷第2期,中央编译出版社,第20—21页。

来进行探讨,认为二者在诸多方面存在着相似性:一、马克思主义和基督教都关注解放,它们都以穷人的叙述语调认真地看待普遍生命,都寄希望于某种潜在的转变。二、马克思主义和基督教二者都是悲剧性的,它不是后现代主义文化中流行的那种悲观主义,而是蕴含着一种坚信变化的可能性的悲观主义,体现了在对失败的承受和对苦难的坚持中寄希望于改造的悲剧性。其次,伊格尔顿无意将基督教和马克思主义做生硬的理论链接和思想勾连,他强调的是二者之间蕴含的共同的否定性的力量,并希望通过现代悲剧的理论探索,复活其中的"革命性"蕴含。因而,对悲剧、基督教与马克思主义的理论阐释,可以说也包含了伊格尔顿用心良苦的理论设想。

关于基督教与马克思主义的理论关系的研究是伊格尔顿悲剧理论值得深入分析的内容,同时也是他的马克思主义批评理论在后期思想发展中的一个重要的转变。在对基督教、马克思主义与悲剧的理论阐释中,伊格尔顿着眼于悲剧与希望的关系,并以此为思想基点反观悲剧与现实,从而体现了他的悲剧理论鲜明的现实性。在他看来,悲剧体现了悲剧人物在现实中遭遇的不幸与苦难,但现代悲剧并非仅仅停留在不幸与苦难的现实层面,而是在苦难中仍然有期待,有希望,就像基督教的教义将人的罪孽作为生存与发展的决定性条件那样,伊格尔顿从这个层面上切入马克思主义理论研究,具有明显的改变他以往的意识形态批评的理论路径的趋向,也体现出了伊格尔顿马克思主义批评理论新的思想维度。这个思想维度是与悲剧联系在一起的,因而不免让人们想到,如果马克思主义文学批评能从这个层面上获得理论的增益与进步,那么,它将比那种单纯地坚信革命的必要更有思想的启发,这也是现代悲剧研究赋予马克思主义批评新的思想启迪。

## 四、伊格尔顿悲剧理论的思想意义与现代启发

根据马克思主义的历史悲剧的叙述,在社会秩序内部中自然地会生产出一股否定它自身的力量。从积极的正面的思想表征来看,这股否定性力量会随着社会的发展逐步壮大,最后获得与旧有秩序抗衡的颠覆力量;从消极的方面或原有秩序的自我溶解和自我消化的角度来看,这股否定性的力量也有一个作为"替罪羊"被社会秩序驱逐到边缘

位置的过程。但无论如何,这个过程对旧有秩序结构的拒绝和否定会成为社会危机的寓言征兆。在某种程度上,这种积极和消极的结果是现代悲剧的思想两级,现代悲剧研究对这种思想的两级均应予以充分的关注,而不是像传统悲剧那样单单强调悲剧对旧有秩序的颠覆功能,这样才能在新的文化条件下更充分展现现代悲剧对社会危机的寓言征兆,同时才能更充分地彰显现代悲剧的文化功能。马尔库塞曾经不无悲哀地宣布:"在技术的媒介作用中,文化、政治和经济都并入了一种无所不在的制度,这一制度吞没或拒斥所有历史替代性选择。"①马尔库塞对资本主义社会的现代性前景的预测未免有些悲观。任何社会的发展都是既充满了进步性的曙光,同时不可避免地蕴含着各种悲剧性的形式,现代悲剧中的"替罪羊"机制与"牺牲仪式"正是体现了现代悲剧表征社会秩序与人性复杂性、可变性与现实性的文化形式,尽管其生成与表达逻辑具有明显的反讽意味,但却是真实的文化征兆。伊格尔顿的悲剧研究正是在这方面包含了对现代社会新的社会结构和变化秩序的反思,他的悲剧研究融合了基督教、神义论、马克思主义的思想,对我们深入辨析新的文化历史条件下的悲剧性体验问题做出了充分的理论说明。现代社会是否还存在悲剧? 现代社会文化条件下,我们在何种意义上还需要悲剧? 很显然,对此类问题的回答,依靠传统"净化"论的悲剧理论很难做出深入的理论说明。现代社会文化日益发展,人性观念日益复杂,我们不排除英雄人物的受难仍然会感动心灵,但普通人的苦难有时候更加让人难以释怀。无论是社会整体文化,还是社会个体,都需要悲剧性情感的超越。在这个意义上,伊格尔顿的悲剧理论为我们更深入理解和把握现代悲剧的意义和价值提供了重要的启发,也为我们更深入地理解现实社会中的苦难与挫折提供了一种释放压抑与思想解放的思想孔径。无论是以往的历史,还是我们生活的现实,悲剧性的体验总是不可或缺,因为牺牲时时发生。

最后,从学理层面上而言,伊格尔顿对现代悲剧的"替罪羊"机制和"牺牲仪式"的分析其实也是他在马克思主义批评立场上对当代社会文化发展而作出的反应。通过这种悲剧的文化分析,神义论、基督教、马克思主义理论观念很好地联系起来,这本身也体现了伊格尔顿

---

① 马尔库塞:《单向度的人·导言》,刘继译,上海译文出版社2007年版,第8页。

思想的复杂性,包含了很多传统马克思主义批评所忽视的内容,但这些理论内容有些仍然处于理论发展中,如何对这些理论内容进行思想定位,进而做出恰如其分的批判分析,目前而言仍然是伊格尔顿思想研究中的一个难点。但无论如何,新的理论探索已经启程,现代悲剧研究恰是一个很重要的理论把握角度。威廉斯说:"就其最深刻的意义而言,悲剧行动不是肯定无序状况,而是无序状况带来的经验、认识及其解决。这一行动在我们时代很普遍,而它的名称就是革命。"①悲剧理论与马克思主义文学批评的发展也是如此,悲剧行动的意义在于死亡和再生的循环,而理论生命也在于不断的循环和反复,在这种循环往复中,悲剧与革命、悲剧与牺牲、悲剧与希望等命题必然地联系起来,同时也为我们探索人生的意义与价值提供了新的问题形式。社会的动荡不安必然带给人悲剧性的体验,这些体验会激起人的心理反应,人们在这种悲剧性困境中获得了从妥协、忍受到最终反抗的自然成长,这就是生命的价值。

(作者单位:华南师范大学)

---

① 雷蒙·威廉斯:《现代悲剧》,丁尔苏译,译林出版社 2007 年版,第 75 页。

# 走向社会主义的共同文化[*]
## ——论伊格尔顿的共同文化观

李永新

**内容摘要** "共同文化"的意义非常复杂,因为它既可以被艾略特、利维斯等人站在保守主义立场上用来指涉一种精英主义的文化,也可以被威廉斯、伊格尔顿等人站在马克思主义立场上用来表示一种对资本主义展开批判的文化。但是,即便是威廉斯与伊格尔顿都使用了共同文化这一概念,但因两人提出共同文化概念的时间前后相距近半个世纪,所处的现实语境也有重要差异,因此其共同文化这一相同的能指下面却隐含了不同的现实所指。另外,威廉斯的"共同文化"概念已经得到很多人的关注,伊格尔顿尽管多次提到共同文化,但是至今未被深入研究。本文试图在梳理共同文化概念发展的基础上,对这一问题展开分析,以揭示伊格尔顿共同文化概念的独特性。

**关键词** 伊格尔顿 共同文化 真理 身体 社会主义

在英国社会文化批评传统中,"共同文化"是一个绝不应忽视的概念,T. S. 艾略特、F. R. 利维斯、威廉斯与伊格尔顿等人都论述过这一问题。"共同文化"的意义非常复杂,因为它既可以被艾略特、利维斯等人站在保守主义立场上用来指涉一种精英主义的文化,也可以被威廉斯、伊格尔顿等人站在马克思主义立场上用来表示一种对资本主义展开批判的文化。但是,即便是威廉斯与伊格尔顿都使用了共同文化这一概念,但因两人提出共同文化概念的时间前后相距近半个世纪,所处的现实语境也有重要差异,因此其共同文化这一相同的能指下面

---

[*] 本文系国家社科基金青年项目"文化唯物主义:英国马克思主义文论的演进逻辑"[13CZW001]、江苏省教育厅哲学社会科学研究基金项目"英国马克思主义文论发展研究"[2010SJB750014]的阶段性成果。

却隐含了不同的现实所指。另外,威廉斯的共同文化概念已经得到很多人的关注,伊格尔顿尽管多次提到共同文化,但是至今未被深入研究。本文试图在梳理共同文化概念发展的基础上,对这一问题展开分析,以揭示伊格尔顿共同文化概念的独特性。

一

自上世纪90年代开始,伊格尔顿多次提出了"文化危机"的观点。1992年,伊格尔顿担任牛津大学沃顿英文教授时,在就职演讲中明确指出:"换句话说,问题的关键是西方文化本身弥漫着危机。"[1]他后来在《文化的观念》中进一步指出:"简而言之,文化已经由解决办法的组成部分一跃而成了问题的组成部分。文化不再是解决政治争端的一种途径,一个我们纯粹地作为人类同伴在其中彼此遭遇的更高级或更深层的维度,而是政治冲突辞典本身的组成部分。"[2]尽管伊格尔顿的"文化危机"论主要是针对20世纪下半叶文化的最新发展态势提出的,并以他1968年出版的《从文化到革命》中所论述的"共同文化"为基础提出了"走向一种共同文化"的观点,但是从20世纪英国文化史的发展来看,艾略特、利维斯在20世纪上半叶就提出了共同文化概念,并对当时的英国文化有着明显的危机感。同时,共同文化在20世纪英国可以被称得上是一个"开放性"的概念。T. S. 艾略特、F. R. 利维斯、雷蒙德·威廉斯在延续19世纪文化论争的基础上,都提到这一概念并对其意义展开分析。"威廉斯与艾略特的关键区别是,威廉斯主张的共同文化不仅被共同地享有,而且被共同地创造","而艾略特的共同文化则是在固定不同的层次上被共同地参与和享有"。[3]

艾略特的共同文化所强调的"共享性",具有明显的精英主义特点。这是因为,一方面他继承了阿诺德的文化观,强调文化对于个体

---

[1] 特里·伊格尔顿:《历史中的政治、哲学、爱欲》,马海良译,中国社会科学出版社1999年版,第184页。
[2] 特里·伊格尔顿:《文化的观念》,方杰译,南京大学出版社2003年版,第44页。
[3] 特里·伊格尔顿:《历史中的政治、哲学、爱欲》,马海良译,中国社会科学出版社1999年版,第140页。

自我完善所具有的重要性;另一方面随着西方现代工业文明的发展,他对文化的世俗化及其内在精神和绝对价值的缺失都深感忧虑。他在《关于文化的定义的札记》中指出:"文化这个术语,按照我们考虑的是个人文化,还是集团文化或阶级文化,抑或是全社会文化的发展变化,可以具有不同的含义。个人文化依赖于集团或阶级文化,而集团或阶级文化则依赖于其所属的那个社会整体的文化,这是我的论文所要阐述的一部分内容。根据以上所述可知,社会文化才是基本的。所以,与整个社会有关的'文化'那一含义才首先应该予以审视。"① 艾略特的文化观具有明显的文化等级制的特点。文化在不断分化的过程中除了走向多样化,还存在着层次高低的差异。但是,高层次的文化当时正在退化,还带来整个社会文化的全面衰退,这就像宗教的发展一样,也在不断地分离和退化。通过把文化和宗教进行比较,艾略特指出,"我们仍然可以从某一方面把宗教看成是某一民族的整个生活方式",在这个意义上文化和宗教是统一的。不过,文化的含义极为丰富,"应该包括一个民族特有的所有活动和兴趣爱好:大赛马、亨利赛艇会、帆船比赛……十九世纪哥特式教堂以及埃尔加的音乐",因此,"我们的文化的一部分也就是我们所实践的宗教的一部分"②。

艾略特所谓的"实践的宗教",其实是要求人们追求高层次文化。在他看来,尽管社会中存在着诸多文化类型,但是唯有高层次的文化才是所有的人都应该追求的目标。面对社会中充斥的各种低级文化,他尽管认为文化是"自然进化"的结果,但却强调应该干预文化的发展,使人们追求一种具有丰富精神内涵的高级文化。"我们所能得出的结论之一,是承认文化的这些条件对于人类来说是'自然的',尽管我们不能促成这些条件,但至少可以同阻碍这些条件得以实现的理智上的错误和感情上的偏执作斗争。"③也正是基于这一努力,各种文化将超越它们原来所存有的密切关系,走向一种更高层次的统一——具有共享性质的共同文化。"讲不同语言的民族的文化能够或多或少地密切相关,并且有时它们之间的关系是如此密切,以至我们可以说它

---

① T. S. 艾略特:《基督教与文化》,杨民生等译,四川人民出版社1989年版,第92页。
② 同上,第103、104页,译文略有改动。
③ 同上,第90—91页。

们有着某种共同的文化。"①共同文化除了具有自身的价值之外,还有一个非常重要的功能是丰富并提升其他较低层次的文化,社会中的个人也倾向于认可最高层次的文化,并力争通过信仰宗教或接受教育等方式追求这一层次的文化。因为,一个社会无论面临何种危机,人们都应该深刻铭记以社会精英为代表的共同文化,应该在把自己的命运交给这些社会精英的同时不断追求这种具有共享性的高级文化,有意识地接受并享有这种文化。

与艾略特直接论述文化并指出其中存在的层次差异不同,利维斯主要分析了全社会如何借助文学艺术共同享有共同文化。"就当代文学创作和批评而言,托·斯·艾略特绝对称得上早期利维斯的精神导师,但利维斯对艾略特的宗教信仰一直不以为然,他一生都力图将文学置于人文教育的核心。"②利维斯认为,真正的艺术不但能够提升人的审美品味,促使人们更为深入地鉴赏并获取其意蕴,而且能够激发人对自我进行观照,为形成健全完善的人性发挥作用。"所谓小说大家,乃是指那些堪与大诗人相比相埒的重要小说家——他们不仅为同行和读者改变了艺术的潜能,而且就其所促发的人性意识——对于生活潜能的意识而言,也具有重大的意义。"③不过,利维斯毕竟生活在20世纪,所面对的是工业文明发达的资本主义社会,高度专业化的社会分工已经渗透到社会生活的各个领域,以消费为目的的大众文化开始兴起。他基于这种社会状况提出了"大众文明"和"少数人文化"的观点并认为,任何一个时代只有少数人才能欣赏文学艺术,他们的审美品味使他们成为一个时代的意识的代表。与之相对的是,"大众文明"则是随着资本主义的发展而出现的大众文化。"大众文明"只能以迎合受众的方式促使人们不假思索地消费,不但不能激发人的艺术潜能,还因其虚假与低俗给人带来很多不好的影响。

面对"少数人文化"的危机与"大众文明"的迅速蔓延,利维斯认为,以电影、广播和广告等为代表的"大众文明"正以标准化和庸俗化的方式玷污着人的心灵,完全颠覆了工业革命前的"有机社会",因此应该以"少数人文化"抗拒"大众文明"。"依靠这少数人,我们才有能

---

① T.S.艾略特:《基督教与文化》,杨民生等译,四川人民出版社1989年版,第204—205页。
② F.R.利维斯:《伟大的传统》,袁伟译,三联书店2002年版,第7页。
③ 同上,第3—4页。

力从过去人类经验的最好的部分中获益,因为它保存了人类传统文化中最精巧、最容易毁灭的部分。依靠它们,才会有安排一个时代美好生活的固定标准,意识到这种生活比那种更有价值,这个方向比那个方面更值得走,价值的中心在这儿而不是在那儿。"[1]利维斯和一群坚持少数文化的知识分子把文学看作是抵御"大众文明"的最重要的手段,并成立了《细绎》杂志对当时的社会展开文化批判,以便促进共同享有的"少数人文化"的形成。他们抛弃了以文本解读为基本路径的传统文学批评方式,转而主要关注文学作品的评价以及文学与社会和历史之间的关系等问题。"利维斯对社会、文化、语言、历史和传统的复杂关系感兴趣,这种兴趣提出了一些问题,这些问题在现存学科中是不能轻易解决的。这种兴趣为某个领域开辟了道路,这个领域与更一般性的文化问题有关。""《细绎》致力于教育改革,虽然主要目标是创造启蒙的少数人,但它为自己提供了向更民主方向发展的机会。教育民主化也许可以打破阻碍真正的共同文化的阶级障碍。"[2]

二

约翰·希金斯认为,考察威廉斯在 20 世纪 40 年代的一些著作就会发现"艾略特对其的广泛影响(而不是通常所认为的利维斯)"[3]。但是,与艾略特和利维斯面对文化的多样化与世俗化而产生出的强烈危机意识不同,威廉斯的共同文化是一种以创造经验共同体为目标的全社会共同参与创造的文化。威廉斯在《文化与社会》中打破了艾略特等人所持的精英主义文化观念,把文化扩展到日常经验层面,并以"群众"为例分析了经验共同体构成的障碍。在他看来,"群众"根本没有具体的所指,只是代表了把某类人当作群众的看法,因此"群众"一词

---

[1] F. R. Leavis, "Mass Civilisation and Minority Culture", in John Storey, ed., *Culture Theory and Popular Culture: A Reader* (New York: Harvester Wheatsheaf, 1994), p. 13.

[2] 丹尼斯·德沃金:《文化马克思主义在战后英国》,李凤丹译,人民出版社 2008 年版,第 115 页。

[3] John Higgins, *Raymond Williams: Literature, Marxism and Cultural Materialism* (London and New York: Routledge, 1999), p. 2.

内涵的发展与"大众民主"、"大众传播"以及"大众观察"等密切相关。大众因为是与统治阶级相对立的多数人,所以大众民主也就成为阶级统治的对立面。为了实现阶级统治,统治阶级借助大众传播手段控制人们的思想,说服大量的人以某种方式去行动、感觉、思考和了解,同时,大众观察作为观察大众举止的技巧也有利于这种控制意图的实现。因此,无论是大众传播还是大众观察所要实现的都是,借助传送而建构出处于被支配地位的集体,从而破坏了经验共同体。"多种多样的不平等依旧在分割着我们的共同体,导致有效传播变得困难甚至无法达成……我们需要一种共同文化,不是为了一种抽象的东西,而是因为离开了这种共同文化,我们将无法生存下去。"[1]

共同文化才是建立经验共同体的最重要的保障。"一个好的共同体,一个鲜活的文化不仅会营造空间,而且也会积极鼓励所有人乃至所有个体,去协助推进公众所普遍需要的意识的发展。"[2]人们通过经验层面的协商与沟通,逐步构成全社会参与创造的共同文化,才能保障共同体的建立。在这个过程中,社会中的个人需要有效参与到这种感觉经验的再造过程中,并且要对其进行不断地调整和规划,还要设法在维持其多样性的同时又不至于使其造成割裂。共同文化由此既能够保证多样化的个体自由存在,又能够使之有效地构成集体。威廉斯"打着'文化'的旗号调和不同层面的意义,也就是他的共同文化概念的基本理论重心"。[3] 威廉斯对于共同体构成的分析,主要取决于他对具有动态性的"一种特殊的生活方式"的文化概念的强调。"任何文化在整体过程中都是一种选择、一种强调、一种特殊的扶持。一个共同文化的特征在于,这种选择是自由的和普遍的,重新选择也是自由的和普遍的。这种扶持是一个基于共同决定的共同过程,而且共同决定本身就是包含着生命与成长的各种实际变化。自然生长和对自然生长的扶持是一个互相协调的过程,保障这个过程的基本原则是生命

---

[1] 雷蒙德·威廉斯:《文化与社会》,高晓玲译,吉林出版社集团有限责任公司2011年版,第330页。

[2] 同上,第345页。

[3] Lesley Johnson, *The Cultural Critics: From Matthew Arnold to Raymond Williams* (Boston: Routledge&Kegan Paul, 1979), p.167.

平等的原则。"①由此可见,威廉斯的共同文化作为一种共造的文化,一改以往艾略特与利维斯的精英主义立场与危机意识,立足于文化发展的现实,试图从 20 世纪下半叶蓬勃发展的大众文化中找到文化革命的因子。

威廉斯的共同文化观念体现出一种乐观主义精神,试图借助全社会共同参与创造的文化实现社会民主,在保障个体多样性的同时协调个体与集体、文化与社会之间的关系。但是,随着消费社会的不断发展,文化开始完全受制于商品生产,具有明显的商业符码化、消费欲望化等特征,成为马尔库塞所谓的"肯定的文化"。面对文化在 20 世纪八九十年代的最新境况,伊格尔顿指出:"我们现在被困在无效而宽泛与难堪而严格的关于文化的概念之间,而我们在该领域最迫切的需要却是超越上述两种概念。"②伊格尔顿在此与艾略特等人相似的是,对文化充满危机感,并且也认为共同文化才是最高层次的文化。不过,由于文化观念的差异,伊格尔顿的这种危机与艾略特等人的因精英文化受到冲击而产生的危机完全不同。受到威廉斯的文化观的影响,伊格尔顿认为:"文化不仅是我们赖以生活的一切,在很大程度上,它还是我们为之生活的一切。感情、关系、记忆、亲情、地位、社群、情感满足、智力享乐、一种终极意义感,所有这些都比人权宪章或贸易协定离我们大多数人更近。"③伊格尔顿正是在艾略特、利维斯与威廉斯等人的基础上,将他们的文化观念相接合,对当下的文化政治格局展开分析,认为共同文化是一种走向社会主义的共造的文化。伊格尔顿指出:"我们的文化战争至少有三种方式:即作为文明的文化、作为同一性的文化和作为商业化的或后现代的文化之间的,还可以将这些类型更为简洁地界定为美德、民族精神和经济学。"④

伊格尔顿所谓"作为文明的文化"是"一般文化",主要指"关于世界的绝对知识,人们借助这种知识商讨特殊条件下适当的行为方式"⑤;"作为同一性的文化"是"具体文化",就是威廉斯所谓的一种整

---

① 特里·伊格尔顿:《文化的观念》,方杰译,南京大学出版社 2003 年版,第 347—348 页。
② 同上,第 37 页。
③ 同上,第 151 页。
④ 同上,第 73—74 页。
⑤ 同上,第 40 页。

体的生活方式。一般文化与具体文化之间存在着张力关系:一方面一般文化以具体文化为基础,如果没有这种同一性的文化,一般文化也就失去了其存在的依据;另一方面,作为一种以抽象方式体现的人类价值,一般文化要为整体生活方式提供各种抽象观念并在文学艺术作品中予以体现。"作为商业的或后现代的文化"是发达资本主义的消费文化,它威胁着一般文化和具体文化并与之发生冲突。后现代文化能够"支配着整个文化、性欲、人际关系,以至于个体的幻象和冲动",并且"一切功能、一切需求都被具体化、被操纵为利益的话语,而且在于一个更为深刻的方面,即一切都被戏剧化了,也就是说,被展现、挑动,被编排为形象、符号和可消费的范型"①。首先,一般文化被消费逻辑所侵蚀,不能再站在世界的对立面并对世界提出各种批判,而是成为助长人们消费欲望的推手。其次,后现代文化否定和拆解了各种本质主义的观点,要求无深度、去中心,把整个世界解构成一个多元的、不可表现的世界。这种虚无主义理念不可避免地解构了具体文化和民族身份,将历史看作是一种可以不断对过去进行重构的叙事。

"我们已经看到文化如何表现为一种新的重要性,但是它同时也变得傲慢自大。在承认其重要性的同时,让文化回归其原有的位置,现在该是这样做的时候了。"②"让文化回归其原有的位置"实质上是要建立一种共同文化,也即一种与现实保持距离并能对其形成批判的文化。这种文化必须以自然为基础,同时也建构着自然。这是因为,自然尽管是文化的基础,但并不是与主观毫无关系的存在物,而是一种由文化所认识的自然。"自然,一个今天必须强制性地用吓人的引号装饰的字眼,不过就是被冻结、抑制、献祭、去历史化、转换成自然产生的常识或想当然的真理的文化。"③作为一种物质的存在,自然是主体认识过程中的存在,因此,认识自然的过程也就是一种形成常识或表现真理的过程。通过这一认识过程,自然打上了深刻的主观性烙印,并因此而遭到文化的扭曲。"人们不是光靠文化生活的,甚至在这个术语最宽泛的意义上也不是。文化内部永远存在着阻挠它,将它扭曲成激烈的或荒谬的言语,或者在它内部堆积绝对无意义的剩余物的东

---

① 波德里亚:《消费社会》,刘成富译,南京大学出版社 2000 年版,第 225 页。
② 特里·伊格尔顿:《文化的观念》,方杰译,南京大学出版社 2003 年版,第 151 页。
③ 同上,第 108 页。

西。"①人的身体正是这种文化与自然关系的最重要的载体:从自然角度看,身体是单数的、客体的、个体的;从文化角度看,身体又是复数的、主体的、全体的。因此,伊格尔顿指出:"一种共同文化之所以能够形成,仅仅是因为我们的身体大致属于相同的种类,结果是一种普遍性依赖于另外一种普遍性。"②

## 三

伊格尔顿尽管在《文化的观念》中指出应该超越一般文化和具体文化,走向一种共同文化,但并没有对此做更为深入的探讨。他于2003年出版了《理论之后》,在提出理论在后现代之后将面临何种命运这一颇具现实意义的问题的同时,还通过总结近半个世纪的文化理论的发展指出了共同文化的建构途径。首先,伊格尔顿分析了当下实现共同文化所面临的有利条件是:(1)作为一个能够兼顾大众意义和艺术意义的广义领域,文化既能够以开放的姿态关注日常生活,又能够深入研究人的精神世界。因此,当政治学、社会学等学科成为一门专业学科时,文化却能够作为一种社会批判策略受到众多知识分子的关注;(2)文化理论研究有一种关注"元问题"的意识。它不再关注这个世界或这个事物究竟如何,而是要研究一个事物怎样透过一种神秘的运作机制来指代另一个事物。这就构成了文化理论的多元形态,即它并不试图对世界做出全面完整的言说,而是多个角度以不同方式诠释具体的现象或作品。其次,伊格尔顿也指出了实现共同文化所面临的难题。"从文化广泛的、大众化的、日常的含义来说,它意味着一系列办事方式;它从其艺术含义上来说,文化意味着大量具有根本价值的作品。但它间的联系却致命地缺失。"同时,"我们坚持的文化理论许诺要尽力解决一些基本问题,但总的来说却没有兑现承诺"。③ 那么,"理论之后"的共同文化应该如何实现?

---

① 特里·伊格尔顿:《文化的观念》,方杰译,南京大学出版社2003年版,第123页。
② 同上,第128页。
③ 特里·伊格尔顿:《理论之后》,商正译,商务印书馆2009年版,第96、98页。

首先，伊格尔顿提出重建共同文化的哲学基础是真理和客观性问题。伊格尔顿明确反对后现代主义的观点，认为真理是存在的，但也指出要警惕在真理问题上存在的相对主义或教条主义的倾向。这是因为，不同的文化能够促使人们以不同的方式看待世界，这就决定了处于某种文化中的人们只能够认同某种真理，如果一旦跃出这种文化，真理很可能就失去了"绝对真实"的性质。因此，真理问题的实质是客观性问题，"真理是绝对的，只是意味着如果某事已经被确认为真理……那么关于这件事就不可能有两种观点"①。但是，在后现代条件下，客观性的处境与真理相似，都是不受人们欢迎的。"或许我们可以首先通过考察客观性与人类幸福的关系，来为客观性这一概念平反昭雪。"②客观性问题因此而被与人类的天性联系在一起进行讨论。人类天性尽管是一个非常空泛的概念，但却能够描述我们是怎样的生物，也能够表示我们应该采取怎样的行动。"因此，懂得我们如何从'人性'的描述性意义跃向其规范性的意义，并非易事"③，这是因为人类天性并不是完全主观的，而是与道德、伦理以及政治等有着密切的关系。任何人性的实现都要以更为宽泛的政治为基础，同时，任何人都必须在特定情境中观察和评价自己的行为，对自己的一切做出道德判断。这就决定了道德与政治不是一种对立的关系，而是一种同盟关系。是哪种具有客观性的载体将两者联系在一起？

其次，身体是重建政治与道德之间关系的桥梁。"事实上，自然与人类、物质与意义之间的联系，就是道德。可以说，具有道德的躯体，是我们的物质性与意义和价值交汇之处。"④在现实社会中，人们往往因文化与政治的差异而无法形成良好的沟通，没有沟通也就无法察觉到彼此之间的诸多差异，也因此而意识不到冲突的存在。但是，道德却是建立在身体经验所具有的共通感的基础上，是以人与人之间的彼此依赖为基础的。尽管人类的身体不可避免地遭到文化的建构，不同的文化也可以建构出具有不同价值观的身体，但是身体可以在人类共享经验的基础上进行沟通，从而凭借这种道德关系建立起与政治之间的联系。同时，身体在建构统一性的基础上也能够涉及差异性问题，

---

① 特里·伊格尔顿：《理论之后》，商正译，商务印书馆2009年版，第102页。
② 同上，第106页。
③ 同上，第118页。
④ 同上，第151页。

即个人化问题。个人化是一种人类凭借与他人的共性建立起自己身份的活动,是与他人发生交互作用的产物,但不能被他人以及这种交互作用所取代。身体的共性与个性的协调发展是离不开政治行动的。因此,身体作为一种客观性的物质存在,将(以协调共性与个性关系的)政治与(以共通感为基础的)道德有力地联系在一起。但是,在伊格尔顿看来,身体的个人化却往往阻碍了身体的非个人性的实现,在此情况下的身体只能是一种物质,而不能转化为一种价值,道德与政治也就被割裂了。"相反,你实现自己的本性,同样也允许他人实现其本性。那就意味着你在自己本性最辉煌之时实现了它。"①

最后,共同文化只有在社会主义才能实现。"社会主义社会是通过他人的自我实现,来达到个人获得自由和自主的社会。社会主义只不过是要想让这样的社会得以诞生的任何一种制度而已。"这是因为,社会主义才能确保人与人之间的平等,才能保障任何个人的自我实现都是他人自我实现的前提。"马克思在早期的巴黎手稿中寻求一种将人类身体的实然转换为应然的方式。他要建立一种建筑在我们人类存在物或共同的物质本质上的伦理学和政治学。"②马克思之所以努力探索这一问题,是因为在他看来,进步与恶化是人类历史中紧密联系的两个方面。人类在不断追求物质利益、自由与权利、民主政治与社会正义的进步时,不但没有使这些因素得到改善,反而致使其不断恶化。为了阻止恶化的加剧,"社会变革,因为我们这个星球的悲惨状况而显得必要,但也因为物质进步,才有了可能。然而,后现代主义者,为自己的多元论而感到骄傲,喜欢更片面地考虑进步这一问题"③。后现代主义因反对宏大叙事而拒绝进步的观念,并不要求彻底改变目前不断恶化的现实,而是转向对人类自身展开革命,努力解构主体,把对世界的改造转变为一种超越现实的虚空自由。伊格尔顿对此展开批判的同时明确指出:"社会主义社会,就像其他任何社会一样,为了某些物质目的而合作;但它也认为人的团结本身就是值得称道的目标。"④

伊格尔顿指出:"1981 年,我在《本雅明研究》一书中写道,社会主

---

①② 特里·伊格尔顿:《理论之后》,商正译,商务印书馆 2009 年版,第 164 页。
③ 同上,第 172 页。
④ 同上,第 166 页。

义批评家的首要任务是要参加大众的文化解放这项事业……批评家的真正任务尚未到来……思考批判家的任务是批评家们在面临任务到来时不会缴械投降的一种方法。"伊格尔顿对于共同文化的论述,显然应该算作"思考批评家任务"的一部分。他接受了威廉斯"共造"的共同文化观,尽管抛弃了艾略特等人的精英主义共同文化观,但也与他们的文化危机意识相似的是,对当下的文化发展充满了危机感,对"理论之后"的共同文化的实现展开了详细的分析并指出:"对社会主义者而言,相信共同文化的可能性就是相信'高雅'文化的力量,但这种文化是由整个群体再创造并分享的,应该得到丰富而不是破坏,在这个意义上的文化共享就是必须让全体人民参与并控制作为整个生活方式的文化生成过程;现实地看,这个运作过程就是革命政治。"[1]由此可见,伊格尔顿的共同文化也是一种最高层次的文化,不过不是艾略特所谓的能够提升低层次文化的共同文化,而是大众积极参与从事革命政治活动的社会主义文化。

(作者单位:南京师范大学文学院)

---

[1] 特里·伊格尔顿:《历史中的政治、哲学、爱欲》,马海良译,中国社会科学出版社1999年版,第143页。

## 法国马克思主义专题

## 反再现的文学民主
——解读朗西埃《艾玛·包法利的处死》

叶 青

**内容提要** 本文主要从雅克·朗西埃《艾玛·包法利的处死——文学、民主和医学》这篇文章出发,首先尝试在一个文学观念史的角度去分析朗西埃的反模仿的文学立场,指出他通过反对文学的模仿式的再现来反对理智与现实之间的同一性连接。从这一基本立场出发,本文分析了朗西埃在《艾玛·包法利的处死》中对福楼拜与艾玛、虚构与现实之间的双重区分,试图回答朗西埃所认为的文学是什么的问题:文学是一种虚构的感性现实的重新连接,并以此来实现民主。最后,本文借助朗西埃对政治的讨论进一步探讨了文学民主的解放性问题。

**关键词** 反模仿 民主 感知分配 平等

雅克·朗西埃近年来已成为国际学界瞩目的学者,他的美学理论对当代艺术具有很大的启发性。究竟什么是艺术?艺术的政治是什么?美学体制如何指向一种解放性的民主政治?朗西埃对艺术的讨论紧紧围绕着政治的主题,并且他极少在一个纯理论的层面去探讨文学的政治问题。朗西埃在多处以福楼拜的写作为例探讨文学的民主问题,也写作了《艾玛·包法利的处死》这一文章进行集中讨论。因此,本文试图从朗西埃的美学、政治理论在分析《包法利夫人》时的具体演绎出发去回溯他的文学观念。

## 一、朗西埃的反模仿(摹仿)①立场

朗西埃所提出的艺术(文学)的美学体制(文学的平等问题)具有非常明确的批判意图,它所针对的是朗西埃所称的"正统文学"的观念。从这一批判的立场出发,朗西埃试图对萨特的"什么是文学"的问题给出一个新的答案。

什么是"正统文学"的观念?在《艾玛·包法利的处死》一文中,朗西埃指出,在正统文学观念的统治下,不同文学题材泾渭分明,"当时有诗歌题材或散文题材,显贵人物或平凡人物,还有高雅表达或普通表达"。② 这种文学题材、表达方式的对立及等级性滥觞于亚里士多德的诗学理论,文学的等级制与现实生活的等级区分直接相关。朗西埃将美学定义为一种感知分配的模式,"朗西埃使用的法语原文 partage du sensible …… partage 一词同时具有'分割'和'分享'之意,'sensible'意为'可感性',包括可见性、可听性以及能说的、能想的、能做的等等"。③ 朗西埃认为当可说物和可见物被可说、可见之前是混淆在一起的,这个混沌之物是可感知的,但处于人类的知识框架之外。艺术作为感知分配的一种方式,将事物分离、命名来使其可见、可说,并且这种分割方式具有共识性。然而决定什么事物可见、什么不可见的分配模式不是一种自然秩序,而是被构造和组织起来的知识空间,在这个空间中,有些人、有些事物是不被看到、无法发声的,他们似乎不存在。一旦共识性的感知分配体系建立起来,"事物的可见或是不可见、可说或是不可说、可被听到或是不可被听到、被辨识为相同或是不同、美或是丑、和谐或是噪音……都自发地运作"④,什么能被看作艺术就在这一体系的运作中被决定。因此平等是受制于已经预先形成的感知体系的,朗西埃的目的是要解放"平等",将那些被既有感知体

---

① 本文仅在引用奥尔巴赫时使用"摹仿"一词。
② 雅克·朗西埃:《文学的政治》,张新木译,南京大学出版社 2014 年版,第 74 页。
③ 蒋洪生:《朗西埃的艺术体制和当代政治艺术观》,《文艺理论研究》2012 年第 2 期,第 98 页。
④ 雅克·朗西埃:《歧义:政治与哲学》,刘纪蕙、林淑芬、陈克伦、薛熙平译,西北大学出版社 2015 年版,第 201 页。

系压抑的东西解放出来。

亚里士多德的诗学的再现体制基于以理念(idea)为核心的形而上学立场,形而上学为"确定无疑"的共识提供了基础。然而亚里士多德以反叛的方式使用了柏拉图的理念。柏拉图的模仿是在政治共同体的伦理目的中被审视的,他贬低艺术对理念的二次模仿,把艺术置于"哲人王—民众"先设关系中,从而将艺术贬斥为技艺并与共同体的伦理教化目的联系起来。亚里士多德虽然肯定艺术的模仿,认为艺术在完成对理念的模仿之后,其虚构性的模仿有自己的规则,但亚里士多德没有放弃艺术再现的等级制和艺术的伦理目的。他通过设置再现对象的等级来划分文类,将文类与特定再现对象直接对应起来,并提出"得体"、"净化"等对艺术再现的要求。

由于预先设置了完满的理念,艺术无法逃脱理念的线性目的论要求:艺术必须尽可能完满地再现以理念为基础构造而成的等级分明的感知体系。到了中世纪,宗教神学试图通过将理念精神化来整合上帝创造与工匠创造,上帝根据其神圣理智中的理念创造世界,与工匠根据心中的形象(image)创造物体是一致的(但上帝创造依旧被看作是完满的),艺术的创造是对上帝行为的模仿①。由于上帝恩泽万物,因而亚里士多德式的对立被统合于上帝的神圣理智之中。宗教神学的这一重要操作成为了现代小说"对生活的总体性"进行再现的基础。朗西埃通过分析奥尔巴赫《摹仿论》中对彼得不认主的讨论,指出:对奥尔巴赫来说,现代现实主义小说中"生活的总体性"是被言成肉身的超验性宗教所赋予的:"各种姿态、言语及被讲述的事件,它们的可理解性通过垂直关系传递到了一个后景之中,而那个后景,从戏剧的视角,从人类目的的视角,对它们作出了安排……这种垂直关系是超验性宗教所特有的……是物化于共同体生活中的超验性宗教……它赋予了精神以肉身,赋予了躯体以真理。"②幕后的精神必须以肉身形式降临现实才能发挥作用,它不可能以纯粹概念来自我表现。幕后的上帝精神保证了现实世界的完整性、总体性,并为存在的事物赋予意义和真理,也就是说,只有在一个具有整合力量的精神的前提下,人们才

---

① Ariew R, Grene M. "Ideas, in and before Descartes" [J]. Journal of *the History of Ideas*, 1995, 56(1), pp. 87–106.

② 雅克·朗西埃:《词语的肉身:书写的政治》,朱康、朱羽、黄锐杰译,西北大学出版社 2015 年版,第 112 页。

能够设想这个世界是完整的、有序的,所有在现实舞台上的低微的人和事才能够获得意义。

在朗西埃看来,"垂直关系"预设了精神与物质对象的同一性关系,现实主义所预设的其展现的现实的"真"事实上都是构造的"假":"充当标准的'现实',其本身就是思辨的产物"①,这些感性现实被幕后的理智所调节,并且这个现实被明确地界定在一个共同体的范围中。

而浪漫派的文学观念实际也是这一问题的不同演绎。康德以自在之物来为抽象的、形式的人的认识划定各种界限,并以自在之物来统合这些界限。人的理智能力被严格划定在一个范围内,而思维构造的"宏大的观念(形而上学)在力求把世界的总体把握为自己创造的东西时撞上了既定性,即自在之物这一不可逾越的界限。如果思维不想放弃对整体的把握,那就必须走向内发展的道路(道德律令)"②。康德的道德律令为精神的自由提供了可能。类似的,无论是席勒所发展的康德的游戏观念,还是黑格尔的绝对精神,都说明了这种自由:理智所直观把握的内容不是既定的,而是在认识活动中被主动创造出来的。朗西埃指出,现代审美革命就在于通过游戏的观念,以往的"美的理性与感性景观之间的距离"被取消,游戏"自身是在美与自由之间进行协调的一种力量"。③ 但无论是康德的先天概念还是黑格尔的绝对精神,都预设了主体和对象之间的同一性关系,对象最终还是被组织进了一个"确定无疑"的精神的框架中。他们都有整合碎片世界的诉求,并且在这个精神划定的疆界中,也就是在实体化的共同体的范围内,精神才有自由。浪漫派打破了摹仿的逻辑,但却重新定义了一种本质。与此相对,朗西埃认为"再现体制的打破并不定义一种本质,而是确定了另一种连接方法"④。

在朗西埃看来,现实主义和浪漫派废除了古典文学中的再现中介和再现等级,即理念或范型⑤及其带来的伦理目的,但无论是奥尔巴赫

---

① 雅克·朗西埃:《词语的肉身:书写的政治》,第 116 页。
② 卢卡奇:《历史与阶级意识》,杜章智、任立、燕宏远译,商务印书馆 1992 年版,第 177—227 页。
③ 雅克·朗西埃:《词语的肉身:书写的政治》,第 28 页。
④ 雅克·朗西埃:《图像的命运》,张新木、陆洵译,南京大学出版社 2014 年版,第 103 页。
⑤ Exemplar,中世纪经院哲学将这一概念与古希腊的 idea 基本等同。

的摹仿还是浪漫派的非摹仿都无法挣脱同一性的预设,这是"一种直接同一性的体制,即思维的绝对决定和纯粹的事实性之间的体制"。不过奥尔巴赫、康德、席勒、黑格尔为朗西埃提供了可以借用并进一步讨论的框架。他提出感知(aisthesis)来体现其反模仿的立场。在他看来,再现之前的那个混沌之物是恒在的,这种恒在性及其可感性为反摹仿、反再现的体系提供了可能,即再现与现实之间永远是不契合的,而感性与理智之间的调节也永远存在缺陷。①朗西埃从福柯的知识型的角度指出既定体系裂隙丛生的实际状态,又通过笛卡尔式的我在逻辑来为打破这一状态提供了出口。受福柯的影响,朗西埃认为"美学差异并不能够等同于经验现实和艺术表象之间的距离。倒不如说,它是一种就现实/表象之对立本身(the reality / appearance opposition itself)而言的距离,是一种重新搬演表象状态的方法,或者是一种重新上演可见者与不可者之间关系的方式……这就意味着它与一种有关做的方式的重新分配(redistribution of the ways of doing)相关,或者与一种主动性和被动性之对立的重演相关"②。即这种表象方法是构造的、可变迁、可颠覆的。笛卡尔的我在是在我思情境下的我的直接、绝对在场,我在的绝对性使其可以摆脱外在体系的支配。在朗西埃的逻辑中,感知为我在的直接性提供基础:通过在不可见、不可说之处直接"发声"来宣示我在,从而我被感知的直接在场本身就打破了已有的感知分配体系。

朗西埃通过提出感知的概念直接揭示了基于模仿的文学再现体制中理智与现实之间的内在的张力,在他看来,福楼拜的意义就是使得文学相对于再现的相像(即模仿)的解放③,通过反模仿来最终达到反文学的再现体制的目的。这是朗西埃的基本立场,而福楼拜显示了这一操作带来的文学的平等的可能性。

---

① 雅克·朗西埃:《图像的命运》,第 161 页。
② 雅克·朗西埃:《美学异托邦》,蒋洪生译,《生产》辑刊第 8 期,江苏人民出版社,2012 年。
③ 雅克·朗西埃:《图像的命运》,第 158 页。

## 二、民主的两副面孔

朗西埃在分析《包法利夫人》时围绕的核心问题是为什么必须杀死艾玛·包法利,也就是说,他在进入福楼拜的文本时一开始就设置了一个对立:福楼拜与艾玛·包法利,正是他们二人之间的悖论最终造成了艾玛的死亡。朗西埃同时做了一个区分:艾玛的死"是一场已经证实的谋杀。不过,援引的事实在这里似乎具有明显的捏造特征"①。即小说与现实或书与现实的区分。

有一个结论是已经确定的:艾玛所犯的错误是将文学和现实生活混为一谈。但是福楼拜是在何种意义上呈现这种混为一谈的?福楼拜的操作最终决定了艾玛的错误的性质。朗西埃首先否定了福楼拜写作的道德训诫意图,反对在一个更高层面去追溯艾玛幻想的原因,即"通过这种追溯,可以给出一种自杀的政治性解释"。② 这种解释背后就是一种文学对生活再现的立场,其中的因果关系预设了道德目的,而朗西埃意图分析的是文学虚构的意义,以及不是文学的政治性,而是文学的政治出现于何处。

艾玛将文学与现实混为一谈是因为一种"似乎"的民主。现代社会瓦解了君主制、贵族制或宗教共同体的清晰稳定的等级结构,承诺了共同体内所有人的平等权利。原先被排除在外的小人物似乎获得了民主实践的能力,实际上权力依旧被垄断在少数上流阶层人的手中,但民主的希望却被所有人所拥有。即使这种体制结构所固定的民主政治能够完美地运行,最后实现的也是共同体内部民众之间的相互统治。这种虚伪民主带来了"兴奋",它的理想性及不满足激发了对象化的欲望,即要把理想变成具体的现实。

理想向现实的转变需要计算的步骤,以此将主体欲望与客体对象等值。计算是一种现代的感知分割的方式:"近代哲学开始发展的时候,普遍的数学作为认识的理想出现了。这是试图创立这样一种理性的关系体系,它能把合理化了的存在的全部形式上的可能性、所有的

---

① 雅克·朗西埃:《文学的政治》,第67页。
② 同上,第68页。

比例和关系都包括在内,藉助它能把所有现象——不论它们客观的、物质的差别如何——都变成为精确计算的对象。"① 通过计算,混沌之物被分割为相互等值的具体对象,而现代民主也就是在对象意义上的民主:每个人的权力、权利是等值的。这种等值以一个个具体的方面被描述出来,而所有方面的集合,就是所谓的"平等",即平等的现代人是一个描述的集合。现代经济人最直接地体现了这一点:借助货币的中介,一切对象都可以被精确计算,而成为商品的对象原有的物质差别在计算中被抹除。现代民主与平等张开了一张布满中介与划分好的空缺的欲望之网,刺激欲望主体不断对象化来进行填补,欲望客体被不断建造出来,这些主体因此被认为具有生活的积极性。于是,基于等值和可交换的现代民主观念造成了艾玛的混淆。艾玛能够将爱情的精神快乐与家具、装饰的感官快乐相等值并进行交换,"她想赋予感受和神秘形象一种具体外形,让其体现在真实的物品和人物中"。② 在这样的形体化过程中,预设行为逻辑和生活目的的感知结构被固定下来,主体与客体的对应关系通过感受等值被凝固成链条,最终捆缚主体自身。所以将文学与生活等同起来,就是艾玛对其"不可实现的梦想的补偿"③。

与艾玛的混淆相对照的是福楼拜的另一种民主。福楼拜在另一个意义上以平等将文学与生活"等同"起来:艺术世界与生活世界的等值、任何题材和其他题材的等值。文学的等值将矛头直指亚里士多德式的表现领域之间的相互对立,这种题材的等值取消了高贵主体与低俗主体之间的对立。在对照意义上,福楼拜使用的等值不是艾玛式的基于计算的等值,而是指无区别。朗西埃将其区分为主体间的无差别与客体间的等价性,它们构成民主的正反两面。主体之间无区别背后有一个"我在"的差异性前提,一个主体本身无法被还原为具体的一系列描述,因而主体之间不是可计算的等价关系,但不同主体享有相同的平等权利去完整地感知整个世界。朗西埃认为这种平等是"前个人个体性层面上的绝对平等"④所保证的,即个人在感知分配体系形成之前的状态(混沌之物状态)。福楼拜的写作不只是打破高贵人物与低

---

① 卢卡奇:《历史与阶级意识》,第 177—227 页。
② 雅克·朗西埃:《文学的政治》,第 79 页。
③ 同上,第 81 页。
④ 同上,第 88 页。

俗人物在文学表现题材中的对立,还建造了"一个固有的平等平面,一个崭新的个性平面,通过摧毁个体或集体的指意机器和点火机器而设计的平面"①。当个人在其微观层面去感知世界,并将自己的经验性感知与个人的欲望、目的联系起来,实际上就帮助了已有的指意机器有效运转。福楼拜展现个体的感知,但并不投入他自己的意志去寻找或建立某种因果性或同一性的联系。在表达对事物的感知时,解除事物与主体欲望、目的的关联,构造一个失去身份的无人称的世界。在朗西埃看来,主体化不是真实自我的觉醒,"所有的主体化都是去身份化/去同一化,从一个场所的自然状态中撤离出来,是任何人都可以被算入的主体空间的开启"②。因此在文学的无人称的世界中,"精神失去了其身份"③,个体性变成了分子或微粒,它们之间存在的关系不是等价交换关系,而是运动、静止、影响与被影响的关系。也就是说,无人称的个体性形成了一个差异性的网络,它是一种"无人称感性生活的织物"④,是只供感受的事实。这些感性事实不断混合,从而不断打破已有的感性配置。因此朗西埃意义上的主体化不是表达自我主体性,而是无身份的集体对感性生活的占领。

在这个意义上,朗西埃认为福楼拜在"处理每件感性事件时都将自己的方式对立于其女主人公的方式"⑤。朗西埃的区分展示了一种操作的意义,这个操作实现了文学的民主/政治。

如果艾玛的行为是将自己完全投入已有的感性分配体系之中,那么福楼拜则是通过书写这种过度的投入展示出了已有体系的虚构性,这是一种反再现的艺术方式。

福楼拜明确呈现了书写/生活或虚构/生活的区分。朗西埃认为需要将文学与生活区分开来,而"文学的问题与那些威胁生活的力量问题相关联"⑥,只有相互区分,才能够避免成为这些威胁力量的同谋并能够成为与之抗衡的医学。文字必须对事实保持沉默才能达到这样的效果,才能将人、物从原先的"自然秩序"中拖拽出来。也就是说,

---

① 雅克·朗西埃:《文学的政治》,第 34 页。
② 雅克·朗西埃:《歧义:政治与哲学》,第 56 页。
③ 雅克·朗西埃:《文学的政治》,第 84 页。
④ 同上,第 88 页。
⑤ 同上,第 87 页。
⑥ 同上,第 92 页。

文学必须与生活保持一个虚构的距离,展示"一种无意义生活的漠然的低语"。① 这种沉默呈现出一种悖论:一方面它要展示生活中所有曾经可见或不可见的微小之物,即文学要尽可能地接触生活;另一方面艺术必须与生活保持一个审美的距离才能为生活提供一种政治的审美,否则不加区分文学有可能从生活的医学变为疾病的同谋。② 朗西埃认为正是讲述生活的距离感造成了艺术,艺术作为一个新的方式、新的框架重新组合、创造了生活。③ 艺术也就是一种连接感性材料的方式,即通过创造感性连接方式来对抗生活中已有的感知分配体系。福楼拜书写生活,使生活中的感性片段保持沉默,将它们并置于一种自由流动组合的相互关系中。他只讲述事实,而生活事实的阐释不依赖预设的理念,它们只是可感受的事实本身,是它们自己的对象而不是主体的欲望对象,即沉默就是生活自己说话。朗西埃不仅在政治中,同时也在艺术、文学中怀疑对结果的意图、规划,怀疑先在的理念与实践之间的对应关系。

针对萨特的"什么是文学"的问题,罗兰·巴特认为文学是字词的游戏,取消了文学的作者性。朗西埃走回了一步,作者的视角是重要的:作者通过字词的过度书写,使得大量的生活细节溢出了生活既有的感知体系,溢出了美的表现领域,也溢出了书写的伦理规划,那些原先被排除在外的物体变得可见。字词不再发挥货币式的中介功能,不为人与人、人与物、物与物、欲望与欲望之间的交换关系提供计算的服务。通过审美距离的感性观察并伴随着意志的缺席,作者瓦解了西方的理性—意志的思想、行动逻辑,使得生活能够发现自身的裂隙。一旦打破了生活对共同体结构固有的分割和遮蔽,民主就变成了所有人都能进入狂欢的场所。

---

① 雅克·朗西埃:《文学的政治》,第 34 页。
② 关于这一悖论的详细论述可见于蓝江:《美学的龙种与政治的跳蚤——朗西埃的作为政治的美学》,《杭州师范大学学报[社会科学版]》2015 年 03 期,第 64—70 页。
③ 雅克·朗西埃、陆兴华:《自我解放:将生活当一首诗来写——雅克·朗西埃访谈录》,《文艺研究》2013 年 09 期,第 74—75 页。

## 三、误解

朗西埃所论的真正的民主,即去个人身份的民主实际上也带有去阶层划分的意涵。他反对任何结构性的有序分割,通过这种分割"使政治共同体变成一个'美丽的动物',一个有体的整体"①。固定、有序的区分,无论是从政治经济的具体现状出发,还是从文化出发,都必须借助一系列构成区分标准的描述。这些描述通过计算而得,而任何计算都包含误算。

朗西埃怀疑"人民"这种既是整体又是组成部分的计算。② 又如工人阶级的区分,工人阶级的整个主体性实际是由工人阶级的先锋队所承担的。这些主体性被错误/过多计算到少部分人身上,当这些代表所有工人的群体说出"我们"的时候,那些被额外算入的人们并不在政治舞台之上,只是被借用来实现这种政治形式。但朗西埃指出,阶级斗争又确实是社会的真实运动,"且无产者或工人阶级是驱使此一运动达到一种其真理将导致政治幻想破灭的社会力量"。③

朗西埃不满足政治形式被化约为阶级斗争这一策略性的做法,同时也不满于少部分运动领导者占有主体性的做法。这一点从朗西埃与其老师阿尔都塞的决裂中可以清晰地看出来。1968年发生的法国五月革命,使得阿尔都塞不止与其学生,更与整个思想界、社会产生了重大分歧。阿尔都塞式的科学的马克思主义实际同构于柏拉图的"哲人王—民众"的结构。民众的无主体性和意识形态运作的日常化使得哲人们必须将科学的意识形态"带给"民众,而他的症候式阅读也是一种基于问题的压抑—表达的同一性逻辑。法国激进运动激发了学术界的转向,也使得朗西埃"从阿尔都塞那种极端抽象的有序性逻辑概念中摆脱出来,直接去关心无产阶级的现实生活"④。朗西埃认为不是工人没意识到自己的现实,而是没有能力与方法去抵抗现实。因而他

---

① 雅克·朗西埃:《文学的政治》,第57页。
② 雅克·朗西埃:《歧义:政治与哲学》,第88页。
③ 同上,第113页。
④ 张一兵:《走向感性现实:被遮蔽的劳动者之声——朗西埃背离阿尔都塞的叛逆之路》,《马克思主义与现实》2012年06期,第19页。

转向对感性的研究,在长时间内研究工人运动的一手历史文献材料,将重点放在现实的阐释方法的变换之上。

在五月运动中,作为法国激进运动的一大理论资源的毛泽东思想无疑也对朗西埃产生了影响。在对工人阶级这一概念抱有怀疑态度之后,毛泽东的群众路线的观点影响了朗西埃对政治的看法。真正的政治必然以冲突的形式呈现,然而相比于阶级斗争这种结构性的政治冲突形式,朗西埃更赞成群众路线:"我们"是去身份的。"我们"与主体性身份不是同一的(因此不是代表),而只是暂时维持集合的名称,而"主体,或者更应该说是政治性的主体化模式,只有在一套关系中才会出现"。在这一关系中,我们没有被由观念指导的政治目的所引用,其中产生的政治对话"带有文学式的异质性",最终呈现为"共同或分离世界中的不同身份与异质性的整套演出"①。这个意义类似于朗西埃对文学的民主的论述,其意图在于取消工人阶级先锋队这样的政治中介。朗西埃以此否定了结构性政治中通过计算的策略将民众与底层编织为奥尔巴赫式的风俗画的做法,而造成一个其感性现实不可化约的关系流动的主体群体。

而正如朗西埃在反模仿立场中所提示出的,现实生活本质也是一个由历史、思辨等构造出来的产物,那么被构造的现实带来的感性经验本身能否具有解放性呢?朗西埃将感知定义为一种体验模式,因此重要的不是现实如何,而是如何感知/阐释现实,这也是他转向历史文献研究所隐含的目的。政治的歧义在于呈现对一件事情的不同感知方式来瓦解已固有的"自然"的感知分配体系。② 因此,艺术(文学)作为一种误解/歧感的方式,它造成了对现实的疏离,用全新的阐释方式来组合现实材料,从中指示出在各种话语中被标示的感知差别的踪迹以及被构造的现实结构本身的裂痕。这也是文学的政治所在,只是文学相比政治,是通过虚构的误解来呈现这一点。

朗西埃对共识系统的信仰体制的怀疑受到了与他一起背叛阿尔都塞的巴迪欧的批评,"阿兰·巴迪欧认为,朗西埃的这套理论过于'武断'(assertive),绝对的平等最终走向的是无政府主义"。③ 朗西埃

---

① 雅克·朗西埃:《歧义:政治与哲学》,第82页。
② 同上,第6页。
③ 郑海婷:《雅克·朗西埃的悖论:暧昧的平等与无特征的文学性》,《文艺争鸣》2015年07期,第107页。

是否激进至此还可以进一步讨论,但朗西埃的民主最终不是个人主义的,也是反秩序的。他始终怀疑身份、意图,乃至高尚的政治理念与民主实践之间的关联。他反对固化的感知分配,因此寻求一种方式去解放被固化的体系。这样的解放一定不是被规划的,而是经由类似于巴迪欧所言的偶然事件造成的,这一事件的发生扭转了既有的感知模式,为解放提供了可能性和契机。文学的民主的重要性就在于文学可以通过虚构的方式创造感知体系挪移、扭转的事件。当一个工人出现于镜头下,或是工人将自己的语言写成诗歌,他们的感性现实就经由艺术的方式与其本身产生了距离,其意义也获得了偏移。因而,日常生活的审美化应当作为日常生活的政治化。朗西埃认为不论如何,平等应当被作为一个前提,由此出发的实践才会具有解放的可能性。若是如此,朗西埃的激进平等所体现的态度要大于实践,或许只有如此,解放政治的理想还不至于破灭。

(作者单位:北京大学中文系)

# 朗西埃与巴迪欧的"非美学"之争

顾晓路

**摘　要**　本文分析了巴迪欧如何通过对艺术与哲学的传统关系图式即教诲式、浪漫式、古典式的批判,从而创造性提出了"非美学"的关系图式。在这种具有内在性与独一性非美学关系中,艺术如何作为一种真理程序而生产出自身的真理。另外讨论了朗西埃基于自身"艺术的美学体制"的构想对非美学的批评及其引起的争论,这不仅可以加深对巴迪欧非美学内涵及其内部矛盾的理解,而且对非美学似乎隐含的政治性具有启发性。

**关键词**　巴迪欧　非美学　真理程序　朗西埃　政治

## (一)非美学:艺术与哲学

法国哲学家阿兰·巴迪欧于 1998 年发表的《非美学手册》或许可以称作西方当代美学的一个事件,正如他在这本书中对事件的描述:"一个事件是不可预测和不可计算的,它是对情势(situation)的一个补充。"①巴迪欧面临的情势是传统美学三大图式(教诲式、浪漫式和古典式)的饱和状态,艺术与哲学、艺术与真理的关系处于一种似乎无限循环的不可能性之中,他要找到一种新的方式来处理这种关系,即非美学。非美学不是美学,更不是美学体系,更多的是一种美学/非美学实践。《非美学手册》只是巴迪欧写于 1993 年到 1994 年关于艺术的文章的合集,这里没有什么宏大或系统的美学理论或概念的建构,我们看到的是,他作为哲学家如何在实践中将艺术的真理程序揭示出来。关于非美学,巴迪欧只给出了一个简短的定义:"我通过'非美学'来理

---

① Badiou, Alain. *Handbook of Inaesthetics*. Trans. Alberto Toscano. Stanford, Calif.: Stanford University Press, 2005, p. 55.

解哲学与艺术的一种关系,坚持艺术自身是真理的一个生产者,决不声称把艺术变为哲学的一个对象。与美学思辨相对,非美学描述一些艺术作品的独立存在所产生的严格意义上的内哲学效应。"① 巴迪欧构想了哲学与艺术的一种新型关系,并创造了一个词语来描述这种关系。"非美学"并不是一个严格意义上的概念,或者说,他无意于构造这个概念,除了在这个类似于题记的定义之外,他并没有在其他地方对"非美学"展开更多的说明或论述。重要的是,艺术与哲学的这种非美学关系意味着什么以及如何运作,这必须在巴迪欧自身的哲学架构中来考察,非美学是巴迪欧庞大的哲学体系中必要甚至必然的组成部分,正如他的元政治学(metapolitics)。

在此有必要先重述一下他在《无限的思想》中对哲学"四位一体"式的定义:"哲学是由本身是真理程序或类性(generic)程序的诸种条件规定的。这几类真理程序是:科学(更确切地说,数元)、艺术(更确切地说,诗歌)、政治(更确切地说,内在性的政治或解放的政治)以及爱(更确切地说,由性别位置分离而产生真理的程序)来规定的。"② 巴迪欧的哲学概念是通过这四种条件与真理的关系界定的,这里明确提到了爱是生产真理的一个程序,他也曾分析过政治是如何生产真理的③,在《非美学手册》中贯穿始终的核心则是艺术如何生产真理。但哲学自身却并不具有生产性,它连一个真理也生产不出来,而只是真理显现和共存的场所。哲学确立一个开放的"真理"(Truth),在思想内部打开了一个活动空隙,它在这个空隙中"抓住"真理,宣称并保证真理的存有,并证实真理的整体性,揭示真理而使其永恒。哲学是一

---

① *Ibid*., p. xii. 关于 inaesthetics 的中译,可参见毕日生在《阿兰·巴迪欧"内美学"思想初探》(《文艺理论研究》,2011 年第 6 期)一文中的说明:"法文 inesthetique(英文 inaesthetics)一词是由'esthetique'加上前缀'in-'构成,法语中前缀'in-'可以解释为'内部的'、'内在的'、'非'、'反'等,笔者曾译为'非美学',根据巴迪欧对这一词的解释及相关论述,并参照中国社科院金惠敏教授的建议,现在将该词译为'内美学'。"毕日升将其译为内美学,似乎在美学的框架内把握其历史的连续性,但巴迪欧的《非美学手册》激进性远远超出了美学的框架,"非美学"更能体现巴迪欧的创造性和潜在的论战性。艾士薇的博士论文《阿兰·巴迪欧"非美学"思想研究》(2012 年,华中师范大学)通过更为详尽的分析而采用了"非美学"。

② Badiou, Alain. *Infinite Thought: Truth and the Return to Philosophy*. Trans. Oliver Feltham and Justin Clemens. New York: Continuum, 2003, p. 165.

③ See "Politics as a Truth Procedure," Badiou, Alain. *Theoretical Writings*. Trans. Ray Brassier and Alberto Toscano. New York: Continuum, 2006, pp. 155 – 163.

种没有感性的理性行动,它撕裂真理的感性的紧身衣,通过做减法的操作而抓住真理的四种模态:不可判定性,与事件相关;不可辨别性,与自由相关;类性,与存在相关;不可命名性,与善相关。这与非美学十分相关,巴迪欧将这四种模态用在了对不同艺术作品的分析中,成了他判断某个具体作品能否产生真理、是否具有哲学效用的标尺。比如塞缪尔·贝克特用英语和法语双语写作,其作品是否译作很难判定。不可判定性也是马拉美诗歌的母题之一,比如在《牧神的午后》中,仙女们的出现不能真正描述、不可判定,作为主体的牧神的欲望也不可判定,这就构成了这首诗内在的事件性,而事件是每种真理程序的起点。诗歌是语言作为一种无限力量的极度呈现,这使得诗歌无法命名,马拉美自己也暗示诗歌并不能命名自身,即不存在一首诗歌的诗歌,一种元诗歌。① 不可命名是一种伦理原则,任何一种强迫命名的行为都将导致一种恶。巴迪欧分析马拉美的诗歌既不可判定又不可命名,既与事件相关又与善相关,这暗示了真理的四种模态之间相互关联,作为生产真理的四种程序,科学、艺术、政治与爱也相互关联。而巴迪欧在《非美学手册》中主要甚至仅仅是分析艺术与哲学的关系,而关于艺术与科学、政治和爱的关系少有论述,这一方面说明他的非美学并非一个体系,另一方面也恰恰说明非美学有无限的开放性,因为体系总是完成了的、封闭的。尤其是艺术或美学与政治的关系,成为他与雅克·朗西埃争论的焦点。

　　巴迪欧在《非美学手册》中第一次用"非美学"来描述哲学与艺术的关系,但却不是第一次论述哲学与艺术的关系。他在第一章《艺术与哲学》中批判性地分析了哲学与艺术的三种传统关系图式,即教诲的图式、浪漫的图式和古典的图式,非美学则是他提出的第四种关系图式。值得注意的是,巴迪欧在此似乎有意地跳过了他曾论及的海德格尔的图式。或者可以说,巴迪欧自觉地以非美学替代了海德格尔的图式,但这并不能说明海德格尔的模式不重要或者对其没有影响,恰恰相反,必须借助他对海德格尔的分析才能理解他的非美学。

　　对海德尔格尔关于哲学与艺术关系的分析见于他之前的《哲学与

---

① Badiou, Alain. *Handbook of Inaesthetics*. Trans. Alberto Toscano. Stanford, Calif.: Stanford University Press, 2005, p. 25; pp. 139 – 140.

艺术》①一文中——这与《非美学手册》第一章标题"艺术与哲学"有细微的但有意思的差别,前者强调哲学的优先性,后者则重在艺术的生产性——巴迪欧列举了巴门尼德式的、柏拉图式的和亚里士多德式的哲学与诗的三种关系。巴门尼德融合了诗歌的主体权力、权威与哲学陈述的有效性,此时真理滞留在神秘性之中,哲学只存于撕破神秘面纱的欲望中,"哲学"其实尚未成为哲学;诗歌则更本质,更神圣,一切权威都在于语言和表达的神圣光晕。在柏拉图模式中,诗是与真实对立的诱惑,是腐蚀性的迷恋和幻想,所以要把诗人驱逐出理想国,从而创建哲学的可能性。在亚里士多德的模式中,诗歌成为知识的客体,诗歌被纳入哲学,哲学自身代表着知识的知识。诗歌也因此变成哲学中的某一个区域性学科,正是诗歌的这种学科区域性奠定了自鲍姆加登以来现代美学的基础。海德格尔的创造性在于把诗歌从哲学的知识领域中删除,使诗歌导向真理,这样就合法地重建了诗歌思想功能的自主性,形成了对其之前的所有美学的激进批判。海德格尔把诗歌与真理相关,对巴迪欧非美学的构想产生了直接的影响。巴迪欧认为,在海德格尔那里,诗歌只有通过恢复表达的神圣性,在语言肉体中才能与真理关联,这就又回到了巴门尼德,因此海德格尔确立的第四种关系模式最终既非融合的,也非疏离的,更不是美学的,而只是"在诗人言说与哲人思考之间无法破解的纠结之中,空洞地预言了神性的复活"②。

巴迪欧在《非美学手册》中对艺术与哲学的关系做了很多的修正和补充。艺术与哲学第一种关系是教诲式的,以柏拉图为代表,把艺术定义为真理表象的幻象,艺术不能产生真理,所有真理都是外在于艺术的,艺术的规范是教育,教育的规范是哲学。这与巴迪欧艺术生产真理的观点针锋相对。第二种是浪漫式的,把艺术提升为主体的绝对,唯独艺术才能够产生真理,艺术是真理的真身,艺术靠的是天才,拥有无限的力量,以自身来教育人。这种观点是柏拉图图式的最极端,对巴迪欧来说有失偏颇。第三种是古典式的,以亚里士多德为代表,认为艺术的本质是摹仿,其领域是表象,艺术目的不在真理,也不

---

① See Badiou, Alain. *Infinite Thought*: *Truth and the Return to Philosophy*. Trans. Oliver Feltham and Justin Clemens. New York: Continuum, 2003, pp. 91 – 108.

② *Ibid*., p. 97.

声称占有真理,哲学与艺术因此而和解。这显然也不符合巴迪欧艺术观。非美学作为艺术与哲学的第四种关系,是巴迪欧唯一认可的图式。巴迪欧其实在先锋派艺术中就发现了一种结合了教诲式与浪漫式而又反古典式的图式,但其局限在于并未获得有意识的对抗性,即形成联合阵线来对抗古典主义,反而受到教诲式和解释学浪漫主义的两面攻击,现在先锋派已经近乎烟消云散。巴迪欧需要一种新方案来处理哲学与艺术的关系,即非美学的方式:艺术自身是一个真理程序,只生产自身单一的真理,艺术既不能简约为哲学,也不能简约为哲学的其他条件(科学、政治、爱)。在这种图式中,艺术同样具有教育意义,它重新安排知识的形式,它教育我们的只是它自身的存在,它要让我们与其相遇,让我们通过一种思想的形式去思考。在巴迪欧看来,艺术与哲学既非对立,又非从属,更不是不相关。哲学与艺术的关系具有内在性(Immanence)和独一性(Singularity),即"艺术严格地与它产生的真理在时空上完全一致"、"这些真理除了在艺术之外任何地方都不能产生"。同时具有的内在性和独一性在之前的三种图式中都不曾有过:浪漫图式中,真理与艺术的关系是内在的,但不是独一的;在教诲图式中,真理与艺术的关系是独一的,但不是内在的;在古典图式中,真理只是以逼真的伪装存在于想象中。

  非美学这种关系图式可以通过有限和无限的关系来考察。真理具有无限的多样性、杂多性,其无限性在于它把自己从已确立的知识形式的纯粹同一性减去,也就是说,真理在不断地创造新的知识形式。每一个真理都起源于一个事件,作为真理过程的艺术,具有内在性和独一性,其关键不在作者,也不在作品,也不在读者,而在于它是由一个事件龟裂而产生的艺术配置。艺术配置是可识别的序列,由一个事件开创,构成了实质上是无限的作品集。巴迪欧强调,艺术作为"实在的"的作品配置,在自身每一处都思考它自身所是。艺术本身是一种思想,它从来不停止地思考这个思想,这个思想就是它本身。即艺术不断地思考自身,这就是艺术的真理。艺术是真理的程序,那么随之而来的问题是:艺术到底生产了什么真理?如何描述这个真理?巴迪欧回答是艺术一真理,关于这个艺术的真理。艺术生产出了艺术的真理,这个真理再由哲学抓住、展示、暴露、宣布其存在,使之永恒。这岂不是违背了巴迪欧自己确立的艺术的内在性和独一性?艺术真理作为真理的一种,其存在性和永恒性需要哲学来确证,这岂不是以另一种方式又回到了非美学所批判的对象,即艺术是哲学的客体? 这是巴迪欧非美学概念中的一个悖论。但艺术真理毕竟由艺术本身产生,而不是由哲学赋予,艺术的主体是作品自身,而且巴迪欧并没有把它命名为艺术哲学或美学,就更少了一点学科等级制的色彩,因为艺术哲学或美学都是作为哲学的分支出现的。一位学者勒赛克勒发现了巴迪欧(包括德勒兹)思想中艺术的至高地位,更多时候不是艺术需要哲学,而是哲学需要艺术,他引用了巴迪欧在一次访谈中说的话:"与艺术家相比,哲学家降低成了'第二刀'、一个伙伴的角色。"[1]"非美学"的命名并非标新立异,它一方面构成了对传统美学和艺术哲学的批判,另一方面也是对一种新的美学可能性的向往和探求。美学并不是一门古老的学科,也不是一门高级的学科,开创现代美学的鲍姆加登认为美学感觉的科学,是一种较次级的学科。康德虽然把美学作为他整个批判哲学的重要环节,确立了美的自由、自律性、无功利性等审美范畴,然而审美判断力终究不过是从纯粹理性到实践理性的中间物。在黑格尔"美是理性的感性的显现"的经典定义中,美变成了理性/精神狡计的牺牲品。在这个美学史脉络上,巴迪欧批判并超越了传统所命名的美学,他让艺术成为自身的思考对象,生产出自身的真理。正如罗伯特·雷曼观察到的:"艺术真理不可简约的感性特征要求巴迪欧非美学的发展,既不能作为对前康德理性主义的更新,也不能作为超越美学本身的沉思活动。……对巴迪欧来说,艺术至少保持着一种区域性的感性的自律。"[2]

巴迪欧的非美学在非常谨慎地处理哲学与艺术的关系,与他所批评的三种关系图式保持着一种微妙的张力:坚持艺术的教育功能,就不能离柏拉图的教诲图式太远;肯定艺术生产真理,也不能离浪漫图式太远;在这两个极端之间,最迫切的问题是,既然在古典图式中艺术与真理无关,那么以摹仿和再现为主要表征的小说,作为艺术的一种主要样式,是否也生产真理,如何生产真理?

---

[1] Lecercle, Jean-Jacques. *Badiou and Deleuze Read Literature*, Edinburgh University Press, 2010, p. 190.

[2] Lehman, S. Robert, "Between the Science of the Sensible and the Philosophy of art: Finitude in Alan Badiou's Inaesthetics", *Journal of the Theoretical Humanities*, 15 2 (2010): 171-85.

### (二) 非美学的论争:朗西埃与巴迪欧

巴迪欧的非美学是一种激进的美学方案,某种程度上也是对教诲式和浪漫式图式的调和。这种内在的张力和矛盾不同于朗西埃——他的同学也是他的"对手",也正如他们对老师路易·阿尔都塞的态度。虽然他们都与阿尔都塞决裂,但巴迪欧对阿尔都塞是温和的批评,而朗西埃则是激烈的批判。朗西埃的美学观念是研究巴迪欧非美学的重要的参考对象。事实上巴迪欧非美学概念引起的广泛的关注和讨论,在一定程度上要归功于朗西埃。朗西埃在《美学,非美学,反美学》[1]一文对巴迪欧的《非美学手册》做了非常及时但也十分尖锐的评论,由此引起的争论成为一个学术"事件",或者我们可以称之为巴迪欧——朗西埃美学论争,论争的焦点实际指向美学与政治的关系。

在《非美学手册》中巴迪欧没有过多地讨论政治,同年他出版的《元政治学》(英文版也是同年,分别为 1998 年和 2005 年),"元政治学(metapolitics)"跟"非美学(inaesthetics)"一样也是他创造的词语,美学和政治在他的思想体系中有很强的同构性。巴迪欧在《元政治学》的序言中解释说,创造"非美学"、"过渡性本体论"(transitional ontology)和"元政治学"这些概念是为了对抗美学、认识论和政治哲学,同是为了"克制依赖反思/对象关系的诱惑"[2]。巴迪欧《元政治学》中有两章专论朗西埃,批评了他政治思想的某些缺陷:第一篇揭示了支撑朗西埃"平等的共同体"的两个核心论点——所有的统治都是一种欺骗;每条枷锁都预设了一个主人——之间的内在矛盾,因为任何人都可以不借用统治的位置和姿态来施加统治。朗西埃"平等的共同体"要么是没有统治的总体性(乌托邦),要么是一种在纯粹的空洞统治标识下的平等(没有统治位置的共同统治)。第二篇论文结尾则带

---

[1] 巴迪欧的《非美学手册》法文版出版于 1998 年,2005 年英译本出版。朗西埃这篇评论文章首先发表在 1999 年关于巴迪欧的一次会议上,收在他 2002 年出版的法文书 *Alain Badiou. Penser le multiple*,后经过修改,收在 2004 年出版的法文书 *Malaise dans l'esthetique*(《美学及其不满》)中。英文版见霍瓦德编《再思考:阿兰·巴迪欧和哲学的未来》,Hallward, Peter. *Think Again: Alain Badiou and the Future of Philosophy*. Bloomsbury Academic, 2004. 以及朗西埃《美学及其不满》英文版, *Aesthetics and Its Discontents*. Trans. Steven Corcoran. Cambridge; Malden, MA: Polity Press, 2009。两者稍有差别,本文以前者为准。

[2] Badiou, Alain. *Metapolitics*. Trans. Jason Barker. New York: Verso, 2005, p. xxxiii.

有几分嘲讽地说,朗西埃倾向于把政治认定在它的缺场及产生的效果的领域中,在此基础上他根本不能把他自己和他所怒斥的政治哲学区分开来(巴迪欧同样反对政治哲学),"他有点像能够凭空造出阴影的魔术师","可惜的是,朗西埃知道这棵政治之树的存在,也知道它的真正压力,但为了不去扰乱这棵树周围单调的平原,他顽固地拒绝攀登这棵政治之树"。①

朗西埃反过来也略含讽刺地把巴迪欧对诗歌与真理的关系的论述,与他们共同批判的对象阿尔都塞联系在一起:"遵循着阿尔都塞充分的逻辑,哲学随之被召来去辨别加密在诗歌中的真理,尽管这不过意味着奇迹般地再次发现,自己声称被剥夺的仍是自己的真理。"②也就是说,在朗西埃看来,巴迪欧所声称的诗歌生产的真理并不是诗歌的真理,而仍然是哲学的真理,诗歌自身不能够自足地导向思想,诗歌所指示的方向必须由哲学来辨别清楚。巴迪欧关注的只是诗歌作为形式、作为命名工具的效果。哲学的思想的任务,就在于在诗不能决定的点上做出决断,甚至可以说:"诗歌只能说哲学需要它说的和它假装发现的令自己惊讶的东西。"③朗西埃甚至直接质疑了巴迪欧对诗歌形式上的分析,比如当巴迪欧借用马拉美的概念把诗歌定义为踪迹(trace)、铭刻(inscription)时,这个定义和这种独特性事实上不是马拉美的,而是巴迪欧的,而且仅仅是他一个人的。朗西埃从语言上分析,马拉美并不是把诗歌界定为踪迹 trace[*trace*],而是线条 line[*tracé*],巴迪欧却通过这种误读和改造来确定诗歌和真理之间的非美学的关系。朗西埃认为巴迪欧非美学思想的核心问题在于,后者赋予了艺术一种适宜性(propriety),他并不是为保存了一个适宜于诗歌或艺术的领域,而是为了保存理念/真理的教育价值,"唯一的教育就是真理的教育"。作为激进的柏拉图主义者,巴迪欧的诗歌或艺术问题最终是伦理和政治问题,柏拉图主义的美学悖论性地要求有一种方法来学习和进入适宜于艺术的真理。所以朗西埃认为,巴迪欧不得不确定一些适宜于诗歌或艺术的东西存在,确定这种适宜的东西是一个自足的、区别于其他艺术话语的真理显现,最终也必须确定这个适宜于艺术的

---

① Badiou, Alain. *Metapolitics*, pp. 122 – 123.
② Hallward, Peter. *Think Again: Alain Badiou and the Future of Philosophy*. Bloomsbury Academic, 2004, p. 227.
③ *Ibid.*, p. 228.

东西总是一种适宜的艺术。

朗西埃对巴迪欧非美学问题性的批判基于他自己的艺术体制构想。与巴迪欧相似,朗西埃也归结了三种使艺术概念化的体制:第一是影像的伦理体制,代表是柏拉图式的模仿论,对柏拉图来说只存在多种技艺(arts),而不存在一般的艺术(art),图像的存在模式影响着个人和集体存在模式;第二种是艺术的再现体制或诗学体制,代表是亚里士多德的摹仿论,由此形成了各种规范和标准来区分艺术的种类和高低,即形成艺术的等级制,对应着社会职业和行动的分配以及共同体的等级观;第三种是艺术的美学体制,它抛弃了再现体制的等级制、区分标准,摧毁了摹仿的藩篱,把艺术从规则中解放出来,真正确立了艺术的绝对独特性、艺术的自治性、艺术形式与(塑造了这些形式的)生活形式的同一性。① 艺术的美学体制之所以称之为美学的,在于其指定了一种适宜于艺术产品的感觉的模式。这种感觉的模式自身产生差异化,也等同于一种自身差异化的思考模式。艺术只能通过其特征的不可区分性来识别,适宜于艺术、最后可以被命名的艺术,其本身与非艺术是同一的。艺术的美学自律等同于他律,例如维科的发现:"荷马是一个诗人恰恰在于他根本不是一个诗人。"朗西埃倡导艺术的美学体制包含了双重运动,一是不断地协调和认同艺术与非艺术,用以摧毁再现体系的等级霸权;二是承诺对艺术形式和生活形式进行美学的革命。也就是说,朗西埃更加强调艺术与政治的关联,同时也并没有把艺术纳入政治之内或将艺术作为政治客体,而是让二者以不同的方式共同干预他所谓的"可感性分配"(distribution of the sensible),对抗压迫性的警察—国家逻辑。② 朗西埃与巴迪欧所批判的浪漫式关系有某种暗合之处,这种对立使他认为"艺术只有自身才能产生真理"是巴迪欧一厢情愿且不公正地硬加到德国浪漫派身上的。巴迪欧所要强调的艺术适宜性,正是对艺术美学体制的严重破坏,因为它重新确立了艺术的自律和艺术形式的等级制,隔离或者边缘化了艺术和非艺术的关联。

朗西埃并不是全盘否定巴迪欧的非美学,事实上两人在论述电影

---

① Rancière, Jacques. *The Politics of Aesthetics: The Distribution of the Sensible*. New York: Continuum, 2006, pp. 20 - 23.

② Shaw, Devin Zane, "Inaesthetics and Truth: The debate between Alain Badiou and Jacques Ranciere", *Filozofski vestnik*, 28/2 (2007), pp. 183 - 199.

艺术上有很大程度的重合性。电影在朗西埃看来"是不纯粹的艺术或者不纯的艺术",而用巴迪欧的话说是"艺术+1",混杂了众多的艺术形式(小说、音乐、绘画、戏剧)。巴迪欧认识到电影构成性的混杂和艺术的美学体制,但马上就又把它堆到了艺术的边缘,即电影不是纯粹的艺术,典型的艺术代表只能是诗歌。总体来看,朗西埃把巴迪欧的非美学置于他反对的"反美学共识"之中("共识"与"民主",这其实又都是朗西埃和巴迪欧共同批判的),反美学是现代主义最后的防御阶段。但朗西埃并没有否定或轻视巴迪欧非美学的意义,尽管巴迪欧的非美学试图避开美学,但这也许正好与美学形成了新的对话。非美学可能重新打开"什么适宜于艺术和艺术自律"等问题,也就可能抵抗反美学的忿恨和后现代的浅薄和空虚,这同时也挑战了巴迪欧自身艺术概念的现代主义构成。诚如朗西埃的批判,巴迪欧的非美学构成非常复杂,内部存在着显著的矛盾:一方面作为柏拉图主义者,他拒绝现代主义把艺术的特殊性归于语言,而是把它归于观念或真理[1];一方面作为现代主义者,又要肯定艺术的自律性,艺术与非艺术的界限。然而一个更重要更难解决的矛盾是,作为共产主义者[2]的巴迪欧,在其非美学思考中似乎并不明显。比如他对布莱希特的评介,在《非美学手册》中批判布莱希特的教育剧是斯大林化的柏拉图主义,但在《世纪》一书中又盛赞他是最伟大的、最有普遍性的共产主义艺术家。

这场关于非美学的争论激起了许多学者的讨论,比如德温·肖一方面极力肯定两人相似之处——思考平等政治的可能性、反抗警察—国家逻辑、批评阿尔都塞、介入艺术作品等等;另一方面为巴迪欧及其非美学以及现代主义辩护,驳斥朗西埃的批评。问题的关键不在于决断谁是谁非,而是去思考非美学论争凸显的当前美学、政治、哲学之间的张力。艺术/美学与政治的关系在《非美学手册》中虽着墨不多,略显隐晦,但却并不妨碍其成为非美学的一个核心问题,成为你一个不在场的在场。巴迪欧在第五章讨论位置、主人和真理关系时,直接地批判了现代资本主义将科学塑造为超验性力量而牺牲了时间和空间,

---

[1] 关于语言与真理、事件的悖论,可参考 Lecercle, Jean-Jacques, "Badiou's Poetics", in *Think Again: Alain Badiou and the Future of Philosophy*.

[2] 巴迪欧并不愿称自己是马克思主义者,内格里曾批评说他声称并非马克思主义的共产主义者。在《元政治学》论阿尔都塞的文章中,他直截了当地说马克思主义并不存在,因为马克思主义者已经异化,成为了主人。

市场和商品资本剥夺了人类的自由和选择,他尝试重构"一种基于空无(Void)之上对真理的思考,而非借助主人(master)的形象:既不牺牲主人,也不召唤主人"①。这或许就是巴迪欧非美学隐含的政治:一个没有主人的社会。

(作者单位:北京大学中文系)

---

① Badiou, Alain. *Handbook of Inaesthetics*. Trans. Alberto Toscano. Stanford, Calif.: Stanford University Press, 2005, p. 53.

# "宣告"(Declaration)的政治性、可能性与真理姿态
## ——试论巴迪欧话语实践中的政治与"非美学"思想

李轶男

**内容摘要** "宣言"(Declaration)是巴迪欧著作及相关研究中经常出现的概念,它虽不像"真理"、"事件"等范畴占据着巴迪欧哲学思想的核心,然而这一并非独创的、亦未被严格界定过的概念却为我们提供了一个全新的切口。一方面,"宣告"作为一种政治性的象征,拒绝与艺术、数元、爱等巴迪欧设定的真理程序缝合,在与西方马克思主义传统息息相关的当代法国左翼思潮中,展现出艺术、哲学与政治的某种特殊张力;另一方面,"宣告"作为一种话语行为,又带有巴迪欧"非美学"思想的印记,作为一种"真理"在哲学中最终的完成形式,其自身带有隐喻性的诗学特质,因此,这一概念直接为巴迪欧思想打通了一条"审美"渗透的通道,将"非美学"的美学问题与哲学问题、政治问题关联在一起。因此,本文试图通过讨论这一穿梭于巴迪欧多层次论述的概念,通过这一概念的政治性、未来性以及真理姿态的隐喻性,提供一个观察巴迪欧及当代法国激进哲学思想的新视角。

**关键词** 宣言/宣告(Declaration/Declare) 话语行为 真理性政治 叙述姿态

相比于已被广泛关注并研究的"真理"、"事件"、"主体"等核心范畴,"宣言/宣告"(Declaration)在巴迪欧的思想体系中并不容易找到一个合适的位置。一方面,它并不是巴迪欧研究的主要对象,虽然"宣告"一词在巴迪欧的论述中常常使用,然而如果仔细考察,其所运用的层次是多重的:它时而作为一种表达真理的姿态,时而作为一种激进性的召唤,时而作为一种表述策略上的隐喻,又时而成为一种其哲学思想肌理中必要的环节。这种运用的游移使得在巴迪欧的关键概念、范畴索引等研究中,"宣告"一词常常并无意外地缺席。另一方面,"宣

告"一词显然并非巴迪欧的原创性概念,亦不同于"事件"等为其他哲学家所用,又为巴迪欧所重新阐释的概念,巴迪欧对"宣告"似乎并未有彻底重审的意图,在相当一部分使用中,"宣告"都保有其原有的、模糊而富于历史内涵的诗学意味。这样一种略显暧昧的运用或许正为我们打开了这样一种可能性,即通过这样一些非核心亦非边缘的概念,为其理论思想提供一种新的内部梳理线索,连通巴迪欧庞杂的哲学体系——其哲学、艺术与政治的划分,是否确如巴迪欧自己所设置的那样泾渭分明,不可融合?在何种意义上,它们仍有沟通与联结的可能?本文即试图通过对"宣告"一词的多重考察,提供这样一种重审与思考的可能路径。

## 一、"宣告"的主体性:作为巴迪欧思想内部逻辑的一环

尽管巴迪欧反对哲学的语言学转向,但是"言说"这一话语行为在巴迪欧的思想中依然扮演着十分关键的角色,并被赋予强烈的哲学内涵,从某种程度上说,"宣告"、"命名"等言语行为正是促成事件指认、真理浮现、主体建构的决定性步骤。从这个意义上,我们或许可以将"宣告"视作一个了解巴迪欧思想体系的线索,将几个关键概念通过"宣告"、"命名"等话语行为关联起来。

首先,在巴迪欧的历史观中,强调一种绝对的断裂。康坦·梅亚苏指出在《诸世界的逻辑》一书中正表达了这样一种观点,即"缺乏真理向度的一切进程,从真实的意义上讲,都不是历史的,而是被化约为一种简单的,不能产生真理,也没有主体忠实于它的暂时性的修正"①。进一步讲,即使是具有真理向度的进程,由于真理自身的普遍性特质,使真理从本质上是无处不在且不变的,因此在历史中亦是连续的、难以察觉的。这就使对真理的辨认成为关键,在巴迪欧看来,这样的辨认需要一个断裂,而这个断裂即是"事件",一个可识别的节点(a discernible passing moment)。

如何在历史中确定事件?巴迪欧在此提出了"命名"(nomination/

---

① 康坦·梅亚苏:《阿兰·巴迪欧的历史与事件论》,托马·纳伊英译,蒋洪生中译,"21世纪的马克思:精神和文字"讲演,巴黎,2008年2月2日。

naming)这一哲学言说。通过事件发生后对事件的命名,"事件"才得以真正从历史中浮现,而真理也随着事件的命名在与既有情势的断裂中被建构出来,在这个意义上,正如巴迪欧在《圣保罗》一书中所言,真理是完全主观性的,因为它完全通过宣告的指令来证明这一旨意与事件相关。①

而在建立真理与事件关系的过程中,"命名"与"宣告"同时还完成了主体化的过程——显然,这些言说行为需要"主体"参与,正如同真理被认为是发生在世界中的物质性建构,"主体"同样是物质的,因为它总要扎根于偶然浮现的情势之中,并见证历史的断裂与事件的发生。然而巴迪欧尤其指出"主体"与"个体"概念的区别,在他看来,主体性不是一个事先给定的特性,而是一个过程,"并非所有人在所有时刻都是一个主体,形成主体的条件与前提是偶然浮现的",②而这一前提正与事件、真理的发现交汇,如果个体见证了事件,并决定忠实于这一事件的话,通过命名现存情势成为真理,主体也在这一过程中出现了。

在这里,"命名"与"宣告"再一次成为关键纽结。一方面,如上所述,个体对事件的命名使真理和主体同时被建构出来;另一方面,主体的介入又引出了"忠诚"的问题,这种"忠诚"同样依赖于"宣告"这一哲学言说,并在这一过程中反作用于主体化进程,最终完成对真理的建构。

巴迪欧对圣保罗问题的讨论正展现了这样两个层次:首先他指出,基督教主体不先于它所宣告的事件而存在。③ 在这个意义上,巴迪欧强调对宣告的忠诚是至关重要的,因为真理是一个过程而非一次启示。而基督教传统的"信、望、爱"即被巴迪欧解读为对宣告忠诚的三个关键概念。类比于此不难发现,对真理的忠诚最显著的特征之一即

---

① Alain Badiou, *Saint Paul: the foundation of universalism*, translated by Ray Brassier, Stanford: Stanford University Press, 2003, p. 14. 原文:Truth is entirely subjective (it is of the order of a declaration that testifies to a conviction relative to the event).

② Edited by AJ. Bartlett and Justin Clemens, *Alain Badiou Key Concepts*, Durham: Acumen, 2010, p. 31. 原文:Not every human being is always a subject. The conditions are contingent in their emergence.

③ Alain Badiou, *Saint Paul: the foundation of universalism*, translated by Ray Brassier, Stanford: Stanford University Press, 2003, p. 14. 原文:Christian subject does not preexist the event he declares.

持续性，巴迪欧在讨论主体概念时也指出了主体与忠诚的持续关系，而我们在这样的论述中还可以同样看到类似于"宣告"的哲学言说的力量：

  这样的主体是以一种打赌形式的言辞所构成的。这一言辞如下："事件已经发生了，它是某些我既不能评价又不能阐释的事情，但是我将会忠诚于它。"主体始于那些确定不可判定的事件，因为他或者她凭运气选定了这一事件。①

研究者对这一论述有进一步的分析，艾士薇指出：对于巴迪欧来说，选择哪一个事件是偶然的，但一旦下了决定，也就离真理更近了，因为"这一决定开启了验证真理的无穷程序。这一程序，在情境中，是对选定事件这一公理结果的检验。这样的程序是忠诚的实践。没什么可以规范这一过程，因为公理支持这一程序在现有知识之外进行评判"。②

这便表现出对真理的忠诚及真理自身的另一显著特征，即非知识性。巴迪欧认为真理不可用知识论证，而是直接洞穿了知识，从认识论而言，则是一种对知识体系的扰乱；与之相关，真理也从不宣称产生权威，也不构建任何同一性。③ 这样一些论断巴迪欧当然有着复杂的分析和阐释，然而我们或许可以通过"宣告"这样一种姿态从最直观的印象上捕捉其诸种特性；这样一种宣告的建立是完全主观的，亦不需要知识论证的，与其说它是一种"选择"，毋宁说它是一种偶然性特质更为明显的意愿。正如霍华德在对巴迪欧的真理观的总结："真理活动可以分为一系列紧密相连的时刻：事件的命名；一种介入，它强加了这一名称并且使其牢固；情境元素的分离，从那些不属于其中的元素中确保或确认这一名称；对这一名称持久忠诚的建立。"④在这一过程

---

① Alain Badiou, *Infinite Thought*, trans. and ed. By Oliver Feltham and Justin Clemens, London & New York: Continuum, 2004, p. 62.
② 艾士薇:《论阿兰·巴迪欧的主体观》,《吉首大学学报》2014 年 7 月,第 74 页。
③ Alain Badiou, *Saint Paul: the foundation of universalism*, translated by Ray Brassier, Stanford: Stanford University Press, 2003, p. 14. 原文：Truth … neither claims authority from, nor constitutes any identity.
④ Peter Hallward, *Badiou: A Subject to Truth*, Minneapolis: University of Minnesota Press, 2003.

中,并不需要知识性的分析,每一步都是完全主观性的,并在这一过程中将事件、真理与个体置于持续主体化进程之中。

可以看到,无论从历史确定事件,从事件浮现主体,从主体指向忠诚,从忠诚回到真理——每一个在传统哲学中看似理性逻辑不足之处,都是由哲学性的言说实践,如宣告、命名等完成的。这固然是巴迪欧哲学最重要的特色所在,但同时,也让我们注意到"宣告"等言说实践自身的特殊性。巴迪欧认为,真理涌现于事件的瞬间,但是与其说我们最终把握的是真理,毋宁说我们把握的是真理涌现瞬间所凝固下来的痕迹,并在这一痕迹的基础上,最大程度地接近那一不可表达的、不在平滑逻辑之中的真理,而接近的方式,便是"宣告"与"命名"。既然不可表达,便已在逻辑性的话语系统之外,而这样一种语言,显然是诗性的,巴迪欧哲学必须借助于诗性语言自身的意涵乃至情绪去拉近真理的痕迹与真理之间的距离。正如巴迪欧所说:"对事件的命名……始终是诗性的。"①

经过上述分析可以看到,"宣告"等哲学言说与"主体"问题在最表层和最深层都形成了呼应。而主体问题在某种意义上正是巴迪欧在"事件论"、"真理观"等表述背后潜藏的核心动机之一。在《哲学宣言》中,巴迪欧一再呼唤主体的回归,在他看来,这事关哲学自身的存在:

> 现代哲学时代终结了吗?……对于我们时代而言,在诸真理的思想中提供其共存可能性的空间的行为,还继续需要和使用主体范畴吗,即便这个范畴已发生了极深刻的变化和颠覆?或者,反过来说,在我们的时代中,我们需要解构这个范畴吗?②

巴迪欧的答案显然是肯定性的,他不仅认为需要使用主体范畴,甚至更为激进地坚持对客体的取消:

> 没有客体的主体的问题是哲学复兴可能的核心问题。……只有在无客体的主体的道路上,我们才有可能在重新开启"笛卡

---

① Alain Badiou, *Infinite Thought*, trans. and ed. By Oliver Feltham and Justin Clemens, London & New York: Continuum, 2004, p. 75.

② 阿兰·巴迪欧:《哲学宣言》,蓝江译,南京大学出版社2014年版,第22页。

尔式的沉思"的同时忠实于诗人时代的美德,一种特殊的哲学上的忠诚也是一种解缝的哲学。①

或许也正是在这样纯粹主体、纯粹主观化的哲学意义上,"宣告"式的哲学言说以及"忠诚"式的哲学意志才真正获得其绝对的生命力,并同时反哺于这场"哲学复兴"。

## 二、"宣告"与真理程序:"宣告"的政治性意味

在上文分析的巴迪欧总体哲学思想的逻辑链条中,"宣告"更多地指向一种普遍的哲学言说,换言之,"宣告"在这里并未突出与"命名"等其他言说行为之间的区别,可以说,"宣告"成为了一种总体上的"言说行为"的概称或代表。然而"宣告"还有其自身的特质存在,且这种特质也未被巴迪欧完全排除于其哲学之外,甚至从某种意义上,它亦为我们提供了进入巴迪欧思想的另一通道。

"Declaration"一词在宗教词典中并不可查,在绝大多数哲学词典中也未单列条目,可见,这不是一个具有鲜明宗教性或哲学意味的范畴。在哲学条目中,"Declaration"仅见于美国语言哲学家塞尔的理论体系之中:

> "宣告式"指以言行事行为的一个类。在这个类中,命题所表达的事态是通过人们的宣告才得以存在,例如宣布"我辞职"、"你被开除了"等等。要成功地完成这种行为,除了语言的构成规则之外,还涉及超语言的机构及其构成规则体系,而且说话者和听话者必须在这种机构中占有特殊位置。只是由于有了国家、教会、法律、私有财产等等超语言的机构,且说话者和听话者在其中占有一定位置,人们才能宣布开除、任命等等。②

有趣的是,巴迪欧恰恰是在反语言学转向的意义上运用了这样一

---

① 阿兰·巴迪欧:《哲学宣言》,蓝江译,南京大学出版社 2014 年版,第 68 页。
② 《外国哲学大辞典》,上海辞书出版社 2008 年版,第 251 页。

个语言哲学中的概念,其"命题所表达的事态是通过人们的宣告才得以存在"基本逻辑依然是相通的,然而巴迪欧显然拒绝在这样一种既存形势之中讨论有条件的"宣告",而试图通过绝对的断裂建构一种足以召唤真理的"宣告"。而我们如果不囿于语言哲学的范畴,可以看到在更广义的释义中,"Declaration"往往广泛见于政治学词典,尤其如果考虑到美国独立宣言、法国人权宣言等对现代的深刻影响,在词汇的历史内涵中,我们应该充分注意到"宣告/宣言"这一词语的政治性意味。

这启发我们通过"宣告"进入巴迪欧著名的"四种真理程序"之中。如果我们将狭义的"宣告"视为一种政治性的言说,那么其他三种真理程序——数元、诗(艺术)与爱——是否也有各自狭义上的言说方式呢?本文尝试提出这样几对"真理程序—言说"的关系,并认为这四种言说方式之间的关系与这四种真理程序之间的关系基本同构:

  政治—宣告(Declaration)
  数元—命题(Statement)
  诗—造型(Configuration)
  爱—承诺(Promise)

这样一些言说方式的词汇带来了这样一种可能性,即将四种真理程序——即哲学前提的讨论置于词语所扎根的历史内涵之中,比如命题(Statement)背后的数学史与逻辑史,再如与宗教紧密相连的Promise一词所蕴含的"恩许"的内涵,等等,都有可能帮助我们更进一步进入整个西方文化的谱系与脉络之中,从更大的格局来考察巴迪欧的整体思想。

同时,这也有助于强化对巴迪欧政治讨论文本中"宣告"一词的理解。《巴黎公社:对政治的政治性宣言》(下称《巴黎公社》)[①]可以被视为一个典型范例,在这篇文章中,"宣言"无疑扮演着极其重要的角色,而如果我们注意到"宣言"一词自身所具有的政治性意味,我们或许可以更好地理解巴迪欧所添加的"政治性"(Political)这一形容词,不仅

---

[①] Alain Badiou, *The Communist Hypothesis*, translated by David Macey and Steve Corcoran, London & New York: Verso, 2010, pp. 168-228.

仅在强调这份"宣言"文本的政治性,而且与其所讨论的领域(on Politics)一同指向另一层含义,即是作为巴迪欧哲学前提/真理程序的"政治",与普遍意义上的"政治"形成区隔。《巴黎公社》一文始终强调今日的"宣言"意在与左派对巴黎公社的阐释决裂,因为这种阐释已经吞噬了作为事件的巴黎公社自身,同时这一"宣言"意图重新确立"事件",即将1871年3月18日视为一个"场域"(site),因为这是这一事件自名为"巴黎公社"并真正成为事件的首日,这一场域展示出了一个完全不可预见的、突如其来的断裂的开端。① 在这一层面上,这一"宣言"的内容是政治性的,它通过言说重新确立了一个政治性事件,并试图建构一种政治性真理。

而在另一层面,作为哲学家的巴迪欧在《巴黎公社》一文中还以"宣言"的言说方式讨论了政治自身,即政治需要从国家的掌控中减除,创造一种彻底的、纯粹的政治性的规约。巴迪欧这样定义"政治":当宣言同时也是一个关于结果的选择,也就是当抉择是在此前未知的集体原则的形式中活跃有效的时候,政治便出现了。② 显然,这是一种哲学意义上的"政治",是作为巴迪欧真理程序的政治,它创造全新的规约形式,并且通过"宣告"的方式建构与完成。

这样一个论述层次自然会关联到哲学与真理程序/哲学前提的关系问题。巴迪欧认为,哲学本身不产生真理,但真理程序无法言说自己的真理性,需要哲学的宣告,因此哲学的主要任务是通过四种真理程序"捕捉真理、呈现真理、揭示真理、宣布真理的存在",哲学"将自己伫立在那些突兀的命名的边缘之上,通过这些命名,事件让真理程序

---

① 可参见《巴黎公社》一文如下表述:Born of rupture with the left, it must be extracted from the leftist hermeneutics that have overwhelmed it for so long(p. 199); more precisely, 18th March is the first day of the event calling itself the Paris Commune (p. 203); the eighteenth of March is a site because, apart from whatever else appears here under the ambiguous transcendental of the world 'Paris in spring 1871', it appears as the striking, and totally unforeseeable, beginning of a rupture (true, still without concept) with the very thing that had established the norm of its appearing(p. 205).

② Alain Badiou, *The Communist Hypothesis*, Translated by David Macey and Steve Corcoran, London & New York: Verso, 2010, p. 228. 原文:The problem is rather to return …to what was alive but defeated in the Commune: to the fact that a politics appears when a declaration is at one and the same time a decision as to the consequences, and, thus, when a decision is active in the form of a previously unknown collective discipline.

运转起来"。① 从反面讲,巴迪欧则极力警惕哲学与四种独立的真理程序缝合(suture)的情况,认为如此将会发生"哲学性的灾难",相反,在思想之中,"哲学所面对的是作为其前提的诸真理程序的共存可能的本质。……哲学勾画出类性程序,通过热情接纳,并加以庇护,从而指向这些截然不同的真理程序。……通过将作为哲学前提的诸程序的状态置于共存之中,哲学试图去思考其时代。……哲学是诸真理程序的实切性与它们当下存在的敞开问题之间衔接的桥梁"。② 在这个意义上,"宣告"及其他真理程序的言说方式或许正在文本形式上呈现了这样一种连接性,即"宣告"一方面是一种哲学言说,另一方面又植根于某一特定的真理程序之中,它既在政治领域中呈现哲学性的表达,又在哲学叙述中彰显出其明确的政治性姿态。

## 三、"宣告"与叙述姿态:作为"宣言"的巴迪欧思想

尽管巴迪欧强调拒绝政治、艺术、哲学三者之间的"缝合",但这并不意味着这三者之间壁垒严明。相反,正是通过"宣告"等话语实践,我们似乎看到了其中互相渗透的可能。正如第一节所分析的,作为政治这一真理程序的言说方式,"宣告"等言说方式自身却是诗性的,宣告中所包含的感性要素,正是巴迪欧在区分四种真理程序时赋予"艺术"这一领域的特质。我们或许要追问,"宣告"在政治姿态之外,是否也是一种艺术姿态,或者说,"言说"乃至"语言"本身,究竟是政治性的,还是艺术性的,又或者,二者本就是一体两面的问题?

巴迪欧在《非美学手册》中提出"非美学"的概念,看似要与审美领域划清界限,但实际上则是将艺术领域纳入自身哲学逻辑之中,并重新摆放艺术、艺术理论与哲学、政治之间的关系。开篇的作者小记中明言其意:

> 通过"非美学",我理解了哲学对于艺术的关系,即艺术自身是真理的生产者,而非将艺术视为哲学对象。反对美学思辨,非

---

① 阿兰·巴迪欧:《哲学宣言》,蓝江译,南京大学出版社2014年版,第17页。
② 同上,第16—18页。

美学描述了由某些艺术作品的独立存在所产生的严格的内哲学效应。①

换言之,巴迪欧在自己的意义上重新建立了一种"非美学"式的艺术理念,即艺术作为一种真理的生产者,不是受制于某种先行的哲学理念,而是在实践中创造资产阶级民主式自由之外的一种"新的自由形式"。② 在实践的意义上,艺术的作用是"政治性"的。正如本文虽然试图提出四种真理程序各自的言说方式,然而最终的落脚点依然选择了"宣告"——一种政治性的言说方式,这不是一种任意的选择,而是考虑到政治及其实践——正如《哲学宣言》一书的标题选用了"宣言"一词所表明的那样——对于巴迪欧哲学而言的根本性意义。

《哲学宣言》一书开篇敏感地指出哲学的"终结"与哲学对二战罪责的内化之间的关联,这或多或少暗含着巴迪欧建构哲学体系的历史—政治出发点。它提醒着我们要重新关注这一庞杂的思想体系所处的历史—政治环境及思想理论环境为其带来的影响,去历史地体察巴迪欧是在何种意义上提出主体问题、真理问题,又是在何种意义上宣告"宣告"的重要意义。

正如上文所述,二战给整个哲学界带来了巨大的思想乌云,它连同哲学的终结、历史的终结、形而上学的终结,一同将哲学逼入一种沉重的罪行自省之中。巴迪欧说:"由于被其所假定的对象——如灭绝、集中营——的悲剧性本质所克制,哲学改变了自己不可能的形象,变成一种预言性的姿态。"③然而巴迪欧拒绝这样一种审美化的解决方案,他提出建议:

> 我们扔掉这个负担,并宣布:如果哲学无法对灭绝欧洲犹太人的罪行概念化的话,那么对之进行概念化并非哲学的责任,而且哲学没有能力这样做。只有诉诸其他的思想秩序才能让这种

---

① Alain Badiou, *Handbook of Inaesthetics*, translated by Alberto Toscano, Stanford: Stanford University Press, 2005, pXII.

② Alain Badiou, *Fifteen Theses on Contemporary Art*, New York: Lacanian Ink, 2004, http://www.lacan.com/frameXXIII7.htm.

③ 同上,第8—9页。

思考变得可行。例如,以政治的基点开始对史实(即历史)进行考察。①

巴迪欧的四种哲学前提正是在这样一种逻辑中被提出,并以此为根基重新建构了哲学。毫无疑问,巴迪欧哲学的"战斗性"与他所处思想位置的"少数性"是相关的,正如蓝江指出的,在当下的主流思潮中,法国后结构主义和后现代主义者们拆除了人们脚下站立的一切根基,而毋论其是否可以真正拆解。他们在解构了本体论的基面时又宣告了未来的绝对偶然性和不可预测性,这意味着他们放弃了对未来任何行为努力的可能性,因为在他们看来,由于绝对偶然性的存在,任何行为都无助于形成一个美好的未来,革命的理想在这种不可预测的未来话语中化作泡影。② 而同样地,当代的左翼政治运动同样缺乏一个未来向度,因而显得保守犹疑,正如杰姆逊指出的,当代左翼政治大多出于对资本主义这台恶魔机器的巨大破坏力的震惊和义愤,是一种应激式的被动反应,所以他们本能地要求选择性地持存过去,回到过去的所谓好日子中去。他们虽然满怀义愤,悲天悯人,却瞻前顾后,心存犹疑,对未来缺乏信心,缺乏勾画后资本主义时代之良辰美景的勇气。因此今日左翼"话语斗争"的基本任务,就是要恢复马克思思想中的未来主义(futurism)和振奋性(excitement)。③

在这个意义上,毫无疑问正如 Jason Barker 所概括的,巴迪欧的哲学是一种"关于真理的激进话语"。④ 巴迪欧的思想中充满了"可能性"的话语,哲学的可能性与一切变革的可能性都关联在一起,而在这其中巴迪欧尤其强调"政治的可能性":"哲学是可能的,正是因为哲学并不必须在历史或者在政治上合法化,而仅仅只是去思考肇始于蒙昧事件所重新开启的政治的可能性。"⑤

---

① Alain Badiou, *Fifteen Theses on Contemporary Art*, New York: Lacanian Ink, 2004, http://www.lacan.com/frameXXIII7.htm., 第 8 页。
② 蓝江:《回归柏拉图:事件、主体和真理——阿兰·巴迪欧哲学简论》,《南京大学学报》2009 年第 3 期,第 15 页。
③ 蒋洪生:《杰姆逊的乌托邦冲动与未来诗学》,《中国社会科学报》2013 年 4 月 19 日第 B01 版。
④ Jason Barker, *Alain Badiou: A Critical Introduction*, London: Pluto Press, 2002, p. 1. 原文:Philosophy as a militant discourse on truth.
⑤ 阿兰·巴迪欧:《哲学宣言》,蓝江译,南京大学出版社 2014 年版,第 60 页。

然而巴迪欧并不给出任何承诺,他所做的只是提出一种绝对的"崭新性",而这或许正是他最为激进之处。正如 A. J. Bartlett 和 Justin Clemens 指出的,巴迪欧的核心问题是"新"(the new)如何在存在中显现,在《诸世界的逻辑》一书中,则被表述为"对当下的创造",这里的"新"不同于我们寻找一个新的跑鞋、新的肥皂粉、新软件或是新学校,这些无论如何表现出一种"选择的自由",它们依然是建立在已有逻辑之上的;然而真正的"新",是从所有预言中抽离出来的,这也是它最不可能和最难表述之处。换言之,当下是缺席的,也正因此我们需要生产它。①

这种激进性构想与政治性实践的紧密关联使得巴迪欧的整个哲学在隐喻层面上或都可被视为一场"宣言":它往返于政治与哲学之间,但从不缝合它们。在这里,"宣言"的诗性再次浮现,一方面,这样一种隐喻并非审美性的修辞,正如巴迪欧自己所言:"恰当的隐喻并不是额外的记录,甚至不是系统的反思。其毋宁是运动的自由,在其前提状态的相关要素中,是思想运动本身的自由。"②另一方面,"宣告"在哲学严密的逻辑中以诗性的姿态突然出现,同样像是"宣告"之于政治、"造型"之于艺术一样,成为一种凝结真理痕迹的形式,犹如火山喷发后火山口周围岩浆凝固的熔岩,提醒着人们曾在这里无限接近真理。

(作者单位:北京大学中文系)

---

① Edited by AJ. Bartlett and Justin Clemens, *Alain Badiou Key Concepts*, Durham: Acumen, 2010, p. 187. 原文: Taking all the above into account, we have to remember that Badiou's central and overarching question concerns how the new appears in being. Translated into the terms of Logics of Worlds, this concerns the creation of a present. As this collection attests, the "new" is not to be thought in the same manner that we look for a new soap powder, a new running shoe, new software or a new school. These, no matter how they supposedly exemplify the "freedom of choice", conform to an established logic; while the truly new, in its apparent impossibility, as in its difficult and proscribed manifestation, is that which is subtracted from any such predication. In other words, a present is lacking-and therefore what has to be produced.

② 阿兰·巴迪欧:《哲学宣言》,蓝江译,南京大学出版社 2014 年版,第 17 页。

―――― 经 典 选 译 ――――

# 关于荷马与赫西俄德的佛罗伦萨论文，他们的谱系与他们的竞赛[①]

[德] 尼　采
韩王韦　译

**译者按：**

"荷马与赫西俄德的竞赛"是古希腊遗留下来的一份佚名残篇。尼采在莱比锡大学求学时就曾经对之进行过校勘，1870年尼采写了《关于荷马与赫西俄德的佛罗伦萨论文》第一部分以及第二部分，1872年又续写了第三至第五部分。在实证主义语文学家眼中，尼采的这篇考据文章是他对古典学做出的最大贡献。其重要意义甚至超过了同时期的名著《悲剧的诞生》。《悲剧的诞生》里有太多无法被证实和证伪的洞见，因此很难有被引证的价值。而《关于荷马与赫西俄德的佛罗伦萨论文》却不同，它是严格的实证主义语文学的产物。在这篇文章中尼采不仅论证了"荷马与赫西俄德的竞赛"这份佚名文章源于阿尔西达马斯修辞学教学残篇的可能性，还极其严谨地推测出了赫西俄德死亡的原因、时间、地点，最大限度地还原了当时的谋杀场景。此文迄今依然对古典学研究有着重要的影响。本期刊发第1—2节。

## 一

竞赛的形式

――――

① 该文译自MusA版《尼采全集》第二卷，第149218页。全文有五节，前两节发表于1870年，后三节则发表于1873年。前两节尼采主要运用了文献考证的方法，来重构"荷马与赫西俄德"竞赛的原初形式，并试图论证这场竞赛可能源自阿尔西达马斯修辞学教学残片的合理性。后三节则采用了史料考据的方法，进一步考察了阿尔西达马斯与这场竞赛的关系，以及这个竞赛文本在阿尔西达马斯之后的流传过程。文中所有脚注为译者所加。

当过去的文法学家依据着普鲁塔克①在《会语集录》②第五卷第二节中给出的证据,来潜心研究"荷马与赫西俄德的竞赛",直至深感厌倦之时,他们的研究热情依然从未放在这场竞赛的形式之上,相反却每次只是追问这场竞赛是否真实存在。在此当然也存在这样的可能性,即诗人和自由创造的智者们也曾经针对这场竞赛的形式散播过各式各样的想象,他们总是会把歌者战争的场景做出新的变换,将场面直观化。这种情况应该是可能的:但是所有可收集到的证据表明,这种情况并未发生,相反只有一种竞赛形式为人们所熟知,这种竞赛形式,以及对它的审慎的描绘,我们可以在本文中找到。因而就此原本是绝对不应该再说些什么了,因为对这种竞赛形式的描绘已然十分完整;相反,应该指明的是,在这份竞赛里的简短叙事中是包含有缺陷的。当然我在这里提到的缺陷,意思并不是说一份不完美的历史流传下来的文献,而是说一种摘抄的痕迹,出自对这里或那里进行剪裁的专横之手。

　　在这场竞赛的结尾,荷马与赫西俄德被要求,吟诵他们自己的诗歌中最好的部分。令人意外的是,当时有 10 行诗句从《工作与时日》里被当作最好的(τὸ κάλλιστον)挑选了出来,而有 14 行诗从《伊利亚特》里挑选了出来。一位史诗诗人从数千行诗句中选出 10 行或者 14 行诗来吟诵,接着就陷入沉默不再歌唱,这是多么的不可思议,它与古代的风俗和思维方式很矛盾,依据叙事诗朗诵者们的说法,他们之间是互相争斗的,虚荣的叙事诗朗诵者,无疑是没有对他们自身的缺点如此紧张地思考过的。那么,究竟是什么让这 10 行或者 14 行诗从它们的文本环境即那上千行诗句里突显出来呢?为一种挑剔品味而选择出的少量诗行的优势会在哪里?没错我们听说过,这场竞赛之后的裁决是什么样的③,不是形式,不是审美上的独特性,而是题材,这对于天真的裁决而言是再自然不过的事情。极英明(Allweis)的国王帕尼得斯④,他的判决

---

　　①　普鲁塔克,生活于古罗马时期的希腊作家,代表作有《希腊罗马名人传》。
　　②　《会语集录》,学界亦称其为《道德小品》(拉丁:Moralia),全书由普鲁塔克所写的杂文组成,分为九卷。普鲁塔克关于荷马与赫西俄德竞赛的言论出自于该书第五卷第二节。
　　③　竞赛之后的裁决是指,荷马虽然在与赫西俄德的诗艺竞赛中,凭借高超的技艺征服了在场的希腊人,但是,国王却出乎意料之外地将桂冠判给了赫西俄德。原因是,荷马歌颂英雄和战争,而赫西俄德却歌颂农作与和平,并试图用诗句教化民众,对城邦而言更为有益。
　　④　帕尼得斯,哈尔基斯(希腊:Χαλκίς,德:Chalkida)的国王,荷马与赫西俄德竞赛中的裁判者。

很著名地流传于后世,他以农耕与和平时期为理由来给吟唱诗人加冕,并因而对古希腊文化里的英雄精神犯了罪,古希腊精神会把这种犯罪的思想看作是某种可鄙的东西而大加斥责。既然这里的关键全然是对题材的审美品味,是对内容的分享,而不是形式,那么一种对 10 行或 14 行诗句的挑选就会是莫名其妙的,或者说是荒唐的。人们必须敢于冒险才能恰好产生这样的结局,一位摘录者在这里或许竟用他的手玩起了游戏——即使这里没有给出应有的确切证据,就如同我们从一份赫西俄德的生平(Βίος Ησιόδου)里获取不了确切证据一样。依照瓦伦蒂尼·罗斯①的《亚里士多德伪书》(Arist. Pseudepigr.)②509—511 页的说法,是约翰·采策斯③,而不是普罗克洛斯④,记述了这次胜利的过程,其记述详见如下,出自 Westerm.⑤第 47 页:

  最后国王帕尼得斯要求他们,从自己的诗歌里挑选出最好的诗句来吟唱,荷马挑选出了下列诗行开始吟唱,省略了之前的许多诗句。
  盾牌挨着盾牌,头盔挨着头盔,人挨着人,
  只要人们一点头,带着缨饰的马鬃头盔便会响亮地碰到一起,
  他们相互之间站得如此紧密。⑥
  (荷马)从那里更往前(继续吟唱)。但是赫西俄德却从

---

  ① 瓦伦蒂尼·罗斯(Valentin Rose, 1829 – 1916),德国古典语文学家,以整理亚里士多德的残稿著名。
  ② 《亚里士多德伪书》(*Aristoteles pseudepigraphus*),由古典学家瓦伦蒂尼·罗斯编纂,收寻几乎所有来源值得怀疑的亚里士多德的遗稿。1863 年由莱比锡(Lipsiae)的 B. G. Teubneri 出版。
  ③ 约翰·采策斯(Johannes Tzetzes, 1110 – 1180),拜占庭帝国的文法学家。曾编纂过许多古希腊的文献及古希腊人物志,其中包括赫西俄德生平。
  ④ 这里指古典语文学家普罗克洛斯(Eutychius Proclus),他曾是罗马皇帝马可·奥勒留(Marcus Aurelius)的教师。
  ⑤ Westermann 的缩写。Anton Westermann 在 1845 年曾出版过采策斯的一个名为《传记》(*Biographoi*)的集子,赫西俄德的生平收录于这个集子里。安东·威斯特曼(Anton Westermann, 1806 – 1869),德国古典学家,曾任教于莱比锡大学。
  ⑥ 荷马吟诵的这段诗出自《伊利亚特》第十三卷,可参见《罗念生全集》第五卷,上海人民出版社 2007 年版,316 页。

"阿忒拉斯的七个女儿在天空中出现"①

一句开始吟唱,并且像荷马一样,他也继续(吟唱)了许多诗句。②

这就立即表明了,采策斯与论文的编纂者都使用了一种相同的模板,但是采策斯在这种情况下对于原版的维护要比论文的编纂者更为谨慎。依据采策斯的原版,荷马是从《伊利亚特》第 13 卷更前面的诗行(向后,ὄπισθεν,Lobeck,Phrynich. 11)开始吟唱的,这也就是说,远在第 131 行诗"盾牌挨着盾牌"等句(ἀσπὶς ἄρ' κτλ)之前。接下来才是现在的那三行诗③,这三行诗在论文里也被引用过,即《伊利亚特》第十三卷的 131—133 行;在此之后采策斯又增添了"并且从那里更往前继续"(καὶ περαιτέρω τούτων)一句。而赫西俄德,依据采策斯的来源,开始吟唱的诗句与论文里的相同,并且接着继续向前吟诵,"像荷马一样,直到(继续了)许多诗句"(ὁμοίως Ὁμήρωι μέχρι πολλοῦ τῶν ἐπῶν)。通过这样的表述,采策斯无疑不可能认为是仅仅接下来的九行诗④;因为在采策斯的表述中有着一种对应性,这种对应性正是通过这句话"像荷马一样,直到(继续了)许多诗句"(ὁμοίως Ὁμήρωι μέχρι πολλοῦ τῶν ἐπῶν)得到保证的,当这 10 句赫西俄德的诗歌被许多诗句(πολλά ἔπη)所针对换置时,那么荷马应该会向后(ὄπισθεν)诵唱哪些诗行,与《伊利亚特》第十三卷 131—133 行的三行诗句一起,更往前地继续去下呢(καὶ περαιτέρω τούτων)?显然,在现存的采策斯的竞赛(ἀγών)样式中,更多数量的诗句作为最好的荷马与赫西俄德的诗歌被强调了出来,这里,它的自我确定性要比论文中的描述更为自然,也更为可能。然而,在论文中缺少的并不是征象(Anzeichen),因为在它的基础上也

---

① "普勒阿德斯——阿忒拉斯的七个女儿在天空出现时,你要开始收割;她们即将消失时,你要开始耕种。"普勒阿德斯(pleiades),七姐妹星团。参见赫西俄德的《工作与时日》,张竹明、蒋平译,商务印书馆 1991 年版,12 页。赫西俄德在这段诗里表达了劝人劳作的意愿。

② 以上希腊语引文出自约翰·采策斯的《赫西俄德生平》。翻译参照了 Tzetzes,*Life of Hesiod*,*Living Poets* (Durham, 2014),https://livingpoets.dur.ac.uk/w/Draft:Tzetzes,_Life_of_Hesiod_v2

③ 三行诗即上文所出现的诗:盾牌挨着盾牌……他们相互间站得如此紧密。

④ 指赫西俄德在竞赛中所挑选的 10 行诗,上文引用了 1 行,还余 9 行。采策斯的表述显然会给读者一种不止接下来的 9 行诗的感觉。

有那种完满的形式,即我们从采策斯的文本里获悉到的形式,只是这种形式被摘录者的专横裁剪成现存的形式了。也就是说,对第十三卷诗歌①的诵唱突然地从133行跳到了339行,对此,还不能够确定是否应该认为,是荷马自己出于赞美的需要,为了从自己的诗作中选出最好的(τὸ κάλλιστον ἐκ τῶν ἰδίων ποιημάτων),把这中间的部分给排除在外了。或许在这里这样说更好,是摘录者自己为了逃避这样的劳苦,即避免把126至344行诗句整段抄写下来:如果可以的话,从采策斯的说法里可以得出推论,即他已经把126行诗句之前的大量诗行给删除了。这诗行的数量到底有多大,就只能从思考第十三卷来获悉了。我假设,从荷马诗歌中挑选出来的最好的部分,必定是可以从整体中分解的,能够合理地被剥离的一部分。在此指的是两位埃阿斯受到波塞冬的激励②以及随后的大屠杀场面:这伟大的,暴风骤雨般的移动场景会依据讲述者的品味而获得某种热情洋溢的美赞③。这样一种判断④,如我们所知,是属于修昔底德⑤时代的,而比如本恩哈迪⑥的解释就与之相反,他认为第十三卷中有过多的夸张,并没有一直去遵循恰当的尺度[《文学史(*Literaturgeschichte*)》第二卷,第166页];作为这种在演讲和句式上过度夸饰的例证被直接体现在了一段诗文之上(诗行:276 - 287),它可以从美赞的段落中被找到。⑦ 当然,还有一些其他的证据可以证明,摘录者在论文中,将应该引用的诗歌段落暴力地限定在极其少量的诗行之上,证据在这样的事实中,即最后的赫西俄德诗行被用一种笨拙的和专制的方式带到了间发性的结局上。也就是说通过(以下这句话):

---

① 指《伊利亚特》第十三卷。
② 两位埃阿斯指的是大埃阿斯与小埃阿斯。在《伊利亚特》第十三卷中,这两位英雄受到海神波塞冬的激励(十三卷第43—58行),奋勇抵抗特洛伊军队的进攻,挽救了希腊联军的失败命运。
③ 需要注意的是,这里的赞赏指的是叙述者依据自己的口味来诵唱诗歌,让诗歌有了自己的色彩。
④ 指的是上句:这伟大的,……热情洋溢的美赞。
⑤ 修昔底德(古希腊:Θουκυδίδης,德:Thucydides),生活于公元前5世纪的古希腊历史学家。
⑥ 戈特弗雷德·本恩哈迪(Gottfried Bernhardy, 1880 - 1874),德国的语文学家。早期尼采在研究古典语文学时曾受过他的影响。
⑦ 尼采以上都是在论证,被摘录者所遗漏的《伊利亚特》第十三卷的诗行可能会有多少。

当所有的时令果实到来时,脱掉衣服①去收获。

然而,在《工作与时日》被摘引的段落上,整句话完全不是以这行诗结尾的,而是随后还有三行诗:

脱掉衣服去收获,如果你想在合适的时节
得到得墨忒耳女神②恩赐的所有果实的话(就必须这样做),
因为每种作物的成熟都有其特定时节,这样你就不会在日后陷入贫乏,
缺少供养,而不得不到他人门前乞讨。③

现在我们坚信,赫西俄德像荷马那样继续吟唱了许多诗行(ὁμοίως Ὁμήρωι μέχρι πολλοῦ τῶν ἐπῶν recitirt habe),因而,对此我们就有权力在大概第 300-400 行诗歌上去思索。这个决断会再次产生对赫西俄德吟唱原貌的沉思。如果赫西俄德从第 383 行开始吟唱,那么为了与荷马保持对应性,他就应该被允许,不止步于 683 行之前,而是极有可能一直到 783 行才结束吟唱。这或许意味着,赫西俄德事实上演唱了全部的《工作与时日》(Ἔργα καὶ ἡμέραι),至少演唱了全部的农作与航海的准则。需要商榷的是,他是否也吟唱了从第 765 行开始的波奥蒂亚的负债书(das böotische Calendarium)④。但很显然,在叙事的古老形式中,这些诗句⑤也并没有被完整地呈现出来,或许也很有可能是这位在竞赛中的讲述者⑥自己没有一次性地表达清楚,是否这些诗句也存在于被提及的《工作与时日》的章节里,而赫西俄德正是在这章节中详细地汇报了他在埃维亚岛上取得的胜利以及带把手

---

① 这里指的是脱掉上衣。
② 得墨忒耳(德:Demeter,希腊:Δήμητρα),古希腊神话中的大地神和丰收女神。
③ 赫西俄德,《工作与时日》,392-395 行。
④ 在《工作与时日》中,从 765 行开始一直到 828 行结束都没有出现这个词。这段诗是劝诫人们要谨守宙斯所掌控的时日。在特定的日子里去做特定的事情。而"波奥蒂亚的"在希腊文化中是个贬义词,指某类人群的"野蛮粗俗和未开化"。赫西俄德在 765-828 行所描述的对时日的认知和分配,恰恰就是波奥蒂亚人所欠缺的文明,这也就是"波奥蒂亚的负债书"。
⑤ 指赫西俄德在竞赛中吟唱的诗句。
⑥ 这位竞赛中的讲述者指的是赫西俄德。

的三足鼎①:在现存的《工作与时日》里缺少埃维亚岛上竞争与胜利的情节,那么依据迄今为止存在的基础文本来推断《工作与时日》的一种更为古老的形式的存在,必定就是足够冒险的。当这段诗文②实际上被普罗克洛斯,接着甚至可能又被亚里山大城的批评家(Alexandrinischen Kritiker)解释为伪造之作时,那么这种观点的出现就一定不是基于一种古老传统的土壤,而是彻头彻尾与这一传统相矛盾的,当然,它主要出于这样一种意识,即赫西俄德与荷马的同时代(ἰσοχρονία)的不可能性;因为,只是由于人们将这在《工作与时日》当中相关的诗文与那著名的赫利孔三足鼎以及它的题词关联了起来③,然后,又由于人们把这段诗文中的题词内容以及三足鼎的存在宣称为是不可能的,人们才断定了这些诗句的虚假性:而只有文法学家普罗克洛斯(威斯特曼,《传记(Biogr.)》,第 26 页)通过对三足鼎警句的全然否决,渴望表达出一种对于赫西俄德诗歌的不同解释。

尽管有着上述的不完整性,论文里的叙事依然是最为详尽的。在其他地方被记载的这场竞赛(ἀγών)的形式的所有个别特征,在论文里都可以被再次找到。所以,借助着那唯一的本质例外,采策斯的叙述就与论文里的叙述完全并行开展,在这里与那里都完全并行,除了在词语上的一致性以外;采策斯的叙述最为显著的地方在于,他对赫西俄德埃维亚岛上获得胜利之后的生平的叙述,以及对于其死于洛克里斯地区的叙述,在这个位置上,采策斯与论文这对名号,共同拥有着一种非常重要的名声上的败坏。地米斯蒂厄斯④与菲洛斯特拉托⑤的暗示也并没有给出荷马与赫西俄德竞赛

---

① 赫西俄德在《工作与时日》650-658 行中,讲述自己曾航海去过埃维亚岛,在岛上一个叫哈尔基斯(Chalkis)的城市里唱了一首赞歌,并获了奖。奖品是一只带有手把的三足鼎。
② 指赫西俄德汇报自己在埃维亚岛(Euböa)上获得胜利并赢取三足鼎奖杯的诗文。
③ 在《荷马与赫西俄德竞赛》一文中,赫西俄德在诗艺竞赛中获胜,并得到一只青铜三足鼎。他随后为这三足鼎题词,并献给赫利孔山的缪斯女神,因为是她们将他带上了诗歌之途。
④ 地米斯蒂厄斯(古希腊:Θεμίστιος,德:Themistius),古希腊演说家,哲学家。其思想受到柏拉图与亚里士多德的影响。他曾经指责过荷马将宙斯视为众神与世人之父。地米斯蒂厄斯认为,这种说法就好像是在告诉人们,罗马皇帝不仅是罗马人(文明人)之"父",还是斯基台人(Skythen,野蛮人)之"父"。
⑤ 菲洛斯特拉托(古希腊:Φλάβιος Φιλόστρατος,德:Flavius Philostratus),生活于罗马时期的古希腊诡辩家。

的风貌,在论文中这种风貌没有,确切地说是,没有被尽地描绘复原出来——倘若我们不考虑那一个唯一的例外①时。也就是说,依据所给出来的证据,在论文中对于竞赛的结局的叙述是不完整地流传下来的,但无论如何可以同意的是,我们从上述的两位作者②那里可以对这场竞赛的形式有所认知。地米斯蒂厄斯在《第三十篇演说》(*die XXX. Rede*)③一书第 348 页,通过这样的话,"一方面是(荷马朗诵的)战争与战斗:两位埃阿斯的肩并肩作战以及其他这样的(战斗)"(ὁ μὲν γὰρ πολέμους καὶ μάχας καὶ συνασπισμόν τοῖν Αἰάντοιν καὶ ἄλλα τοιαῦτα)④,强调出了完全相同的诗歌段落,并且通过接下来的话表明,赫西俄德不仅吟唱了真实的"工作"(ἔργα),还吟唱了这首诗的结尾部分,"时日"(ἡμέραι),"另一方面是(赫西俄德)大地上对工作和时日的赞美,在这些时日中工作变成了更为高尚的(事情)"(ὁ δὲ γῆς τε ὕμνησεν ἔργα καὶ ἡμέρας, ἐν αἷς τὰ ἔργα βελτίω γίνεται.)。菲洛斯特拉托在《英雄论》(*Heroica*)⑤(Boisson)一书第 194 页,也同样讲述了《伊利亚特》被吟唱的段落,即关于两位埃阿斯的史诗,他们如何在横列阵线中紧密并且强大坚固地连合在了一起(τὰ ἔπη τὰ περὶ τοῖν Αἰάντοιν καὶ ὡς αἱ φάλαγγες αὐτοῖς ἀραρυῖαί τε καὶ καρτεραὶ ἦσαν),而关于赫西俄德所吟唱的诗歌则是:与他自己的亲兄弟珀耳塞斯⑥有关的事情,他激励珀耳塞斯去劳作,将自己献身于农耕,从而他就不会缺少保障,也不会陷入饥饿(τὸν δὲ τὰ πρὸς τὸν ἀδελφὸν τὸν ἑαυτοῦ Πέρσην ἐν οἷς αὐτὸν ἔργων τε ἐκέλευεν ἅπτεσθαι καὶ γεωργίᾳ προσκεῖσθαι ὡς μὴ δέοιτο ἑτέρων μηδὲ πεινῴη.)。这就清楚地表明了,菲洛斯特拉托在他的展现模式中并不仅仅是发现了像在论文里那样的诗歌段落,因为在论文里最终的摘引

---

① 这里所说的唯一的例外,指的是采策斯的叙述。
② 两位作者指的是地米斯蒂厄斯与菲洛斯特拉托。
③ 地米斯蒂厄斯的演讲现存 33 篇,其中一部分是他在罗马皇帝与达官显贵面前的演讲,一部分是他在私人圈子内的演讲。
④ 《伊利亚特》第十三卷主要讲述的就是两位埃阿斯与其他战士肩并肩战斗抵抗特洛伊军队的进攻。
⑤ 《英雄论》(Über Heroen, Heroicus),菲洛斯特拉托所作。形式是一位腓尼基水手与一位葡萄酒商人的对话。
⑥ 赫西俄德的兄弟珀耳塞斯与希腊神话中主掌毁灭的提坦神 Persês 同名。

目的全然不是这场竞赛中的演说①。

由此可见,我们在四处都能辨认出一种对于荷马与赫西俄德竞赛的相同的展示。一个独特的诗歌诵唱位置是这样的,即人们可以从这个位置出发来揣测并且推论出一种完全不同的竞赛版本。这是在普鲁塔克的伪作《七位智者的宴会》(Convivium septem sapientium)一书第七章中所通报的事情。只要人们以这篇文稿的真实性为前提,人们就有资格断言,这里是一篇原创性的竞赛文本,而不是上述那种基本样式的一种纯粹翻版和歪曲;因为作为赫西俄德的诠释者普鲁塔克其实也可以,在他凭借记忆讲述这则传说时,不会如此错误地描述这场竞赛的事物关系,当这里应该采用那种基本样式②时,这场竞赛的事物关系就理应被这样描述出来。如果普鲁塔克是这篇文稿的撰稿人,那么他就是在展现这场竞赛时,完全自觉地选择了一种异于惯常的描述:他无论如何知道两种平行并存的竞赛版本。但是当这篇手稿的不真实性被证实的话,那么就又生效了这样一种可能性,即这里也有着那样一种原始形式,当然这种形式是处在一种极其萎缩的状态中,它也有着记忆上的偏差以及跟论文相类似的失误。倘若我们小心地检测这则通报,那么这种可能性就变成了一种相当肯定的可能,并且会发现那关于第二种对等的版本的展示的又一次消失。

据说当时智者之中最为优秀的诗人们齐集哈尔基斯来参加安菲达马斯③的葬礼。安菲达马斯曾经是一位英勇善战的人并且曾经在许多场战斗中给埃雷特里亚人带去了很多麻烦,他曾经参加过一场与埃雷特里亚人争夺利亚丁平原所有权的战争④。然而诗人们的诗歌提供出来之后,却使得决定成为了一件困难并且令人烦恼的事情,因为他们是如此的敌逢对手,而竞赛者中有着良好声望的选手,荷马与赫西

---

① 在菲洛斯特拉托那里,竞赛时诗人吟唱的内容还是很重要的,而对佛罗伦萨论文的编纂者来说,竞赛中的演说内容并不重要,重要的是有过这么一场竞赛,以及竞赛的结果。

② 指上文提到过的佛罗伦萨论文中的竞赛样式(在其他的记载里竞赛细节有变化,但基本模式不变)。

③ 安菲达马斯(古希腊:Ἀμφιδάμας;德:Amphidamas),这里指哈尔基斯城的安菲达马斯,哈尔基斯城的贵族。赫西俄德曾在旅行中参加过他的葬礼,并参与了一场诗艺竞赛。参见赫西俄德,《工作与时日》,654—656 行。

④ 这里的战争指的是利兰丁战争(Lelantischer Krieg),是大约公元前 710 年到前 650 年之间发生在埃维亚岛上的两个希腊城邦之间的战争。交战双方是哈尔基斯人和埃雷特里亚人。

俄德,更是为评判带来了许多选择上的困惑与为难,于是,如雷斯肯斯①所通告的,诗人(荷马)就使出了这样的问难:

> 缪斯啊,请告诉我,那诸多事情中此前从未发生过
> 以后也不会发生的事情。
> 赫西俄德丝毫未经准备就回答道:
> 那么,每当宙斯四周战马飞奔蹄声哒哒地冲向他的坟墓
> 战车碰撞受到重压损毁,因为他们要争夺胜利②。

据说,凭借这样的回答,赫西俄德获得了极大的钦佩并且赢取了三足鼎。(καὶ διὰ τοῦτο λέγεται μάλιστα θαυμασθεὶς τοῦ τρίποδος τυχεῖν.)③ 荷马(或者依据温尔克④的观点是裁判员雷斯肯斯)针对赫西俄德提出了一个棘手的问题:见缪斯等句(Μοῦσά χτλ.)。这两行诗极其不恰当地表现出了当时的局势。只有出于一种记忆错误,缪斯才会在这里⑤得到邀请,一旦人们承认了论文中真实的事物关系和问题的意义,那么就会产生这样的结果,即在这里荷马与赫西俄德之间的角色被错误地互换了。也就是说是赫西俄德,缪斯赋予他能力,去吟唱过去与未来的事情,因此,赫西俄德这样说(依据哥特凌⑥在思想上的恰当改善版):缪斯述说现在发生的、将来会发生的以及过去已经发生过的事情,但不要吟唱这些,请记得吟唱一下其他的事情(Μοῦσά λέγει τά τ' ἐόντα τά τ' ἐσσόμενα πρό τ' ἐόντα, τῶν μὲν μηδὲν ἄειδε,

---

① 雷斯肯斯(古希腊:Λέσχης;英:Lesches),早期古希腊诗人,著有《小伊利亚特》(Little Iliad),与荷马史诗《伊利亚特》的内容相近,已经遗失。

② 赫西俄德的意思是指荷马在诗歌中所描述的战争场面此前没有发生过,此后也不会发生。这显然表露出了一种回答荷马质问时的机智。(这只限于《宴会》一文,尼采在下面对该文的描述有反驳论证。)

③ 这段文字出自普鲁塔克,《七位智者的宴会》,译文参照了英文版,Plutarch. Delphi Complete Works of Plutarch (Illustrated), Delphi Classics; 1 edition (March 29, 2013), S. 715-716.

④ 弗里德里希·温尔克(Friedrich Gottlieb Welcker, 1784-1868),德国古典语文学家,以研究古希腊文化、荷马史诗著称。曾撰写过《史诗时代或荷马式的诗人》(Der epische Zyklus oder die Homerischen Dichter)。

⑤ 即缪斯在荷马的提问中得到邀请。

⑥ 哥特凌(Göttling),应该是德国古典语文学家卡尔·哥特凌(Karl Wilhelm Göttling, 1793-1869),曾编校过赫西俄德的作品,他的编校版在德语区较为知名。

σὺ δ' ἄλλης μνῆσαι ἀοιδῆς.)。只有在这样的形式中该问题以及接下来的回答才是可理解的。赫西俄德受缪斯女神的恩惠,有了述说过去现在和未来整个领域的能力,但是他现在却想要去听一听另一个世界的东西,它不能被过去现在和未来的概念所涵盖。荷马即刻就发现了正确的摆脱困境的方法,他说的是不可能和不现实的世界。与这样的形式相比照,我们就会意识到《宴会》(*Convivium*)一文中的形式只是一种失败的仿制,它源自对正确形式的半折记忆:在这里被遗漏的是,赫西俄德才应该是真正的提问方,只有这样缪斯才不会被要求,去吟唱那不可能的领域,最后被遗漏的是,在赫西俄德的回答那里,问题与答复之间的自然联系已经被这样的开始"那么每当"(ἀλλ' ὅταν)所毁坏了。还有在这一点上,所需求的这两行诗并没有结尾,这证明了记忆的碎片化,同时也证明了一种确凿的无关紧要性,它正好针对着形式的特殊性,否则,在形式上《宴会》的撰写者也会是乏味的。在这样一种情况下,人们已然有了一种标准,即怎样来评判这里所引用的这个版本。依据这一版本,裁判员是在竞争者巨大的功绩和名望那里陷入了困境,于是只有求助于这样的质问,如我们刚才所提及的那一个质问一样。赫西俄德因为他的即兴回答而被大多数人所佩服并获得了三足鼎奖杯。倘若现在依照温尔克的设想(《史诗时代》270),是裁判员中的一位提出了这个问题,因此不可能预知的是,赫西俄德凭借一个幸运的回答就可以在整场竞赛中被指认为是获胜者,至少荷马也给出来一个回答,确切地说是一个不那么幸运的回答,然而对此我们找不到有任何的暗示。但是,如果让荷马提问而赫西俄德来回答,这样的过程也同样是难以置信的。作为获取胜利的关键时刻,既然只有这样的回答被关注,那么同样的,为了尽可能地维护竞赛的公正性,荷马也应该被给予这种可能,即去幸运地回答问题,然而对此我们依然找不到有任何的暗示。《宴会》的讲述者很显然把事件的次序给变换了,就像他把荷马与赫西俄德的次序搞混淆了一样,这要么由于他那羸弱的记忆力,要么是出于他对整体关系的偏爱,而正是在这样的整体关系中上述难题(ἀπορίαι)才被表述了出来。胜利天然地只能与最终并且最高的成绩相衔接,就像在论文中被全然正确地描绘出来的情形一样;但是一个随机的幸运的谜题答案并不能在荷马与赫西俄德的竞赛中起到决定性的作用。当《宴会》的撰写者在定制设想这一难题(ἀπορίαι)时,当他直接将竞赛者的回答与作为胜利的奖品三足鼎联系到一起时，他或许甚至拥有着一种自觉的意图；无论如何，我们从他的讲述中能够辨认出一种要么肆意、要么无意的对于那唯一的原始形式的污损和变形。这种原始形式的显著影像我们可以在论文中找到。当温尔克在 269 页①不出意料地发现了对于这种题材的诗歌本质的表述的多样性时，那么这通常而言只不过是在承认，关于一种多样化的表述我们是没有证据可循的，所有暗示都表明了这场竞赛只有一种形式，而这种形式正是我们所熟知的。另外，温尔克无疑还表露出，那些起源于菲洛斯特拉托、普罗克洛斯（毋宁说是采策斯）和地米斯蒂厄斯的关联参考（Bezüge），即该竞赛故事的一种别样形式的关联参考（Bezüge einer anderen Form der Erzählung），它们这些关联参考又共同被论文中的关联参考所指派；但是，后者与上述作者的区别仅仅在于，论文汇报的较详尽，而上述作者与其说是暗示出了这种详尽的汇报，不如说是偶然地暗示出了一件众所周知的事情。那么至于这句话"接着我们提出问题他来说雷斯肯斯"（καὶ προὐβάλομεν ὥς φησι Λέσχης）所关涉的批评性争论问题，首先就是温尔克的反驳性的写法"接着请你提出问题，他来说，雷斯肯斯"（καὶ προὓβάλε ὥς φησι, Λέσχης），因为通过这反驳性的写法，保持在《宴会》的叙事与真实的原版叙事之间的关系就被完然地摧毁了。除此之外，尽管这是如何的不可能，这位较为年轻的诗人，甚至或者说是这位学生②，应该是在针对大师们施加批评并且甚至是从缺乏善意的角度施加批评。同样哥特凌的介绍也很难能获得赞同，他将这句话写为"接着提出问题而另一方面他来说雷斯肯斯"（καὶ προὓβάλ᾽ ὁ μὲν ὥς φησι Λέσχης），并且他还想更多地了解这位较为年轻的诗人雷斯肯斯，而上述的雷斯肯斯在通常情况下却是一个不被熟知的人物。可是这③却与普鲁塔克伪作手稿的制造者们（Skenopoiie）④截然相反。就整体而言，如果一位雷斯肯斯在七位智者的一次会谈之中作为保证人被提及，并且在谈话里没有更为近似的作为保证人的称号，那么，就没有其他人能够代替这位史诗诗人（der kyklische Dichter）⑤

---

① 指《史诗时代或荷马式的诗人》一书的 269 页。
② 这位较年轻的诗人和学生指的是雷斯肯斯。
③ 指上文哥特凌的介绍。
④ Skenopoiie，古希腊语 σκηνο-ποιος，意思为制造帐篷的匠人，或制造舞台用具的人。
⑤ 指的是雷斯肯斯。kyklische Dichter，指的是在史诗时代里用诗歌来讲述特洛伊战争的诗人。

被理解和认识。赫尔曼①彻底地清除掉了这个名字,因而也彻底清除了奠基于这个名字之上的所有推论,可是他的猜想也仍然不能够引起人们的信任。在他不同版本的文句中,"他们转而求助于这样的提问与闲谈,并且提出问题相应的他们来说"(ἐτράποντο πρός τοιαύτας ἐρωτήσεις καὶ λέσχας καὶ προὔβαλεν ὁ μὲν φησιν),这个极其罕见又绝对诗意的单词"闲谈"(λέσχαι)显得突兀又不适合。别格克②[《亚里山大里亚文选》(Analecta Alexandrina),马尔堡,1846年,22页]传播了一个很引人注目的思想。依据别格克的观点,"如雷斯肯斯所说"(ὥς φησι Λέσχης)作为补录只不过是一位有学问的读者的边角评注罢了,它标明了接下来的两句诗源自于雷斯肯斯的《小伊利亚特》。在这样的意义上,他剔炼出句子,"于是提问,随后,缪斯等等"(καὶ προὔβαλεν ὁ μὲν·Μοῦσά κτλ.)。上述诗句很有可能是一部史诗的导言,并且事实上,相比于《宴会》的作者出于临时的目的创作出了不准确的新的诗句,更为可能的是,《宴会》的健忘的撰写者从记忆里呈现出了错误的并且只传达一半形势的合适的诗句。

## 二

阿尔西达马斯③作为这一竞赛形式的首创者。

佛罗伦萨论文,全名《关于荷马与赫西俄德:他们的谱系与他们的竞赛》(περὶ Ὁμήρου καὶ Ἡσιόδου καὶ τοῦ γένους καὶ ἀγῶνος αὐτῶν)的起草人,仅仅只有一次谈论过他自己,即谈论过他所生活的时间,由此这个时间就可以被确定下来。他讲述说,最为杰出的独裁者哈德良

---

① 这里指的是戈特弗雷德·赫尔曼(Gottfried Hermann, 1772-1848),德国古典语文学家,曾长期在莱比锡大学工作学习。
② 特奥多尔·别格克(Theodor Bergk, 1812-1881),德国著名的古典语文学家,曾就读于莱比锡大学。戈特弗雷德·赫尔曼的学生。曾任教于马尔堡(Marburg)大学。
③ 阿尔西达马斯(古希腊:Ἀλκιδάμας,德:Alkidamas),古希腊的诡辩家、演说家。高尔吉亚(古希腊:Γοργίας,德:Gorgias von Leontinoi)的学生,伊索克拉底(古希腊:Ἰσοκράτης,德:Isokrates)的对手。

(θειότατος αὐτοκράτωρ Ἀδριανός)曾向皮提亚①询问荷马的父母及其出生地,皮提亚回答了他的问题,并且在这里,起草人在询问方和回答方(τὸν ἀποκρινάμενον)跟前表达了他的敬意。那么这位起草人是否同时就是他所讲述的竞赛故事的发明者呢?当本恩哈迪②称这份完整的手稿为"一份以哈德良的名义在竞赛形式之中的自由的诡辩练习片段"时(II,265 页,第 3 次编辑版),他是这样认为的。这是一种占居主导地位的想象,而这种想象就隐藏在"一场竞赛的创写者(auctor certaminis)③"这样一个暧昧的双重概念之后。依据这样的表达,不仅某位与哈德良同时代的人物被标记出来,这一竞赛故事的讲述者也被标记了出来,确切地说,此二者恰恰就是同一个人物。竞赛(Certamen)时而意味着这整个手稿的标题,时而又意味着这手稿里的一个部分。针对这一标题的不精确性,瓦伦蒂尼·罗斯说《汇编(Anecd.)》第 6 页④):"丹尼尔·海因修斯⑤[他的《赫西俄德》(Lugd. Bat.)1603 年,四开本]缩减了史蒂芬努斯⑥根据这份手稿所给出的标题《关于荷马与赫西俄德:他们的谱系与他们的竞赛》(περὶ Ὁμήρου καὶ Ἡσιόδου καὶ τοῦ γένους καὶ ἀγοῶνος αὐτῶν)——显然,因为他接受并认为,是史蒂芬努斯发明了这个标题——自从海因修斯的《赫西俄德》之后,流传下来的就是不完整的对应标题,赫西俄德与荷马竞赛('Ἡσιόδου καὶ Ὁμήρου ἀγών)"。并不完全正确:说海因修斯忽略了真实的标题而把史蒂芬努斯版的主标题放到了前面——因为史蒂芬努斯已经开始着手缩减标题了,在他的复印本(apographum)的边角注解中就已经开始了。

---

① 皮提亚(古希腊:Πυθία,德:Pythia),德尔菲神庙的女祭司,以传达阿波罗的神谕著称。

② 戈特弗雷德·本恩哈迪(Gottfried Bernhardy)著有《希腊文学大纲》(两卷)(Grundriss der Griechischen Litteratur)。这里尼采所引用的文字正是出自该书。

③ 拉丁语 Auctor 有首创者(倡导者、奠基人)之意,同时也有作者、撰写者之意。因此 auctor certaminis 就可以解释为是一场竞赛的首创者,或者是一场竞赛的记录者。

④ 指瓦伦蒂尼·罗斯所写的《希腊与希腊—拉丁诗文汇编》(Anecdota Graeca et Graecolatina)一书。

⑤ 丹尼尔·海因修斯(Daniel Heinsius,1850-1655),荷兰文艺复兴时期的知名学者、诗人。

⑥ 黑里库斯·史蒂芬努斯(Henricus Stephanus)即艾斯蒂安纳(Henri Estienne,1531-1598),法国的印书商和语文学家。

论文的起草人一定就是汇报人（Referent），当然汇报的方式之中的区别值得注意。在第一章节（关于故乡、身世和时代），起草人提供了一个简洁的最为与众不同的观点：所有如下之事的描述都依照一个唯一的来源（只有事关赫西俄德之死，才通告了一个相偏离的版本）。我们在一份简介里拥有了一份荷马与赫西俄德的生平简介（eine vita Hesiodi et Homeri）：前一份简介是一位文法学家的简介，而后一份简介则是一份自由独立的，被详尽表现出来的描述，正是上述的文法学家摘录了这份描述①。在这两个部分之间存在着很大的差别。被插入摘录进来的那份简介②只能从确定的前提开始。依据这份简介荷马母亲的故乡是伊奥斯（Ios）③，相反，在序言中只通报了"各方面都存在很大的争议"（πολλὴ διαφωνία περὶ πᾶσιν），而文稿作者不同寻常地信赖了皮提亚所发表出来的闪光的意见。在序言中时间是不肯定的，而在文法学家的简介中荷马被视为国王梅敦④的同时代人［也就是说他来自伊奥尼亚殖民地（ionischen, ἀποικία）⑤］。在序言中，关于荷马与赫西俄德是否生活于同一时期，是一个不能确定的问题，而在文法学家的简介中这却是一个事实。在序言中，斯米尔纳（Smyrna）⑥、希俄斯（Chios）和克洛丰（Colophon）都对荷马拥有首要的要求权，而在文法学家的简介中，荷马的出生地绝非上述城市，而是伊奥斯。论文的起草人只是介绍了这份简介，他持续不断地插入"据说"（ὥς φασι）⑦一词就可以证明；当然，由此他否认了，他自己是这个故事的发明者的可能。当本恩哈迪讲述希罗多德⑧的荷马简介时说道，"在他那平常而又迂腐的材料处理中，这种处理偏离了古老的思维方式，这少许的

---

① 在《荷马与赫西俄德竞赛》一文中，有一份简短的序言（Einleitung），介绍了荷马与赫西俄德的生平，尼采认为这里的介绍只是文稿撰写者的摘抄。
② 指上文所说的文法学家的简介，或者他撰写的荷马与赫西俄德的简介。
③ 荷马与赫西俄德竞赛的传说，是从荷马向阿波罗神殿女先知皮提亚询问自己的身世开始的，皮提亚说：伊奥斯是你母亲的故乡。而这也是竞赛传说开始的前提。
④ 在古希腊神话里是城邦阿戈斯（Argos）的国王。
⑤ 伊奥斯在这一时期属于伊奥尼亚殖民地。
⑥ 即现在土耳其的第三大城市，伊兹密尔（Izmir）。
⑦ ὥς φασι，意为如他们所说，据说。
⑧ 希罗多德（古希腊：Ἡρόδοτος，德：Herodot），生活于公元前五世纪，古希腊历史学家。

工作揭露出了一种与集锦体文本①，荷马与赫西俄德竞赛（Ὁμήρου καὶ 'Ησιόδου ἀγών'），相关的精神血缘关系"，那么本恩哈迪就设想了，起草人用"竞赛的形式"自由地编辑了一种古老的题材。那么论文起草人可能原本只是做汇报的文法学家，因为他将观点挨着观点罗列在一起；那么他也可能是诗歌创作的智者，因为他有一个具备了固定前提的封闭的故事链条。但如果是文法学家的话，他就应当至少坚持，诗人简单地设定为真实的事情，只不过是一种可能。但是，在这里我们却发现，可能之事与对立之事被当作真实之事。所有这些都奉劝不要采纳这种不自然的想象（而另外的那一个就显得是适当又通常）。于是，这种想象是如何产生的，就清楚了：人们不知道，我们的论文只是一个更大的作品中的一份摘选（ἐκλογή），人们只不过将之视为独立的文稿罢了。人们在竞赛（ἀγών）的自由形式中寻找这份独立性，而在这场竞赛中可能只有一份简短的历史性序言被提前发送了出来。与我们的判断相反的是：这份独立性在于，序言里对博学的观点的罗列并置，下文只是简单地抄写（当然是以缩减的形式）。在赫西俄德的逝世这件事上，作者的独立性，通过一份博学的对立证词，又一次得到了突现。"他继续在奥伊瑙人②中生活了很长时间[Διατριβῆς δ' αὐτῷ πλείονος γενομένης ἐν τοῖς Οἰνεωνεῖσιν（所以塌坡③采用了 Οἰνῶσιν 一词）]直到当地的一些年轻人怀疑赫西俄德诱奸了他们的姐妹[ὑπονοήσαντες（塌坡毫无理由地用了"ὑποπτήσαντες"一词）οἱ νεανίσκοι τὴν ἀδελφὴν αὐτῶν μοιχεύειν τὸν 'Ησίοδου]，杀死了他随后又将之丢入埃维亚岛和洛克里斯之间的大海[ἀποκτείναντες εἰς τὸ μεταξὺ τῆς Εὐβοίας（在原稿中无疑应该是 Εὐπαλίας 或 Βολίνας，尽管就这个地点而言并没有什么可校改的）καὶ τῆς Λοκρίδος（原初很可能是 Μολυκρίας）πέλαγος κατεπόντισαν.]。然而，尸体却在第三天被海豚带向了大地上，而那时当地正在举办一些祭祀阿里阿德涅的庆典，

---

① Cento，集锦作品，指全部或大部分由引文组成的作品。多用于诗歌作品中。
② 奥伊瑙（古希腊：Οἰνόη，英：Oenoe），古希腊地名，属于洛克里斯（古希腊：Λοκρίς，德：Lokris）地区。
③ 赫尔曼·塌坡（Hermann Sauppe，1809－1893），德国古典语文学家，金石学家。

[τοῦ δὲ νεκροῦ τριταίου πρὸς τὴν γῆν ὑπὸ δελφίνων προσενεχθέντος ἑορτῆς τινος ἐπιχωρίου παρ' αὐτοῖς οὔσης Ἀριαδνείας（这里依据普鲁塔克类似段落的引导应该是 Ῥίου ἁγνείας）]，于是所有的人都跑到了岸边并且辨认出了尸体，他们哀悼并埋葬了它，接着开始寻找凶手（πάντες ἐπὶ τὸν αἰγιαλὸν ἔδραμον καὶ τὸ σῶμα γνωρίσαντες ἐκεῖνο μὲν πενθήσαντες ἔθαψαν, τοὺς δὲ φονεῖς ἀνεζήτουν.）。那些年轻人害怕同乡们的愤怒就驾驶了一艘渔船出海逃向克里特①，在他们航行的半途，宙斯用雷电击沉了他们，就像阿尔西达马斯在他的《学园》②中所说的那样（οἱ δὲ φοβηθέντες τὴν τῶν πολιτῶν ὀργὴν κατασπάσαντες ἁλιευτικὸν σκάφος διέπλευσαν εἰς Κρήτην, οὓς κατὰ μέσον τὸν πλοῦν ὁ Ζεὺς κεραυνώσας κατεπόντωσεν, ὥς φησιν Ἀλκιδάμας ἐν Μουσείῳ.）。埃拉托斯特尼③在他的《赫西俄德》一书中说[Ἐρατοσθένης δέ φησιν ἐν Ἡσιόδῳ（别格克认为应是 ἐν ἐνηπόδῳ）]，嘎努克托尔的儿子克提门农和安提丰，基于上述理由，着手杀死了赫西俄德，被通神的预言家欧里克勒斯所惩罚，等等 [Κτίμενον καὶ Ἄντιφον τοὺς Γανύκτορος ἐπὶ τῇ προειρημένῃ αἰτίᾳ ἀνελόντας（注意，不是 ἀνελθόντας）σφαγιασθῆναι θεοῖς（不是 θεσμοῖς）τοῖς ξενίοις ὑπ' Εὐρυκλέους τοῦ μάντεως κτλ.]"。

这是唯一的段落，在此论文起草人明确地指出了他所引用的首要来源（Hauptquelle），在阿尔西达马斯《学园》中。这意味着，由于起草人想插入埃拉托斯特尼的一个相反的简录，或者说不得不指出，这一个权威观点反对了哪一个权威观点。那么究竟谁会愿意认为，起草人在这里并没有使用他的首要来源（整个竞赛故事就是源自于这里），而是通过这样的页面表示，关于赫西俄德的死亡，最早的记录出自于另

---

① 克里特（古希腊：Κρήτη，德：Kreta），希腊最大的岛屿。

② 《学园》（古希腊：Μουσεῖον，德：Museum），亦可译为《博物馆》，阿尔西达马斯的一部作品。从尼采的引文及随后的考据来看，这部作品应该是阿尔西达马斯的雄辩术教科书，不是讲述博物馆或学园。所以，书名 *Museum* 翻译成《教科书》可能更恰当一些。因为尼采对《教科书》的考据是在第三节展开的，所以在尼采的考据未完成之前，本译文还是选择将其译为《学园》。

③ 埃拉托斯特尼（古希腊：Ἐρατοσθένης，德：Eratosthenes），古希腊数学家，天文地理学家，诗人。

一本书，而这另一本书里的记录又源自于另外的一本书①。无论如何，最早的记录（首要来源）不仅包含了赫西俄德的死亡，还包含了荷马的死亡；那么，论文起草人首先使用那份最早的记录，就是再自然不过的事情了。还有一个完全错误的观点认为，阿尔西达马斯只是为了"凶手的惩罚"才被引用的；埃拉托斯特尼的对立证据包含着一个关于赫西俄德之死的绝对异常的变体，借此，在相互关联之中，关于凶手的惩罚也绝对异常了起来。

依据论文作者自己的证据，他使用阿尔西达马斯是为了这份伟大的嵌入式双简历（die grosse eingeschobene Doppelvita）[这份简历在竞赛（ἀγών）故事中有它的核心点]。因此，在阿尔西达马斯的《学园》中，可以发现一份荷马与赫西俄德竞赛的广阔的表述。那么，事情的真相就是，这唯一的引用句可以向我们保证其他的引文也源自同样的一本书《学园》。斯托巴伊乌斯②的《选集》第120则引用文[以"死亡的礼赞"（ἔπαινος θανάτου）为标题]出自阿尔西达马斯的《学园》③：

　　起初就不要出生到地面上来，这是最好的事情，
　　一旦出生了，那么越快踏入哈得斯④的大门越好。

弗提乌斯⑤索引目录（Register）里称阿尔西达马斯为一位诗人：这必定是他从这两行诗里推断出来的，倘若他除此之外对阿尔西达马斯一无所知的话。——可是，这两行诗，恰恰就是荷马在竞赛（ἀγών）中

---

① 尼采在这里是想论证，佛罗伦萨论文的起草人关于赫西俄德之死的论述直接来源于阿尔西达马斯的《学园》一书；而不是说论文起草人将赫西俄德之死的最早来源，从阿尔西达马斯的《学园》一书，考证到埃拉托斯特尼的《赫西俄德》一书。

② 斯托巴伊乌斯（Stobaeus），即 Johannes Stobaios，生活于五世纪早期的作家，古典史料汇编者。他之所以汇编希腊文本是为了给自己的儿子提供一份合格的教材。这部教材有四卷，前两卷以物理学为根基，而后两卷则以伦理学为根基。该部教材的一、二卷书名为《诗选》(*Eclogae*)，三、四卷书名为《文选》(*Florilegium*)，因为 *Eclogae* 和 *Florilegium* 都有选集的意思，所以将这四卷的书名统译为《选集》。以下引文可参见：Ioannis Stobaei（Johannes Stobaios）*Florilegium*：3，sumptibus et typis B. G. Teubneri，1856，S. 102.

③ 学园（Μουσεῖον），这里用的是第二格 Μουσείου，这个词还有缪斯居所、缪斯神庙、图书馆、博物馆等含义。

④ 哈得斯（古希腊：Ἅιδης，德：Hades），古希腊神话中的死神，宙斯的弟弟，掌管冥界。

⑤ 弗提乌斯一世（Photios I.，820-891），曾是君士坦丁堡的主教。编撰过《百科》(*Bibliotheke*)一书。

回应赫西俄德的问题时所说的。赫西俄德的问题是：

荷马，美雷斯之子，你拥有神赐予你的慧智
请快点告诉我，对于终有一死的人类来说最好的是什么？

要是依据我们的论证可以肯定一个段落出自于阿尔西达马斯的《学园》，那么，就必定会有一个确凿的证据可以表明，这个段落事实上存在于《学园》中。

无论如何，现在阿尔西达马斯的箴言与高尔吉亚①那位著名学生以及《学园》遗产息息相关。就像荷马在与赫西俄德的竞赛中被描述出来一样，他在即兴表演中的机智应答也特别地被强调了出来；还有此后，在荷马驻留于雅典城时所发生的，即他临时(des des σχεδιάζειν)创作的称赞叙述②也被描述了出来。依此，荷马在赫西俄德只提出问题的时候战胜了他，但是在吟诵已经完成的诗歌时却失败了，当然这失败也并不是依据于希腊人的判断。而即兴表演这种特性，恰好就是雄辩家阿尔西达马斯在对抗伊索克拉底③时所着重强调的。这个故事的意义在于：不即兴演说的演讲家只能通过不公正的方式才能获得胜利。比较一下这篇演说，"关于书面演讲的作者或智术师"(περὶ τῶν τοὺς γραπτοὺς λόγους γραφόντων ἢ περὶ σοφιστῶν)，依据珐

---

① 高尔吉亚(古希腊：Γοργίας，德：Gorgias von Leontinoi)，古希腊哲学家，雄辩学教师，阿尔西达马斯的老师。

② 据《荷马与赫西俄德竞赛》一文记载，荷马在比赛失利之后，四处云游，后来到了雅典，受到执政官梅冬(古希腊：Μέδων，德：Medon)的接待，当时正值寒冬，议会大厅里生了火，但荷马自己居住的屋子应该没有火。于是荷马在梅冬跟前吟唱道："孩子是一个男人的冠冕，塔楼是一座城池的冠冕，马匹是一块平原的纹饰，而船只则修饰着大海。看到有一位贤人坐在议会场合，多好。但更有价值的是，当在一个冬日，克诺纳斯之子令大雪降临，能有一间屋子，火光灿然。"古希腊文参见：Certamen Homeri et Hesiodi, *Homeri opera*, *Tomus V hymnos cyclum fragmenta Margiten Batrachomyomachiam vitas continens*, Oxonii 1912, pp. 225-238, v. 281-285. 中译文参考了吴雅凌由法文译来的《荷马与赫西俄德之间的辩论》，《康德与启蒙——纪念康德逝世二百周年》，"经典与解释"丛书，刘小枫、陈少明主编，华夏出版社 2004 年版，294—305 页。

③ 伊索克拉底(古希腊：Ἰσοκράτης，德：Isokrates)，古希腊雄辩家，阿尔西达马斯的对手。曾在雅典开设学园教授雄辩术。

雷①令人信服的阐述，这篇演说被认为是真实的（约翰·珐雷，《雄辩家阿尔西达马斯》，出自维也纳学术研究会的会议报告，1864 年）。荷马，阿尔西达马斯也非常地尊重他（森格布施②《荷马论稿（diss. Hom.）》I, 113 - 114 页），在一定程度上是高尔吉亚学派的富有口才的典型。菲洛斯特拉托的《智术师生平（Vit. Soph.）》③第 482 页：当他（高尔吉亚）在雅典的剧场中出现，鼓足勇气谈论"你们是否提前计划演讲主题"时，他是第一个为这鲁莽的宣讲冒险的人，这表明了，他是一位无所不晓者，能够谈论任何发送过来的话题，等等。荷马，阿尔西达马斯讲述表明（珐雷，10），"为史诗的创制提供了前所未有的玩具"（οὐδὲν τοιοῦτον ἄθυρμα τῇ ποιήσει προσφέρων），"他清楚在创作中也应当存在严肃的东西"，而在这次竞赛的场合，他正是在这种严肃—哲学的意义上演说的。这些竞赛的形式，荷马的考试（die Prüfung Homers）就是在这些形式中发生的，令人想起了高尔吉亚的那位学生④。当高尔吉亚"通过简洁的言谈"（διὰ βραχυτάτων εἰπεῖν）（柏拉图，《高尔吉亚篇》449c）来赞美他自己时，它令我们想起了赫西俄德的那个请求⑤：

你能用最简短的言语说出什么是最好的吗？
（ἐν δ' ἐλαχίστῳ ἄριστον ἔχεις ὅτι φύεται εἰπεῖν）

同时也令我们想起随后的句子，在这些句子中，至关重要的是，用最简短的形式表达一种有显著意味的思想，并且这种表达会陷入一种对答如流的共同催压（Zusammendrängen）。高尔吉亚的"通过简洁的言谈"（διὰ βραχυτάτων εἰπεῖν）贯穿了整个竞赛（ἀγών）。在这场测试中，出现了"难以应付的询问"（ἡ τῶν ἀπόρων ἐπερώτησις），然后才会

---

① 珐雷（Johannes Vahlen, 1830 - 1911），德国古典语文学家，他攻读博士学位时跟随的导师是里奇尔（Friedrich Wilhelm Ritschl）。而里奇尔也是尼采研究古典语文学时所跟随的老师。尼采之所以能获得巴赛尔大学的教职，里奇尔的推荐功不可没。
② 森格布施（Maximilian Sengebusch, 1820 - 1881），德国古典语文学家。
③ 《智术师生平》(Vitae Sophistarum)，菲洛斯特拉托所著，包含有 59 位智术师（诡辩家）的生平。
④ 指阿尔西达马斯。
⑤ 这个请求是赫西俄德在竞赛中为难荷马的问题之一。

有"模棱两可回答的箴言"(γνῶμαι ἀμφίβολοι)。于是,荷马就"通过算术难题的推理"(διὰ λογιστικοῦ προβλήματος)回答了一个问题①。这四处都显得必须的哲学处在简单的伦理水平之上。——那么现在"学园"(μουσεῖον)这个头衔究竟意味着什么呢?关于这个问题,别格克和埚坡分别在不同的意义上作出了回答,而现在,我们就应当来研究一下这个问题。

(译者单位:复旦大学哲学学院)

---

① 在竞赛中,赫西俄德问,有多少亚该亚人(Ἀχαιοί)伴随着阿特柔斯(Ἀτρεύς)的儿子们奔赴特洛伊(Ἴλιον)战场?荷马没有正面回答这个问题,转而假设,如果有五十个火炉,每个火炉上有五十支烤肉叉子,每个烤肉叉子上有五十个动物的尸体,而亚该亚人的数目是所有动物尸体的三乘三百倍。参见:Certamen Homeri et Hesiodi, *Homeri opera, Tomus V hymnos cyclum fragmenta Margiten Batrachomyomachiam vitas continens*, Oxonii 1912, pp. 225-238, V. 140-148.

## 阅 读 与 评 论

## 读杜威《艺术即经验》(四)

高建平

### 第7章 形式的自然史

1. 再次回到质料与形式的问题上来。我们常常说外在形式和内在形式。这种区分,是误读,但我们的解说,只能是针对误读所作的澄清。避开误读不谈,不是一个正确的做法。外在形式,是强加在质料之上的形式,与当下的质料无关,却对质料具有强制性。不问质料如何,将一个形式套用上去,这种套用,就是将外在的形式强加给质料。内在形式,是质料间自身的联系。或者用前面的话说,是"活的生物与自然和人的世界中受与做中的相互作用"。形式与质料,只能在思维中分开,而不是在实践中分开。思维中的区分,只是为了帮助理解而已。

2. 由此,有一个概念就极其重要,这个概念就是"关系"。所谓的"形式",不过是事物间的关系而已。反映到文学艺术作品之中,就是质料之间组合的方式。狄德罗曾说过三种"关系",一物内各成分间的关系,一物与它物的关系,作为物的对象与主体的关系。这里,主要指第一种,即一物或一对象内各成分间的关系。大与小、远与近、主与从、突出与陪衬,等等。除此以外,该物与它物的关系,也很重要。它物构成该物的背景,对此物意义的形成,起着重要的作用。

3. "关系"不同于"联系"。"联系"说一个关联的事实,而"关系"强调其相关性,是动态的,相互影响、相互作用、相互决定。未婚之人不成夫或妻,由于有妻而成夫,由于有夫而成妻;未有子者不成父母,由于有子女而成父母,由于有父母而为子女。在一个家庭中,会由于缺一个人而使另一个人丧失一种身份。在社会生活中,在自然界，这种关系无所不在。老子的《道德经》就说过这种观点："有无相生，上下相成"。与此不同，"联系"在说这些有"关系"的通过"联系"而保持"关系"。"关系"决定了"联系"的方式，"联系"成为"关系"的体现。

4. 当我们谈论艺术和审美时，仅仅谈到这种关系的相对性，即通过建立关系来确定或获得身份，是远远不够的。我们要进一步说明的是这种关系在知觉中的表现性。艺术不是陈述，而是表现，这就是说，不能用一种客观分析的方式，来陈述这一相关性的事实，而是看到，艺术是在通过这种关系，实现着意义的表现。

5. 艺术作品是作为一个整体来对知觉起作用的。在这里，我们可以简单地回顾一下朱光潜所说的，看待一棵古松的三种态度。朱光潜说，看一棵古松，有科学家的态度，即看出该古松属于哪一纲、哪一目，在科学上的分类如何，在植物学上对它进行研究。看这棵古松，也可以有木材商人的态度，思考这棵古松的木材如何（我们可以肯定，这棵古松的木材没有什么用，中间也许已经蛀空了）。他说这两种态度的目的，是为他说第三种态度作铺垫，这就是画家的态度，只看形象，看树的姿态，而不管分类与用途。这种观点受西方美学史上的"态度说"的影响，一种来源于康德，在20世纪初年得到发展，后来备受美学家们诟病的观点。

6. "态度说"并不都是错误的，只是认为，那种人可以随意调节态度，美与对象无关，完全由态度决定的观点，是有问题的。美的欣赏还是与"态度"带来的"注意"有关。没有"注意"，就不能欣赏美。只有的美，使你不得不去"注意"。某些对象，某些氛围，有利于形成"注意"，而审美必须有注意。

7. 相应地，杜威举马克斯·伊斯曼的《诗歌欣赏》一书中的例子，说人在旅途，如果以要去的地方为目的，那么在途中就无所事事，忍受等待，或者阅读报纸，而不是注意周围的一切，也许，他会在途中看到很美的景色。这时，周围的一切，如街道、大楼、城市天际线能否成为景色，有待于这位观赏者的状态，他如果有闲情逸致，如果恰好不是第一次，也不是太多次的看这些景色，也许他就能将这一切看成美景。这时，审美欣赏有待于欣赏者的状态。杜威讲艺术即经验，而经验的形成，当然是依赖于精神状态的。

8. 他进一步所强调的，是一种整体性。为着一个具体目的知觉，无论是科学家的态度,还是木材商人的态度,以及我们许多具有实用性的态度,都是缺乏整体性的。整体性不是抽去实用的态度,而是超越具体的实用态度,而达到一种全面性,即将对象看成是一种知觉的整体。这种知觉的整体性很重要。我们看事物,看不出整体性,从中找不到意义,也就没有快感。满足一个直接的实用目的,有快感,但这是与具体目的相联的快感,而不是知觉的快感。

9. 杜威接着讲马蒂斯关于绘画过程的描绘,通过交替地用不同的颜色一笔一笔地画出来,颜色和笔画的关系就建立起来。在作画时,必须"理清思绪"(putting ideas in order),从而建立色调间的关系,而不是打破它们。我们布置房间也是如此,房间的各种家具必须如此,各种家具的陈置形成一个总的效果,不能杂乱。如此说来,不是态度决定一切,而是对象决定态度,而对对象的欣赏也需要态度。它们之间就是这样一种相互决定的关系。这就是"形式"。

10. 如此说来,"形式"仍与"一个经验"联系在一起。有助于形成"一个经验"的,就是美的。或者说,是从"一个经验"的角度所观察到的经验的特征,就是形式。杜威在这里提出了一个定义:"形式可以被定义为负载着对事件、对象、景色与处境的经验的力量的运作达到其自身的完满实现。"

11. 从这样的意义上讲,我们还可以说,一事物"有形式"与"无形式"。"有形式"就是指,该质料所提供的经验有利于形成"一个经验",而"无形式"则相反。如何就有利,如何就不利,还是得从关系说起。这种关系是复杂的,是配合,也是有意的不配合。穿着晚礼服的人,不适合去垒砖,但在喜剧中,这又成为可能,这是由情境决定的。如果没有这种情境,就是错误,就是"无形式"。我们常常说,一部作品没有形式,说的就是这样意思。杂乱无章,而不能乱出风格来,就是无形式。

12. 由此更进一步说,形式则与艺术手段联系在一起。形式不等于手段,但艺术家是使用手段来安排质料,从而形成形式的。由此,手段与形式有着对应的关系。我们可以从形式看到其造成形式的手段,我们也可以从手段预知其所造成的形式。

13. 当再次引入"一个经验"时,一些论述就可以在一个新的基础上再次深化。审美经验的形成,艺术的创作和欣赏,都是一个过程。在这个过程中,有着价值的累积,并朝向完美终结的运动。对此,可作细致的分析。这种经验的形成,就像活胚胎的发育,有着过程和阶段,按自身的规律前行。在其中,有着焦虑和期盼,有着挫折和成功,有着节奏性的停顿、延续和突进。在日常经验中,就像在艺术的制作和欣赏活动中一样,有着大量的不成功的中止。成就"一个经验"不那么容易,大多数的情况下,由于内外各种原因,都中途丧失了,于是有种种焦躁,但是,在生活和艺术中,"一个经验"都是不断追求的目标。

14. 审美形式具有连续性、累积性、守恒性、张力与预见性这样一些特征。形成"一个经验"是一个复杂的过程,上述的特征,就表明了这种复杂性。即使是一些空间的或以空间性为主的艺术门类,也需要从这种过程性,即从时间性上来理解。时间性不是抽象的,而有着具体内容,它就是经验的过程性。

15. 在这里面,抵抗性因素特别值得注意。回到那个著名的石头从山上滚落的例子。沿途中的高低不平之处,这里有一棵树,那里有一块突出的高地,石头左避右让,曲折而下,最终到达山谷之中,这是一个不断有着抵抗性的过程。在叙事性作品中也是,一波三折,才有故事,直接端出结果来,就干瘪无味。读者和观众是去感受过程的,而不是直接获得结果的。但是,结果又不是毫无意义,结果是整个故事的期待所在,读者和观众需要经验积累的过程,经过一个过程来达到结果。

16. 经验在创作和观赏过程中生成。这不是说,创作者没有预期。创作者必定有预期。创作者对于作品被如何看待,必然要作出设计。他也要进行一种移情,即对观赏者进行设身处地,设想在观赏者身上会产生什么样的效果。但是,正像农民种瓜得瓜种豆得豆一样,对生长过程,有所控制,有所期待,但在种的过程中,总是出现各种不确定的因素。农民能保证种瓜得的就是瓜,但对收成如何,是大瓜还是小瓜,瓜甜不甜,不能有很准确的预计。在生长过程中,有着太多的不确定因素。这就是杜威所说的,机械论者和学院派会误解这个过程的原因。

17. 艺术之美还在于,在过程中有使人惊喜的新东西的出现。故事的出人意料的变化,创作过程中的神来之笔,非预见性有着自身特有的美。艺术家有先前的意图,但在创作过程中,有着种种新的创意。突然而至的灵感,会使艺术家产生种种意外惊喜,使作品有着种种特别的趣味。在欣赏过程中也是如此,作品与情境相合,种种的机缘巧合,例如某个戏的内容恰好与某个国家的、城市的或家庭、个人的纪念日巧合,都会产生意外的效果。

18. 如果艺术品所获得的效果是预先谋划好的,那么,这只是一种精心计算的结果。这种情况下,艺术品就成了催泪弹或催笑剂,意在向接受者提供预定的效果。作家艺术家不能把读者和欣赏者当作化学制剂的被试,制作出某种东西,在读者和欣赏者那里考察和记录试验结果。相反,作家与艺术家在这样的一点上,与科学家相似,即他们在工作中学习,在创作过程中,不断会形成发现的喜悦。不是向接受传达一个现成的经验,而是在创作过程中不断形成新的经验,而让接受者在接受过程中形成自己的经验。

19. 艺术作品所提供的完满,在作品中反复出现,这是让作品的阅读和欣赏成为一个乐趣,而不是达到一个目的所必须忍受的过程。机械的作品在达到最终目标前,没有别的目标,而艺术作品的过程就是目标,目标和过程是同一的。我们读一部小说,其中情节复杂,曲折离奇、波澜起伏,其中有着大量的人物描写、心理描写和行动描写。如果一个人只是关心故事结局,将所有这一切都看成是了解故事结局前必须忍受的冗长的过程,那么,他就不是欣赏的态度。小说的意义就在过程中,而不在通过这一过程最后传达的某种诸如惩恶扬善,正义必胜,好人有好报一类的训诫。同样的道理,对其他门类的艺术也适用,一幅画不是寓言式地说一个道理,而是有着内在的丰富性,使人们对它的解读成为一个过程。一部乐曲有着自己的起始、发展、高潮和结束,使乐曲的任何一个部分都是通向下一步的过程,而不显得多余。

20. 构成具有表现性的形式的因素是多种多样的。例如,技术和效率,本来是外在于艺术的表现的,但也可以成为艺术表现的一个部分。这也许是康德所说的"没有目的的合目的性"。杜威举的例子是赛狗,长得健壮敏捷,看样子适合于比赛,是这条狗的漂亮的前提。这是一个古老的问题了,即长得合目的性。康德强调"没有目的"的一面,其实,是否"有目的",不必绝对化,只是换一个角度看同一事实而已。看到了"合目的性"的一面,而没有真的从"目的"的角度来衡量,就成了对美的欣赏。

21. 杜威还提到了"昂贵性"、"珍稀性"、"古旧"、"高雅"一类的概念,认为这一切都能成为"形式"。美学中不能排斥这些东西,它们在审美中起作用。对此,过去的学院美学不重视,或者有意地轻视。当我们说观看形式时,不能简单地理解成"看",即投入到视网膜上的东西,而要理解成"看到",即进入到经验之中的东西。昂贵和珍稀使我们重视,更新我们的视觉,使我们对它"刮目相看"。看到一幅画,如果有人告诉我们,这值一百块钱,我们也许印象不深;如果有人告诉我们值一百万块钱,我们立刻就"刮目相看"了。这不能简单地理解成是一种势利眼,而的确是观看行为中出现的事实。一位年轻的女士,打扮得要青春有朝气,而不必太炫富。但一位中年女士,有时恰到好处地有一些质量好的衣饰,使美貌与身份地位的展示相互映衬。

22. 古旧物、异域情调等等的适当的加入,也能更新人们的经验。习见为常的东西,常常不易引起重视,从而被人们视而不见。所谓的视而不见,与只是"看",而没有"看到",是类似的。在平淡的经验中,加入了一些意味,就像在菜肴中加入一点调味品一样,可起到感觉更新的效果。所起的作用,必须是使感觉更新,而不是造成错觉,使感觉指向它方。

23. 技能与技法如果只是"炫技",就没有什么价值,但如果技能与技法能够改进形式,就具有了表现力。衡量一部作品,如果我们将角度转换,从作者的角度看其技能,从而同情地理解,惊叹作者具有非凡的才能,这种欣赏作品的方法,就离开了作品本身。作品不能成为炫技的秀场,技法、技能、技巧,都要服务于作品的表现性本身。这就再次回到一个基本的问题,即外在的,要转化为内在的,只有实现这种转换,技术才能成为形式。

24. 然而,这只是一般性地描绘技术与艺术间的关系的原则而已。在实际上,技术与艺术的冲突总是存在着,而且成为重要的艺术史现象。一部艺术史绝对不能等同于技术进步史,但是,艺术发展过程中对新技术的选择性吸收,或者说为着艺术所提出的问题而进行的技术发明和改造,可以成为艺术史的一个重要的侧面。技术改造的可能是多种多样的,但必须是以艺术经验自身的发展为中心。将不适合艺术经验的技术强制地加进去,就是炫技,就是艺术以外的东西。

25. 但是，我们又不能仅仅说到此为止，技术进入艺术，也有着自身的复杂性。杜威提出了三阶段论，具有启发性。第一阶段，是新技术出现后，艺术家们努力进行实验，例如对透视法、用线条和色彩对空间幻觉的构造，以及当代许多艺术家对光和色的运用，或者在电影等艺术中对画面和大场面，对立体感、震撼感等手段的运用，等等。艺术家努力将新发现的技术手段运用到极致，从而进行艺术上的冒险。对此，一般公众则常常不能接受，对此谴责。出现这种情况的原因，在于不同的视角。艺术家投身于其中，热衷于实验，对自己采纳技术手段所获得的成功着迷，而一般公众则无法进入到这种经验之中，被震撼或激怒。第二阶段，艺术家的努力被人们熟悉，有选择地接受。经历过激烈的抨击，一些艺术的新冒险被沉淀下来，成为新经典，对人们的审美习惯构成刺激，成为审美习惯发展的动力。第三阶段，新技法成为艺术家们普遍模仿的对象。曾经的艺术冒险者被奉为大师，为世人所模仿。这种模仿，常常远离当时的经验，与艺术冒险者基于自身经验的艺术追求无关，而只是从外在技法上被后世仿效，形成新的学院派。不仅如此，这时，会出现一些新的折衷主义者，他们钝化这些艺术风格初创时的锋芒，并将之当作一些外在的，可以直接见到的手法而接受，并将之与其他的手法结合或并置，而忽视它们原初的意义。

26. 更进一步，我们要用一个词来概括技术与艺术的关系，这就是技术对艺术的彻底的相对性。艺术家是创作主体，是他们为着艺术的目的来选择技术。一位艺术家采用了对他的艺术表现来说有用的技术，他就达到了自己的目的，并且，他就能创造出属于他的时代的最好的艺术。我们不能根据此后技术的发展来宣布他的艺术过时。指责中国绘画的透视不如欧洲文艺复兴时期以后的绘画的人，所犯的就是这种错误。中国绘画只能用自身的标准来衡量，而不能用欧洲文艺复兴时期以后的标准来衡量。类似的例子有很多。莎士比亚的伟大之处，也不在于他发明了许多戏剧的技法，这些技法在他所生活的时代，是很流行的，并没有什么新鲜之处。一些对莎士比亚时代的戏剧进行深入研究的人，可以指出莎士比亚的大量的借用或抄袭之处，但是，这并不能否认莎士比亚在艺术上的伟大。他不是发明了技法,而是最大限度地将这些技法融为一炉,达到了时代艺术的高度。

27. 技术对艺术来说,是相对的,而艺术家的伟大之处,并不在采用现成的技术,而是引入技术,融会成艺术。科学家要在实验室做实验,其实,艺术家在创作时,无时无刻不是做实验。他们要运用普遍的,属于公众的手段和技法表达强烈的个人经验。每一件作品,就应该是一次成功的这种实验的结果。画家画了一幅画,获得了成功,这是他的一次实验取得了成功。如果他此后不再实验,而是重复自己,画同样的画,那他所创作出的,就不再是艺术品。重复别人的作品,叫作赝品;重复自己的作品,也应该叫作赝品。我这里是从美学上得出这种结论,尽管在市场上,人们不这么看,或者无法区分,从而不具操作性。

28. 如果将"实验"一词换成"历险",也许会好理解一些。我曾经在一篇文章中说过,艺术的边界是创造的边界,说的就是这个意思。不断地出现新的东西,提供新的经验,让智慧在其中闪光,但这种智慧是一种灵动的智慧,是新的、超越固定逻辑惯性的新发现。

29. 下一步,我们引入到一个被普遍关心的问题,即批评与理论的关系问题。批评家们坚持要联系实际的艺术作品进行讨论,但一部理论的文章,不能只是从一部具体的文学或艺术作品出发,而要讨论一些普遍的问题。理论既要不脱离具体作品,又不限于具体作品。

30. 审美是感性的。观赏一部作品,就像到了一个新的地方一样,首先出现的是普遍的印象。这是一种压倒性的印象,壮丽的风景,宏大的场面。杜威举的例子,是进入一个大教堂,灯光、熏香、彩色玻璃,以及形制、雕像等,形成了一个整体。其他一些造型艺术,如绘画、雕塑等也是如此。审美不能仅限于此。李泽厚所提出的审美三层次,即悦耳悦目、悦心悦意、悦神悦志,仍给我们以粗疏之感。并且,这种理解背后,仍有着一种从感性到理性飞跃的影子。其实,审美欣赏要执着于感性,而不是将之归为"神"或"志"这样一些体悟性的东西。当然,执着于感性,不等于不要分析。欣赏可以不分析,但批评则必须分析。欣赏是感受性的,但批评则是反思性的。然而,这是一种执着于感性的分析与反思。离开感性的分析与反思,就是推理和思辨了,批评不是推理和思辨。

31. 在康德哲学那里，形式具有了主观性，形式与质料的结合，构成了事物。由主体赋予对象以形式，使得对对象的认识成为可能。与此相反，杜威则强调，形式不过是质料间的关系而已，其本身也是客观的。认识对象，就是要认识对象的形式，这种形式不是主体赋予的，如果那样的话，认识就成了对主体自身的认识。

32. 艺术品首先是一个制成品，具有制作出来的物品的特性，尽管不仅限于此。这句话有两层意思，首先是说，它是制成品，有着制成品的特性，其次是说它又不仅限于此。不仅限于此，是说艺术还有一点别的什么，而不是说它不是制成品。这一点很重要，那种将艺术与生活对立起来的人，就是忽视了这一最基本的事实。

33. 艺术与生活的对立，本质是说，将艺术归属于精神的世界，而生活归属于物质的世界。其实，艺术是属于物质世界的。艺术的客观性就在于此，它是一个物，正是由于它是物，具有客观性，审美经验才有所依附。说它是一个物，就是说它具有物理的物质与能量世界的特征。这一观点，不仅可以驳斥审美态度说所坚持的态度决定一切的观点，也可驳斥将艺术与生活分离的传统观点。

34. 坚持形式不是外在于物质世界，坚持有机体与环境的统一，就给形式的研究规定了一个出发点，这就是节奏。节奏在自然中无所不在，也在人的生活中无所不在。人们在生活中领悟自然的节奏，也通过有节奏的活动来加强生活的节奏感。

35. 节奏包括人对自然节奏的等待，狩猎者对动物和季节变化规律的掌握，春种秋收，依时节进行农业活动，日月星辰变化的周期性规律，对自然界循环的认识。节奏也包括对自身活动的感受，鲁迅所说的"抬木头"的"杭育杭育"，劳作和休息，工作和生活活动之中的节奏感。节奏当然还包括在舞蹈和歌唱中的韵律意识，这种韵律感带给人的快感。以上三种，都是节奏的表现。

36. 杜威指出，自然规律和自然节奏是同义语。规律是指有规律性的运动。如果说自然变化没有规律，就是指不重复，不可预见。而科学所研究的，所谓规律，正是自然现象的可重复性。这种可重复性，就是节奏。自然科学进步的历史，就是对这种节奏的复杂性的认识。

37. 如果说，自然科学所认识到的节奏，只是通过专门的符号（数学符号)向专门研究者显现的话,那么,在各门艺术之中,也普遍存在着节奏,这种节奏则向知觉显现。

38. 人们以呼吸、心跳、运动来说明节奏,这种解释并不完整,不能完全令人满意。人对节奏的兴趣,并不能简单地用生命体的节奏来解释。节奏还是在从有机体与环境的相互作用,从活动的付出与收效方面来寻找。

39. 外在自然的运动节奏使人感到愉快,是由于它们被人所认识,人的活动融入其中,人的生理节奏与艺术活动的结合,是由于节奏成为生命活动的一部分,而不是作为生理的机能,使人感到愉快。艺术也是如此,不能有离开艺术的意义传达和生成的节奏,所有的节奏都是与这种传达和生成联系在一起的。

40. 下一个概念是"自然"。"自然"指什么?无论在西方语言中,还是在中国语言中,都是一个复杂的概念。自然观、自然主义,这些词有着丰富的内涵。当自然是指大自然时,在艺术上,例如在诗歌上,不是实指荒野、人迹罕至,或者自然物,如日月星辰、江河湖海、草原荒漠。自然是相对于"人为"而言的。这种"人为",可以是尘世的烦恼,也可以是僵化了的习俗、艺术的规则和程式、个人的专断。

41. 相对于宗教艺术的保守僵化,世俗艺术的清新可以是一种自然;相对于尘世的烦恼,世外桃源可以是一种自然;相对于传统工匠的行业清规戒律,学院对艺术的解放是一种自然;相对学院派对师承的强调,业余艺术也能够成自然。至于陶渊明所说的"久在樊笼里,复得返自然",所返回的,是乡里,更是对官场生活的逃避和超越。

42. 自然是自然而然,并抗拒非自然而然。中国古代绘画理论中,有一个关键概念叫"便",方便、随意、顺势而为,都是对自然的很好的解释。不过,这个意思需要进一步的解释。有很多的思想可以从这个字中抽引出来。人与环境相遇,或"做"或"受",即主动性的经验和被动性的经验,都有顺势而为与勉强去做的区别。顺势而为,保持对外在与内在冲动的敏感性,在具有不确定性的过程中,依照感性的把握前行,这里面有着内在的节奏。

43. 自然主义不等于摹仿事物及其特征,一种机械的摹仿没有节奏。杜威在使用自然主义和现实主义这两个术语时,与中国人的习惯用法正好相反。现实主义再现细节,却失去了生动而有机的节奏,自然主义则是对惯例、使用习惯、按照常规行事的克服。杜威引用了一段华兹华斯对景色描写的句子,说明这虽然只是韵文而不是诗,但对华兹华斯的诗歌创作史来说极其重要。华兹华斯在一个时刻突然感悟到,自然的外貌是无限多样的。

44. 艺术创作有一个大敌,即难以超越自己的惯例。中国古代诗歌和绘画的理论家们都谈到一个词:"熟"。画须熟外生,说的就是这个道理。"熟"的结果,是被惯习所控制,看不到生动丰富的现实与自然。艺术家到达一定程度后,要反习性,反对一味仿前人,反对以老套子敷衍成篇。杜威主张自然主义,反对现实主义,这只是一个用词上的差别而已。这里的意思是很清楚的,这就是,不要外在的机械化,即机械复制外在的现实,也不要内在机械化,即机械地根据习惯而操作,要有对当下情境的敏感性,在保持一种与环境的对话关系中进行艺术的操作。

45. 我们平时说话,希望说新话,而不希望说套话。有时候参加一些活动,例如参加朋友的孩子的婚庆。有一种职业叫作婚庆司仪,这种人吉祥语张口就来,极其熟练,但令人生厌。这是一种本应带有艺术性的活动职业化以后所造成的结果。他们面对同样的活动,天天如此,逐渐变得熟练,从而形式大于内容,失去了形式与内容的有机联系。

46. 其实,我们在生活中又何尝不是如此?政治家说话,如果没有自己的话,只是说官场用语,像是在背书或背现成的稿子,说一些空洞而冠冕堂皇、永远正确的词藻,而没有说话人与听话人的具有当下性的互动,就不能吸引人。如果通篇都是这样的语言,就会使人昏昏欲睡。

47. 艺术最讲创造性,更不能重复已有的成例。有一句俗语,熟读唐诗三百首,不会作诗也会吟。这只是教导初学者的话。对前人作品的掌握,是一种学习方法,可以借此学到技能。但是,大量熟读之人,并不是诗人,他们最多能吟出一些顺口溜而已。真正的好诗,需要细致的观察和感受,抒发出真情实感,保持与自然和生活的直接联系,又充满着基于当下情境的创造。

48. 诗如此,其他艺术亦然。中国古代画家讲反"习气"。用笔或是循旧例无创新,或是过于随意,都是"习气"。还有就是掌握了几种构图、几种人物、树木、风景的画法，东搬西放，凑合成画。一次作画不是被当作一个过程、一次创造，而是利用现有材料和程式所进行的一次制作。这都是中国古人所说的"虽曰画而非画"。作画与作诗一样，同样需要有观察、领悟，有感受形成的过程，并伴随着艺术创作的始终。

49. 让我们再次回到对"节奏"的讨论上来。节奏就是有规则的变化。运动没有变化，就没有节奏。杜威再次使用了"拆字法"（前一次将 express 拆成了 press out）。他说，take place（发生）是指对变化作出"安排"（place），这样，take place 不等于 happen，尽管中文中都译成"发生"。所谓 take place，是指获得一个"位置"或"地点"，它具有节奏发生在一个点上，又回到这一点，从而具有往复性的特点。

50. 在自然现象中，有些是无节奏的，有些是有节奏的。瓶中的水，池塘中的水，在一个时空段中的河里的水，甚至奔涌的大洪水，都可能无节奏。但是，从一个更大的时空范围来看，池塘中的水在风吹下泛起的涟漪，惊涛拍岸，潮涨潮落，就有了节奏。静止的空气没有节奏，但春风徐来，秋风阵阵，又形成了空气的节奏。月有阴晴圆缺，人有悲欢离合，是自然与人世间的节奏。我们在生活，在运动，在工作中都有节奏，要保持健康，做好工作，就要保持节奏。有节奏的生活和工作，使人愉悦又有效率，无节奏的生活和工作，使人焦虑而没有效率。

51. 在人的情感表达中，有些是无节奏的，有些是有节奏的。达尔文所说的动物的情感表现，只是情感的发泄而已，没有节奏。人类也有情感发泄，高兴时狂喜、悲伤时哭泣，也没有节奏。情感表现要赋予这种情感表达以节奏，使之形成周期性的能量积累和释放。

52. 杜威引用柯尔律治的话说，存在"激情与意志，自发的冲动与自愿的目的渗透"。这样一来，生活就成了诗和音乐，其中始终存在着休止与加强。这里的观点有黑格尔式的对立统一观点的影响，又有对生活的诗化的观点的影子。用节奏的观点来理解日常生活审美化，应是一个很好的思路。日常生活是平淡、杂乱，没有明确指向的，其中的意义相互冲突。日常生活的审美化，不是走向奢华，走向无度的刺激，走向欲望的无限膨胀，走向炫富，而是使生活诗化,生活过程富有节奏感,使外在节奏与内在节奏相互谐调。生活本身就是一个过程,有着内在的节奏。顺应这个节奏,发展这个节奏,是找回自我,同时也是感受世界。任何对这种节奏的悖离,都会走向反面。因此,日常生活审美化不一定是负面的,也不一定是正面的,关键看如何理解,如何建设它。

53. 知觉是什么?我们看到了某件事物,此后时间一长,印象就淡化。过去的岁月像是古旧的黑白电影,模糊而缺乏色彩。有心理学家认为,表象是退化了的知觉。于是,看得越多,忘得越多。知觉到了,当时印象清晰,天长日久,就像老照片,发黄变淡,逐渐消融在一片混沌之中。然而,这可能是对知觉的片面的理解,将知觉看成对某一事件或某一画面的记忆。知觉还可能是一种外来的刺激,像是扔进平静的湖中的一块石头,甚至像是落入火药桶中的火花。看到了某物,于是引起了一连串的心理反应。知觉启动了一个过程,它可能使人心生烦恼、彻夜难眠,也可能引发一次发泄,一次情绪的大爆发,它也可能只是单纯的记忆,过后就逐渐淡忘。更有价值的知觉是处于这两者之间的一种情况:知觉成为种子,在心灵中生根发芽,开始了一个生命过程。在心中酝酿,逐渐成熟,从而形成艺术形象。

54. 对于艺术,我们还是要回到这样一个理解的角度,这就是创作的角度。我们对于任何艺术品,都要既从人的能力,也从阻力方面来理解。这种阻力,既可能源于人自身,如困窘、害怕、笨拙、害羞,即个人性格上的原因,也可能源于并非无限的能力,如语言文字、音乐舞蹈方面能力的程度及其局限,还可能源于所要克服的材料,如雕塑家对材料的处理,建筑师对材料的理见和对结构的把握。离开了对创作一方面的同情的理解,就失去了对艺术理解的基础。这是当代文本理论和接受美学的一大弊端。对大自然鬼斧神工的惊叹,也是在与人的作品相比较时形成的。一旦涉及对人的理解,就有了时间性因素的加入,有了节奏的意识。

55. 对艺术家的欣赏,并非仅仅是对艺术家能力的欣赏。难能不一定可贵。对艺术品的欣赏,并非是在艺术品中看到作家掌握了多少的词汇,会多少种语言,有多少关于自然、社会,以及哲学、历史和其他各学科的知识,而是欣赏艺术家所营造的世界。有一种说法,说莎士比亚的伟大,在于他所用的英语词汇量大,有数万个。

还有另一种说法,说某部作品好,在于该作品中人物多而生动,如列夫·托尔斯泰的《战争与和平》,如曹雪芹的《红楼梦》,众多的人物栩栩如生。这些说法都有道理,但都是片面的。伟大作品的伟大程度,不能用这些方面的特征来作计算,甚至也不应该看成是各种能力的综合,关键还在于,艺术家既是学习者,又是革新者,在相互间的冲突与增强中,形成自己的节奏。

56. 最后,我们仍然可以"多样性中的统一"来对这一章作出总结。仅仅是多样性,不能构成美,同样,仅仅是统一,也不能构成美。美是既多样,又统一,将多样统一起来。这种统一,不是消除其多样,但却是使多样之间形成关系。众多的家具,放在房间里,错落有致,会很好看,但搬家时零乱地放在外面等待装车,就不能构成美景。但是,抽象地理解"多样性中的统一",就会使这一表述空洞无物。关键在于如何"多样",怎样"统一"。无论是"多样",还是"统一",都只是外在的表现,美是意义的显现,"多样"与"统一"构成了这种表达的节奏。

(作者单位:中国社会科学院文学研究所)

# 艺术理论视野中的人文精神
## ——再评夏皮罗《艺术的理论与哲学》

金影村

美国艺术史家迈耶·夏皮罗（Meyer Schapiro）于90岁高龄时出版了他的压轴之作——《艺术的理论与哲学：风格、艺术家和社会》。本书包含了作者从上世纪40年代到90年代所撰写的数篇重要论文与札记，总结了夏皮罗对视觉理论及图像研究的方法与态度。书中的11篇文论，囊括了对艺术风格、形式与内容这些经典问题的再审视与剖析，对新艺术史各类研究方法（尤其是70年代以来盛行于欧美的符号学、精神分析学、存在主义、艺术社会史等）的多重反思，以及历史上艺术家与社会之互动关系的精细描摹。其中，针对海德格尔论述凡·高的静物画《靴子》的札记——《作为个人物品的静物画：关于海德格尔与凡·高的札记》(1958)尤为突出地体现了夏皮罗对美术史研究根本出发点的拨乱反正——即还原了艺术作品与艺术家之间最原始与本质的关系。而《风格》一文，则纵横捭阖地展现了作者对风格发展脉络的精确把握与见微知著的灵敏才思。《批评家欧仁·弗拉芒坦》一文，前所未有地从人格、观察力、感受力以及艺术技艺与书写的转换等多重角度，对身兼作家与画家双重身份的法国艺术家弗拉芒坦展开了详实而独特的个案研究……无疑，每篇文论中的精彩论述与突出的论点都体现了夏皮罗广博的学识和理论运用的灵活度。我们禁不住对作者信手拈来的素材与融会贯通的洞见叹为观止，同时也能够非常明确地体会到贯穿本书的一个核心思想，那便是夏皮罗对艺术史及艺术理论研究的人文主义精神。

本文之所以在标题中冠以"再评"，是因为针对该书以及夏皮罗的艺术理论，本书译者沈语冰教授以及从事夏皮罗研究的青年学者高薪已经对作者的核心思想做出了十分详尽的解析。在该书译后记中，针对海德格尔、夏皮罗与德里达对凡·高《靴子》一画之争，沈语冰提出：

在西方存在主义哲学与解构主义的双重夹击下，夏皮罗在"越辩越混"的围绕艺术"真理"展开的论争中站稳脚跟，捍卫了艺术史的历史叙事与人文情怀，将日渐被形而上学拽走的艺术史拉回到艺术创作本体论的视野中。高薪的《现代艺术：民主的实现》一文讨论的是夏皮罗的另一本力作《现代艺术：19—20世纪》，也渗透了本书的诸多内涵。作者从中总结出了夏皮罗对艺术史"民主"态度的四个方面，即主题的民主，技术与材料的民主，现代艺术打破自然再现转而借鉴原始艺术与东方艺术而带来的不同风格、不同地域、不同时期艺术品质的民主，以及更为普世性的民主——对世界上所有人（艺术家、孩子、精神病人）的艺术投以等量齐观的目光，将它们共同视作人类表现力与创造力的产物。无论是捍卫艺术史的历史叙事，还是实现艺术理论的民主姿态，二者殊途同归地体现出了夏皮罗作为一名专业研究者，在熟识史论与理论之后，又能够超越理论回归艺术本质的治学态度与品格。

  首先，夏皮罗在探讨审美经验、艺术家、艺术作品这些基本问题的同时，始终将出发点设置在艺术史学科内部的自律性之上。尊重艺术发展的自律性，这看似是一个非常古老而朴素的立场。它建立在沃尔夫林、李戈尔对艺术史基本概念与脉络的认识之上，在潘诺夫斯基提出的图像学研究与贡布里希的艺术史叙事中得以完善和巩固。然而，随着现当代艺术的发展与艺术理论跨学科的发展态势，作为人文学科的艺术史逐渐向作为社会政治图像的艺术史转变（参见 W·J·T 米歇尔《图像理论》第一章：《图像转向》）。因此，对艺术作品的形式分析与图像学考察没落了，它们看似不再适用于新艺术的发展，显得老套而"土气"。然而，夏皮罗的艺术史研究复活了艺术发展的自律性，将风格、形式、内容这些绕不过去的问题重新拿出来讨论，打开了贯穿原始艺术、中世纪艺术、文艺复兴及巴洛克时期古典艺术直至现代艺术的神秘钥匙。它们并非只是在历史的各个阶段毫无关联地运作着，而具备了图像的某种共通品质。在《论形式与内容的完美、融贯与统一》一文中，作者首先论证了许多具备"杰作"特质的伟大作品，并不一定是完美、融贯、统一的。而形式与内容的统一，乃是一种理想类型抑或假想。美学家们争辩了几个世纪的形式与内容问题，在艺术史家夏皮罗看来既不是衡量作品好坏的标准，也没有一条泾渭分明的界限。因为我们一旦了解到："一切形式都带有表现性，而一件作品的内容，乃是同时作为再现与表现性结构的形式的意义,因此形式与内容是同一个东西。"(第41页)在这个意义上,内容其实也是形式构造的一种表征(不管是再现形式还是非再现形式)。只要一件作品具备了图像的表情特质,它便天然地具备形式与内容。从这个角度出发,"形式与内容"的统一对一切作品(无论好坏)都管用,因此不是价值标准,而是一种广泛的定义。而我们需要探究的,归根结底还是单个艺术作品的形式品质与其在各个时期的观看中生发出来的审美体验。对此,作者举出了伦勃朗的一幅肖像画《持刀者》为例。画中人物究竟是谁?他对艺术家本人到底具备怎样的特殊意义?即使我们不去考究这些,我们仍然可以欣赏伦勃朗在光影造型方面的卓越驾驭及人物姿态、人物神情中栩栩如生的存在力量。说到底,我们可以把握的,还是艺术作品的形式。如此,图像亦可以穿越时空,在各个时期的观者面前呈现出恒常深远的魅力。

对于艺术理论的运用,夏皮罗表现出了自如而审慎的态度。尽管本书名为《艺术的理论与哲学》,实则没有凭空"创造"出一套理论与哲学。相反,作者凭借自身极其敏感的个案意识与历史意识,从具体作品的风格、艺术家人格个性与观者经验等诸多重要因素出发,探索理论在何种程度上能够解释艺术家与艺术作品。在《关于弗洛伊德与列奥纳多的以一个艺术史研究》一文中,作者通过广博的素材考据指出了弗洛伊德对达·芬奇童年时期心理及其影响解析的两处谬误,质疑了这种分析所指向的达·芬奇恋母情结与同性恋倾向。显然,夏皮罗深谙心理分析的路径,同时还有效掌握了除此之外更为全面的语言学、宗教学、民族志、风俗学、艺术社会史等多种渠道。通过考察弗洛伊德歪曲的事实,夏皮罗没有全然否定精神分析在艺术史研究中的有效性,但却有力证明了一点:我们不应过分依赖心理学(包括精神分析等"理论"),而应当更尊重历史。

《视觉艺术符号学研究的某些问题》一文,则是关于视觉艺术非模仿性因素的符号学分析。这些非模仿性因素包括被作者当成绘画的场域,即图底、边框、位置、方向和形制等。语言是我们组织世界的一种方式,符号则是此种语言的载体。从符号学的源头,即索绪尔的语言学理论来看,符号的"能指"(signifier)和"所指"(signified)之间的关系其实是任意的。罗萨琳·克劳斯(Rosalind Krauss)也在《以毕加索之名》(*In the Name of Picasso*)一文中提出了"指涉的不确定性"(the indeterminacy of the referent)。而夏皮罗所做的工作,便是在这种任意性和不确定性之中,寻找出某种视觉作用于感知的普遍规律。例如,他发现当形象被置于中心与它被置于一侧时,总会产生不同的品质。他例举了蒙克的一幅肖像画,其中的女子被放在挤压在中轴线一侧,剩余的空间则显得空空如也,如此制造出一种自我克制中的紧张与疏离感,场域在空间中的表现性也因此被突显出来。另外,文中还包含了大量精细的图示,以说明这些常被视觉忽视的非模仿性因素在惯例与非惯例情感表现中不可估量的作用。

本书的最后三篇论文集中讨论了艺术与社会的互动关系,涉及艺术家、购买人(或赞助人)、收藏家、艺术市场与社会规范在各个时期的真实发展轨迹。总体来说,赞助人不太可能支持"为艺术而艺术"的自由创作观,但夏皮罗却发现了其中的诸多例外。譬如"在中世纪,除了订制品之外,还有一种独立于市场的、为艺术而艺术"的实践,那便是僧侣们会去装饰教堂的祈祷书和其他法典。僧侣们创作这些作品既是无偿的,也不会拿它们去出售。这些作品是宗教情感与艺术灵感相结合的产物,"呈现出无数自由想象的方案"。(第230页)而即便是在赞助人体制的框架之内,艺术创作也不可能完全地事先确定下来,因而多多少少带有一些自由创作的成分。这种现象联系狄德罗关于艺术家与社会之间关系的论述,也解释了为什么夏皮罗认为狄德罗对"主顾"限制艺术家创作自由与性情表达的观点持怀疑态度,并指出"社会生活与艺术家创造力之间的关系,远比狄德罗所想象的复杂"。(第204页)夏皮罗辩证地认识到,即使是在文艺复兴前后的艺术工匠时代,也不能完全将订制视作对制作者自由的侵犯。反之,即便是在18世纪中产阶级知识分子参与艺术批评而逐渐形成的"为艺术而艺术"的氛围当中,也有可能产生政府规定之下的堕落艺术。(第206页)其中种种复杂关系,需要我们深入到历史中去探寻,而不能作为某种律例来认识。从这个意义上,夏皮罗大大拓展了艺术社会史的灵活度,让各种体制之下诞生的艺术作品都释放出了特有的光芒。

最后,也是最为可贵的一点,夏皮罗的人文主义精神最显著地体现在他对人性与人格的观照。首先我们来看艺术史上流传的一则著名公案:海德格尔对凡·高所画《靴子》做出了著名的存在主义阐释,即这双破损的鞋子象征着农妇辛勤劳作而无怨无悔的伟大人格,因而器物本身成为了真理本身的自动敞开。然而,夏皮罗尖锐地指出,这根本就是凡·高本人的靴子,不是什么农妇的鞋!因而海氏的观点从根本上就没有依据。继而,解构主义理论家德里达站了出来,指出凡·高画的分明是两只左鞋!由此,德里达既奚落了夏皮罗的辩护,又阐明了自己消解一切"意义"的立场。这三位学者在一处细节上大动干戈,似乎坠入了过度阐释的深渊之中。然而,我们仍然能够注意到,他们三人中只有夏皮罗坚持了艺术史赖以常青的人文情怀——海德格尔与德里达的观点都为其理论立场服务,而夏皮罗则从艺术家的遭遇和人格出发,客观地回到历史当中,深刻地检查了作为个人物品的静物画最终转化成了自画像的一部分,是凡·高"生命中一个值得纪念的物品,一个神圣的遗物"。(第139页)

这种观点,在《批评家弗拉芒坦》一文中也得到了精彩的阐释。作为批评家的弗拉芒坦,由于其本身也是一名画家,因此他的著作中展现了令人惊叹的对艺术作品的观察力和判断力。在弗拉芒坦的时代,人们已经理解到一幅画首先应该是一件个人物品,其次才有可能去讨论作品中包含的宏大的时代精神。而正是弗拉芒坦将这种观点"变得具体、可证、亲切,变成一个提出问题和上下求索的领域"。(第102页)通过《比利时与荷兰的老大师们》一书,弗拉芒坦在艺术家个性与创作领域细细推敲。他的观察包含技法、构思、个体情景与观看经验等艺术创作涉及的方方面面,证明了艺术家人格与创作之间千丝万缕的联系:

> 在这里,经过反反复复的观察,我们终于确信无疑地看到,一幅画的笔触和感性材料乃是最伟大成果的精神之物。制作乃是情感之物,是艺术家的整个心理倾向的结果。他通过习得的技巧和精确的计算得以超越其直觉之外,仍然建立在直觉之上,甚至艺术家的理性也标记着其性格……艺术作品中的一切——对主题的态度、处理手法、色彩与形式——因此都隶属于艺术家个体,既是表现的目的,也是表现的手段。(第102页)

通一艺,方能晓其意。事实上,笔者在夏皮罗对弗拉芒坦的论述之中,不仅注意到了夏皮罗本人与弗拉芒坦在气息上的某种一致性。他们作为艺术理论家,都能够结合优美的文笔与精准的视觉分析与往昔艺术进行对话,同时他们自身又不断地进行艺术创作的尝试。最为可贵的是,他们都能将那些复杂微妙的审美体验用直观晓畅、同时带有形象与诗意的语言表达出来。仔细审视,夏皮罗的写作其实并没有那么多时髦酷炫的"理论"。因为,他将审美的个体经验及其作用于观看的普遍意义转化成了理论,因而更为充实、渊博,也更具说服力。

由此再看夏皮罗论风格一文,那洋洋洒洒游刃有余的文字虽然准确衡量了风格的时代性、地域性、文化症候性,但最终还是落脚于个体的人性。他这样写道:

> 伴随着西方艺术在过去的七十年里所发生的变化,自然主义式的再现已经失去了其崇高地位。对当代艺术实践以及以往艺术的知识来说,关键的是这样一种理论观点:在所有艺术中,重要的是其基本审美成分……不存在享有特权的内容或再现模式。完美的艺术有可能见于任何题材或风格。风格就像一种语言,拥有内在的秩序和表现性。(第56页)

由此,夏皮罗非但破除了风格的等级制度,打通了现代艺术(作者笔下的当代艺术)与古老艺术的人文共通性,复活了任何时期、任何文化之下的图像模式,同时,他也将任何人的想象力与创造力放在比"杰作"、"大师"这类限定词汇更为重要的位置上。因为维持了艺术生命力的,始终是艺术创作的原始冲动。也正是这种原始冲动,将独一无二的人性体验流传下来。

纵观以上这些方面,我们不难窥见,夏皮罗对艺术史、艺术理论与艺术哲学的治学方法,在知识上博采众长,在精神上散发出一种高贵的气质。在各种复杂晦涩甚至工于心计的理论包围下,作者始终保有自己的坚持,即对艺术史的人文主义精神一以贯之的捍卫。迈克尔·哈特(Michael Hatt)与夏洛特·克隆克(Charlotte Klonk)在合著的《艺术史:对其方法论的批评性介绍》(*Art History: A Critical Introduction to Its Methods*)一书中,开门见山地阐明了一个关键问题:尽管在过去的几个世纪中,艺术史方法论在不断更新乃至新旧更迭,但是,这并不意味着我们在解释艺术作品方面的能力在不断进步。一切的方法论,都是服务于具体艺术家与艺术作品的。一旦认识到了这点,我们自然能够体会到,只有像夏皮罗这般恳切的人文情怀——这关乎我们自身的,尤为重要的文明记忆——才是对视觉艺术所保有的最为谦和与理性的尊重。

([美]迈耶·夏皮罗:《艺术的理论与哲学:风格、艺术家和社会》,沈语冰、王玉冬译,江苏凤凰美术出版社,2016年1月版)

(作者单位:浙江大学美学与批评理论研究所)

# 回到尼采,再出发
## ——读何兰芳博士《古典的再生》一书

高建平

何兰芳博士的《古典的再生》一书,是在博士论文的基础上修改而成。我十年前阅读时,就眼睛一亮。尼采的研究,很多人做过,但这一部不同,研究角度新颖,论述深刻,语言成熟,文风朴素无华,都是我喜欢的学术做派。论文答辩后,我与何兰芳时有联系,每次见面都问起这本论文的出版情况。转眼就是十年过去了。一本书拖了十年不出,就会出现两种可能:一是随着视野扩大,悔其少作,再也没有勇气将论文修改出版。我有不少朋友同行就是如此,做了一辈子的学问,但作为博士论文的第一部著作藏起来或扔在一边,时而从中抽少部分章节,改头换面作为论文发表。二是经过时间锤炼,更觉得当年的研究有价值,不悔少作,在此基础上,修改、补充、提高,拿出来交给大众。这部著作出版了,就证明是后者。十年磨一剑,在磨的过程中,要过自己的心理关,过时间检验关。在磨的过程中,磨了剑,也磨了人,从新科博士变身为成熟学者。

本书研究的对象是尼采的古典希腊研究。无论是尼采,还是古代希腊,都已有太多太多的人谈过。但深入探讨尼采如何进入古典,又发掘其现代价值,仍是一个很有新意的话题。

在当时的德国,尼采当然不是第一位希腊迷。在他步入学界时,德国思想界早就陷入对古希腊文化的群体狂热之中。如果说,15、16世纪的意大利人在文艺复兴的旗帜下开始了希腊崇拜,那么,17、18世纪的法国人,举起古典主义的旗帜,通过对希腊罗马文化的吸收再造而成为欧洲文学艺术的中心。与这些热烈的南方拉丁民族相比,德国人对希腊文明的崇拜开始的要晚得多。然而,一种迟到的崇拜,却更加执着、深沉,并由于空间与时间上的距离,而更加理想化、浪漫化与神圣化。从温克尔曼"高贵的单纯与静默的伟大"的定性开始,康德、歌德、席勒,一直到黑格尔,都拜倒在希腊文明的脚下。

席勒曾希望从希腊文明汲取力量,产生强有力的时代巨人,希望"一个仁慈的神及时地把婴儿从他母亲的怀中夺走,用更好时代的乳汁来喂养他,让他在远方希腊的天空下长大成人。当他变成成人之后,他——一个陌生的人——又回到他的世纪,不过,不是为了以他的出现来取悦他的世纪,而是要像阿伽门农的儿子那样,令人战栗地把他的世纪清扫干净"。① 他认为,在远方的希腊天空下,可以成长出健全的人,这种人的特点,就是理性与感性的和谐。

这是当时的德国学界所追求的共同目标,但他们的这种对希腊的崇拜,恰恰是"德国庸人"的共同特点。恩格斯在《路德维希·费尔巴哈和德国古典哲学的终结》一书中,对这些"德国庸人"作了批判和嘲讽。他说,将哲学的中心归结为道德理想和社会理想的信仰,是"在那些把席勒诗歌中符合他们需要的少数哲学上的只言片语背得烂熟的德国庸人中产生的"②。他又说:"黑格尔是一个德国人而且和他的同时代人歌德一样拖着一根庸人的辫子。"③他们沉湎于幻想,是法国革命的德国回声。他们只是从二元的角度看人,将人看成一半是天使,一半是动物。在当今流行"终结"话语时,恩格斯关于哲学"终结"的论述,可以给我们重要的启示。

除了这一批人之外,还有一批职业的古典学学者。作为一门在西方研究性大学里设立的专门学科,古典学以希腊语和拉丁语的学习和教学为中心,致力于对古代世界的社会、政治、哲学、宗教、文化、文学和艺术等各方面的综合研究、整理和翻译。这种研究有助于人们从源头上理解西方文化,整理历史资料,强化从希腊开始的西方文化传统的意识。这种研究当然是重要的。如果说,在欧美,这是一个古老的传统,那么,在中国,这种学科正在建立的过程中。这对丰富中国人对欧洲和世界的研究,具有重要的意义。中国要成为一个学术大国,古典学研究必不可少。然而在当代的欧美学界,这种研究正遭遇来自后现代主义和后殖民主义学者的批判。这些人努力走出单一文明起源

---

① 《审美教育书简》第9封信。引自弗里德里希·席勒《审美教育书简》,冯至、范大灿译,北京大学出版社1985年版,第45页,引者有修改。

② 恩格斯:《路德维希·费尔巴哈和德国古典哲学的终结》,《马克思恩格斯选集》第4卷,人民出版社1972年版,第227页。

③ 同上,214页。

的观点,将起源研究还原为区域语言和历史的研究。

尼采有着第一种人对希腊的哲学思考,但他努力要脱去那种在书斋中沉缅于幻想的"庸人"气味;他有着第二种人的古典功夫,但他不是致力于历史考证和知识还原。他不是这两种人中的任何一种。他的学术立场,与这两种人都截然相反。他的研究,区别于奥林匹斯主义,或日神精神,也区别于以苏格拉底为代表的对知识的质疑,和对理性本质的追求,他是从酒神狄俄尼索斯谈起。

本书中的一个命题,即酒神是日神的根基。这看上去是一个反希腊神话谱系的命题,却说明了希腊神话的一个本质的方面。

谁是酒神狄俄尼索斯?我们从尼采那里所读到的,与荷马的两大史诗和赫西俄德的《神谱》的记载,与在中国极为流行的斯威布的《希腊的神与英雄》的记载完全不同。赫西俄德的《神谱》讲了三世神王世系,即乌兰诺斯、克洛诺斯和宙斯。乌兰诺斯是天神,他与地神该亚结合,生出克洛诺斯和被称为提坦的一些大力士。克洛诺斯在该亚的帮助下,打败了乌兰诺斯而赢得了权力。最后,他自己的儿子宙斯又取代了克洛诺斯,赢了与众提坦的战争,形成了以宙斯为首的奥林匹斯山上的众神的统治。奥林匹斯山上的众神主要是由宙斯的子女们组成。其中影响力最大的三位神应是宙斯,他的女儿、智慧女神和女战神雅典娜,以及他的儿子、太阳神阿波罗。在这一谱系中,酒神狄俄尼索斯只是无足轻重的小神,是宙斯的小儿子,生得晚。在他留下来的雕塑之中,给人印象最深刻的,不过是那个抱在赫尔墨斯手里的小孩而已。赫西俄德的《神谱》中写道:"卡德摩斯之女塞墨勒与宙斯恋爱结合,生下一个出色的儿子,快乐的狄俄尼索斯。母亲是凡间妇女,儿子是神。现在两人同为神灵。"①这是一个幸运的婴儿。依照奥林匹斯教的信仰,凡间妇女与神结合所生的子女只能成为英雄而不能成为神。英雄只是杰出的人,或者是半神半人而已,他还会死亡。只有成了神才不会死亡。为了成为永生的神,另一位宙斯与凡人所生的英雄大力士赫拉克勒斯,历尽千辛万苦,完成了十二件武功,才最终成了神。宙斯对狄俄尼索斯竟如此偏爱,让他和他的母亲一下子就成了神灵。但是,这里仍没有任何迹象表明,这位神会取代宙斯。从破格提

---

① 赫西俄德:《神谱》,引自赫西俄德《工作与时日神谱》,张竹明、蒋平译,商务印书馆1997年版,第54页。

拔为神到成为接班人,还有很长的路要走。在雅典人的信仰中,他似乎直到最终也没有获得这个地位,但在雅典之外,神话有另外一些讲法。

古代的希腊,并不是一个统一的国家。希腊人的众多城邦互不隶属,各自独立地生存并决定自己的内部和外部的事务。这些城邦依据地理条件和生活方式大致分成三块,即北方从德尔斐直到马其顿的山区,西部的伯罗奔尼撒半岛上肥沃的平原,以及由爱琴海上的诸岛、东方的小亚细亚和西方今天意大利南部的一些地区组成的海上的希腊。北方山里的希腊人靠狩猎为生,伯罗奔尼撒是一片农业区,海上的希腊是一种商业文明。由于对希腊诸神的共同信仰,这些人结合在一起。从这个意义上讲,希腊人没有建立一个国家,而是建立了一种文明。希腊众神信仰的边界,也就是这种文明的边界。早期希腊文明的这种多中心性质,也反过来造成了希腊信仰体系的多教派特点。不同地方的希腊人,信仰着大致相同的一些神。但是,他们对这些神的叙述和理解,信仰的方式和程度,都有着很大的不同。

在赫西俄德《神谱》之外,有着完全不同的关于诸神世系的叙述。"在俄耳甫斯神谱叙事传统里,尤其流传最广的'二十四叙事圣辞'版本里,继时间之神与原初的卵之后,有着六代神王:法那斯—纽克斯—乌兰诺斯—克洛诺斯—宙斯—狄俄尼索斯。"①法那斯的意思是光。法那斯可被视为男性,或者雌雄同体,而纽克斯是女性,她与法那斯密不可分,最终接替法那斯成为一代神王。值得注意的是,在《神谱》所说的三王之后,出现了狄俄尼索斯。宙斯的统治被预言要终结,而取代他的竟然是狄俄尼索斯。

尼采应该是了解这些世系的复杂性和诸神的复杂关系的。他将这种种人格化的故事全部抽象掉,转化为两种精神,即日神阿波罗与酒神狄俄尼索斯的对立。日神代表着光明、外观、幻觉、梦境、造型艺术,以及对这一切的静观,而酒神代表着沉醉和内在生命的冲动。两种精神相互作用,特别是酒神精神受到日神精神的改造,出现了希腊悲剧。在尼采看来,酒神精神等同于一种生命力勃发的狂欢精神。这种精神在他所谓的"野蛮人"那里随处可见。这就是希腊以外的众多民族的狂欢习俗和传统。这种习俗和传统是由着一种强大的生命力

---

① 吴雅凌编译:《俄耳甫斯教辑语》,华夏出版社2006年版,第50页。

所驱动的。这种生命力在与日神,或以日神为代表的奥林匹斯教相遇时,就被改造,进入了文明的希腊人的生活之中,成为希腊精神的一部分,也成为希腊艺术精神的一部分。

狄俄尼索斯的故事,并非只是赫西俄德讲过。讲他的故事的人很多,版本也各不相同。据说,他经历了无数次的生和死。根据各种残存的、相互矛盾的文献,他至少出生过以下几次:他的第一次出生,是宙斯与他的女儿珀耳塞福涅乱伦而生的;第二次是与塞福勒生;第三次是宙斯从死去的塞福勒肚子里取出六个月的胎儿狄俄尼索斯,缝到自己的大腿内而生长出来;第四次是众提坦将狄俄尼索斯烧死,雅典娜将他的心脏抢救出来,宙斯根据心脏而使他复活;如此等等。甚至还有他是宙斯与瑞亚(宙斯的母亲)或德墨特尔(宙斯的姐姐)所生的说法。一个多次出生的神,有他必然出生的理由。这个理由就是,他是一种独特精神的代表,只要这种精神不灭,他就会再生。反复出生的狄俄尼索斯不一定还是那个狄俄尼索斯,但他仍是一个狄俄尼索斯。关于这种再生,有一种合理化或科学化的解释:"宙斯(天空和雨水)使德墨特尔(大地)繁殖孕生了狄俄尼索斯(葡萄)。提坦们将他撕成碎片,如同农夫们采摘葡萄,撕碎压榨果实,经过蒸馏等工序得到美酒。大地则收拾葡萄残枝,使其每年都重新发芽结果,如狄俄尼索斯的再生。"①且姑妄听之吧。越是多次出生,就越表明,他代表的是一种现象和一种精神,不像人一样,偶然地被抛入这个世界之中。

是不是由于多次再生,他就可以被看成是"众神中最后的王"呢?我们不知道。是不是王,要看人们能不能将他当作王。在欧洲,基督的福音来了以后,诸神就死了。在漫长的中世纪,所有的希腊诸神都被作为主将已死后剩下的溃军而被扫荡。中世纪的人可以承认苏格拉底主义,特别是苏格拉底的弟子柏拉图和亚里士多德,对这些理性主义的思想加以利用,但会毫不留情地消灭希腊众神及其一切痕迹。

如此看来,是不是"众神中最后的王",在众神的王国丧失以后,已经没有什么意义。然而,它又是有意义的。当尼采要建造一个美学的王国时,这个王国的世系,就又成了一个可以思考的问题。

美学是从希腊人开始的,几乎所有的西方美学史著作都是这么写。理由是,在希腊人那里,开始了对美和艺术现象的哲学反思。最

---

① 吴雅凌编译:《俄耳甫斯教辑语》,第61页。

早的美学家是毕达哥拉斯,他根据绷紧的弦的长度与它们的振动所产生的音高间关系进行研究,发现了一些规律,例如1∶2是八度,2∶3是五度,3∶4是四度等等。他认为天体运行也会发出充盈着整个宇宙的和谐的声音,只不过我们听不见而已。他还认为:"一切立体图形中最美的是球形,一切平面图形中最美的是圆形。"①于是,像美的声音符合数学的规律一样,美的世界要从中找到几何图形,这构成了西方形式主义美学之源。

毕达哥拉斯的传统,仍是从狄俄尼索斯开始的。罗素在《西方哲学史》一书中转引康福德《从宗教到哲学》一书中的观点,提出了狄俄尼索斯、俄耳甫斯、毕达哥拉斯的思想发展线索。认为俄耳甫斯教是狄俄尼索斯教的改良形式,而毕达哥拉斯教又是俄耳甫斯教的改良形式。②英国学者简·艾伦·赫利生则指出,狄俄尼索斯崇拜"如果不是受到另一种宗教——我们称之为俄耳甫斯教——的推动","也许就会停留在其原始的野蛮状态,因此也就不会有任何影响"。③这个线索说明了从宗教向哲学发展的观点,而这三者,恰恰能说明美学形成中关键的三大步。毕达哥拉斯教派所信奉的数学、理性、旁观的精神,展现出酒神精神既向日神精神发展,又保持酒神精神的活力的特点。

由此回到本书所提供的一些思考。这部著作提出,日神以酒神为根基,启发我们这样一个思路,这就是,希腊美学之根,是从生活、生命、感性提升上来,经过不断改良,逐渐走向静观和思考。那种从理性出发,从理性积淀为感性的思路,正好是说反了。

在中国,自从蔡元培先生提出"美育代宗教"以后,出现了各种各样的解读。一种最简单的解读,是提高艺术修养,破除迷信。这种说法太粗浅了。美育能取代什么?联系到本书对尼采的研究,就可以看出。宗教原本在社会中,是具有思想和情感的整合功能的。这种功能退化后,就会带来信仰危机。于是,上帝死了后,就进入到一个危机四伏的时代。尼采说,以悲剧代宗教,这可能吗?也许,我们可以对悲剧

---

① 见《第欧根尼·拉尔修》第八卷第一章。转引自《古希腊罗马哲学》,商务印书馆1982年版,第36页。

② 参见罗素《西方哲学史》(上册),何光武、李约瑟译,商务印书馆2001年版,第43、58页。

③ 简·艾伦·赫丽生:《希腊宗教研究导论》,谢志坚译,广西师范大学出版社2006年版,第7页。

的理解加以扩大,以艺术来代宗教。

　　艺术能否成为宗教的替代物,这仍只是空想,但艺术起到部分类似宗教的作用,却不是不可以设想的。艺术不能堕落成仅仅是娱乐业,它还有着更重要的思想和社会功能;艺术家不能堕落成仅仅是娱乐明星,他们还应该想到自己的社会责任。

　　能否以艺术为基础来构建形而上学?尼采只是提供了一个假想,留下了一个供人们激烈争辩的话题。是理性还是感性,应该成为第一哲学的基础?回到德国,如果哈贝马斯会对此坚决反对的话,那么马尔库塞就会对之抱以更多的同情。在一个新的层次上,新一轮的争论会兴起。

　　我们今天如何看待尼采?他对我们具有什么意义?也许,这才是最重要的。尼采用他特有的语言和方式,揭示了世界在本质上是感性的,从人的意志和对世界的感觉开始。理性、伦理只是外在的索缚。是否要由此建立一种新的形而上学?这并不重要。重要的是,我们能否回到尼采,再出发?读完本书,我增强了对此的信心。

（何兰芳:《古典的再生》,中国社会科学出版社 2016 年版）<br>（作者单位:中国社会科学院文学研究所）